普通高等院校材料类"十四五"重点建设教材

U0158174

金属材料零部件失效分析
基础与应用

蒋小松　杨　川　高国庆　崔国栋　编著

西南交通大学出版社
·成　都·

内容简介

失效分析技术属于跨学科技术。对零部件进行失效分析，不但是提高产品质量必需的技术，也是培养工程技术人员综合利用多学科知识解决工程问题，提高自身学术水平的有效途径。作为一门跨学科技术，也有需要让学习者必须牢固掌握的基础知识与基本技能。本书作者根据自身的实践经验及对失效问题的理解，对失效分析技术中的基础知识进行系统归纳，并尽可能详细地介绍给读者。

金属材料零部件失效有多种类型，其中断裂是最让设计者与使用者担心的问题。在断裂失效中，疲劳断裂又是最常见的断裂类型。因此，本书将疲劳断裂作为重点内容论述，并将近年来发展的关于疲劳断裂定量分析及疲劳图的应用内容尽作者所能介绍给读者。书中设计了不同类型的练习题，目的是帮助读者掌握失效分析技术的基础知识与基本技能。

本书可作为高等院校材料科学与工程、机械设计与制造等专业学生作为失效分析课程的教材，也可作为其他专业学生学习或自学失效分析技术的教材或参考书，同时还可供从事金属材料研究、金属零部件设计与制备及对金属零部件进行失效分析的工程技术人员作为参考资料使用。

图书在版编目（CIP）数据

金属材料零部件失效分析基础与应用 / 蒋小松等编著. 一成都：西南交通大学出版社，2021.12（2024.7 重印）

ISBN 978-7-5643-8265-0

Ⅰ.①金… Ⅱ.①蒋… Ⅲ.①金属材料－零部件－失效分析－高等学校－教材 Ⅳ.①TG14

中国版本图书馆 CIP 数据核字（2021）第 190290 号

Jinshu Cailiao Lingbujian Shixiao Fenxi Jichu yu Yingyong

金属材料零部件失效分析基础与应用

蒋小松 杨 川 高国庆 崔国栋 编著

责任编辑	李华宇
封面设计	何东琳设计工作室

出版发行	西南交通大学出版社
	（四川省成都市金牛区二环路北一段 111 号
	西南交通大学创新大厦 21 楼）
邮政编码	610031
发行部电话	028-87600564 028-87600533
网址	http://www.xnjdcbs.com
印刷	成都中永印务有限责任公司

成品尺寸	185 mm × 260 mm
印张	20.75
字数	518 千
版次	2021 年 12 月第 1 版
印次	2024 年 7 月第 2 次
定价	59.00 元
书号	ISBN 978-7-5643-8265-0

课件咨询电话：028-81435775

前　言

工程中金属构件的失效，对相关的工程技术人员来说是一个不得不考虑，不得不解决的重要问题。对重大失效事故必须进行分析，其目的一方面是探明原因，找出改进的措施，避免同类事故再次发生，另一方面是判明责任。

失效分析技术是一门跨学科的技术，在进行失效分析过程中必须综合应用多学科知识。由于新材料在现代工程中大量使用，失效分析已经覆盖陶瓷、聚合物及电子材料领域。虽然不同领域失效分析有着不同的特点，但是也存在众多共同之处。金属材料构件的失效分析技术应该说是最成熟的。熟练掌握金属材料零部件失效分析技术，不但有实际应用价值，而且也能为分析其他新材料失效问题奠定基础。

由于失效分析技术属于跨学科技术，所以对零部件进行失效分析，不但是提高产品质量必需的技术，也是培养工程技术人员综合利用多学科知识，提高学术水平的有效途径。因此在大学阶段，对本科生进行此方面的培养与训练，对提高本科生综合应用多学科知识能力解决工程实际问题是非常有帮助的。

西南交通大学多年来将"失效分析"作为材料专业的必修课程，也有机械、力学、土木等专业的学生选修该课程。本书作者多年来从事金属零部件失效分析方面的工作，在此基础上编写了此教材。作为一本教材自然要大量引用他人的研究成果与各类相关资料，但也应该有一些自身的特点。本教材在编写过程中试图形成下面一些特点：

1. 作为一门技术类的教材，应该有基础知识。

由于失效分析是一门跨学科的技术，对于哪些内容属于基础知识，不同的学者一定有不同的见解。在本书的第 2 章，作者根据实践经验做出归纳，供广大同仁批评指正。

2. 作为一门要讲授的教材，应该有重点教学内容。

零部件的失效一般是指使用功能的丧失，包括过度变形、超常磨损、严重腐蚀、断裂等多种类型，其中断裂是最可怕的。在断裂失效中，公认疲劳断裂是最常见的断裂类型。因此，将疲劳断裂作为重点内容论述，并尝试引入近年来发展的关于疲劳断裂定量分析内容。

3. 作为一门供学习的教材，应该有练习思考题。

本教材根据一些实际案例，编制出一些能够启发学生思考、掌握关键内容的练习思考题。

本书由西南交通大学蒋小松、杨川、高国庆、崔国栋编著。第 1 章、第 2 章由杨川执笔，第 4 章由崔国栋执笔，第 5 章由高国庆执笔，第 3 章由杨川、崔国栋、高国庆共同执笔；在 2013 年 9 月出版的《金属零部件失效分析基础》的基础上，蒋小松对教材整体内容进行了修改，增加了部分实际案例。本教材引用了许多专家与学者发表的资料与论著，在此向他们致以真诚的谢意。

本书出版得到西南交通大学学科建设基金的资助以及西南交通大学出版社的大力支持，在此表示衷心感谢。

由于作者水平有限，书中难免存在不足之处，敬请读者与同仁批评指正，笔者必将及时纠正，避免误人子弟。

编著者

2021 年 7 月

目　录

第1章 绪 论

1.1 失效出现的宏观原因

零部件失效现象在工程中并不少见。失效可以一般定义为：零部件不能按照设计要求正确地行使其功能。失效并不一定是断裂，但是工程上最为关注的失效问题往往是断裂问题。进行失效分析的目的：一是确定失效原因，为改进设计、加工过程或改变材料等提供依据；二是为确定事故责任提供科学依据。

目前在机械装备、冶金设备、铁路、机车车辆等领域最重要及最广泛使用的材料仍然是金属材料，零部件发生失效往往是在各类应力作用下发生的。腐蚀失效问题一般有专门论述，本书不包括这部分内容。造成早期失效的常见的宏观原因归结如下：

1. 设计问题（零部件几何形状设计问题）

一些失效问题是由设计不当造成的，例如人为的设计缺口。工程中有大量的轴类零件（受弯曲或扭转载荷）、孔类零件，设计者往往将变截面处的圆角半径取值过小，就属这类设计缺点。这种设计在零件进行热处理时，往往容易引起该处有很大残余应力，同时在服役过程中引起应力集中。重新设计就可以避免失效。

【例 1-1】 不合理的尖角设计引起失效问题。

重载轴承滚柱如图 1-1 所示。材料采用 G20Cr2Ni4A，进行深层渗碳 + 淬火 + 回火处理。在滚柱中部有一个圆孔如图中虚线所示。在圆孔靠近表面处有一个台阶。该台阶在原设计时是 90°直角，导致在滚子使用过程中很容易在此处产生裂纹。后来改进设计将此处设计为圆弧过渡，大幅降低了开裂情况。

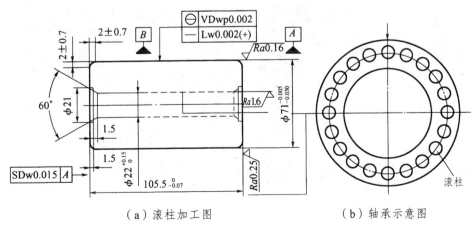

（a）滚柱加工图 （b）轴承示意图

图 1-1 轴承形状图与滚子图

【例 1-2】 零部件服役条件判断有误，导致设计依据不符合实际情况。

标准件（如螺栓）是最常见的零部件，在各类机械中大量使用。对于标准件的设计，一些设计者的思路是依据标准件承受的拉应力进行设计，即以材料的强度指标作为设计依据。图 1-2 是某典型设备上使用的直径为 30 mm 的螺栓断裂的断口宏观照片与金相组织照片。

据了解，设计人员的出发点是保证螺栓有高的强度，依据材料的强度指标进行设计。选择了 GCr15 材料进行加工（并没有选择合适的热处理）。从图 1-2（a）可见，实际服役条件下螺栓的断裂属于疲劳断裂（如何判断见 3.1 节），由于设计思想有误，导致螺栓早期断裂。对于螺栓的设计，许多情况下设计者往往选用高强螺栓。但是在螺栓实际是受到疲劳载荷作用的情况下，并没有达到设计要求。高强度常常有损于工件，使工件出现严重的应力增高区域。

（a）断口宏观照片　　　　　（b）螺栓金相组织照片（500×）

图 1-2　螺栓疲劳断口照片

2. 设计中选材或热处理选择不当

这类问题实际上也可以归类为设计问题。零部件进行设计时必须进行选材，设计人员的选材思路一般是根据零部件受力分析，但有时是仿照类似产品进行选材与设计，这时往往由于没有考虑使用环境等影响因素出现选材或热处理不当问题。

【例 1-3】 高尔夫球头裂纹问题。

高尔夫球运动是一项具有特色魅力的运动，在我国也开始盛行。某公司采用钛合金制作高尔夫球头，出口到国外使用。在使用过程中钛合金的球头出现大量裂纹，如图 1-3 所示。

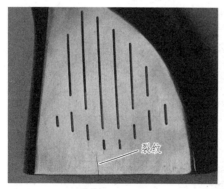 

（a）肉眼可见宏观裂纹　　　　　（b）材料内部出现大量裂纹

图 1-3　钛合金制作的高尔夫球头使用过程中出现大量裂纹照片

球头中的裂纹有些肉眼可见，即使肉眼观察不到的区域，如果取样进行金相分析，在组织内部仍然可以看到大量的显微裂纹，见图1-3（b）。但是其他公司同类产品却没有出现裂纹问题。后经过分析找出其原因是，在加工过程中没有采用正确的加热加工与热处理工艺。

众所周知，中碳钢（尤其是45钢）与中碳合金钢进行调质处理是机械设计中常用的典型工艺，然而却存在以下不合理的设计案例。

【例1-4】　45钢轴类件的不合理设计问题。

设计一根材料为45钢的轴类零件，如图1-4所示，采用以下加工路线：

下料→粗加工→调质处理→精加工→产品

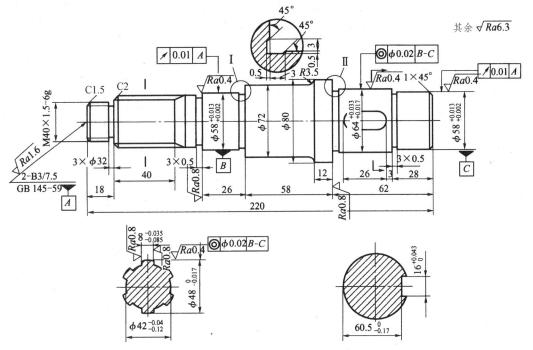

图1-4　轴类零件设计图纸

设计图纸从机械制图角度看是非常规范的，加工路线也是合理的。由于热处理变形问题，在进行粗加工时，往往留有较大的加工余量，否则难以达到图纸的公差要求。这种设计成为一些设计者设计轴类件的典型设计图纸。但是从材料学的角度分析，这种设计并不合理。原因在于没有选用合理的热处理工艺。

众所周知，调质是淬火＋高温回火两种热处理工艺的总称。此工艺与正火等工艺比较，可以得到更好的强韧性，所以受到设计者重视，在结构件设计中被大量采用。

但是为了获得良好的强韧性，首要问题是淬火后的组织必须满足要求（获得马氏体组织）。如果淬火后不能得到要求的组织，该工艺不会有良好的强韧性。此处存在一个淬透性问题。

对于一般的45钢而言，淬透直径仅为10 mm左右；也就是说对于直径为80 mm的轴，仅表面很薄的一层淬火后能够得到马氏体组织，心部根本不能满足要求。回火后仅表面可能有良好的强韧性，心部不可能获得。但是在随后的加工过程中表面层又被加工掉。所以这种设计不会达到设计者希望的性能指标，同时存在浪费能源、浪费工时、增加零部件开裂危险等问题。因此，淬透性问题要特别引起设计者的注意。

所以正确的设计应该是，对零部件进行符合实际情况的受力分析，根据可以预测的断裂机理进行全面选材，选择合理的加工、热处理工艺。表 1-1 根据失效机理对选材提供一般性判据，对于正确选择材料与热处理有一定指导意义[1]。

表 1-1　针对可能的失效机理、载荷类型、应力类型和指定的工作温度进行选材时应用的一般性判据

失效机理	载荷类型			应力类型			工作温度			选材的通用判据
	静态	重复	冲击	拉伸	压缩	剪切	低温	室温	高温	
脆性断裂	×	×	×	×	×	×	×	×	×	夏氏 V 形缺口转变温度，缺口韧性，K_{IC} 韧性值
韧性断裂	×	×	×	×	×	×	×	×	×	拉伸强度，剪切屈服强度
高循环疲劳	×	×	×	×	×	×	×	×	×	在有典型的应力集中源存在时的预期寿命的疲劳强度
低循环疲劳	×	×	×	×	×	×	×	×	×	有效的静态塑性变形以及在指定的寿命中应力集中源处的峰值循环应变
腐蚀疲劳	×	×	×	×	×	×	×	×	×	金属和污染物腐蚀疲劳强度以及同样时间的腐蚀疲劳强度
扭曲失稳	×	×	×	×	×	×	×	×	×	弹性模量和压缩屈服强度
全面屈服	×	×	×	×	×	×	×	×	×	屈服强度
蠕变	×	×	×	×	×	×	×	×	×	在工作温度下和预期寿命中的蠕变率或持久强度
碱脆或氢脆	×	×	×	×	×	×	×	×	×	在应力和氢或其他化学环境同时作用下的稳定性
应力腐蚀开裂	×	×	×	×	×	×	×	×	×·×	残余或附加应力，对介质的腐蚀抗力，K_{IC} 值

注：① 摘自"实验力学"1970.1.P.1-14，T. J. Dolan 的文章。② 仅适用于韧性金属。③ 几百万周。④ 与经历的时间密切相关的量。

3. 装配中的失误

失效有时是由于在装配中失误造成的。这类失效一般都不会在检验中发现，而且装配好的产品初次工作时也不会出现明显的问题。这类失效往往与机械组装件的转动部分有关，而且在结构件中，有许多由装配失误引起的失效。例如，在铆钉孔的布局中，由于不太合理，在飞机机翼结构件中引起疲劳失效[1]。例 1-5 说明由于装配不当引起的断裂问题。

【例 1-5】　汽车皮带张紧轮开裂问题。

汽车皮带张紧轮是汽车中一个必备的零部件，由铝合金制造，内部安装一件卷簧，用于张紧汽车皮带使用。某公司制备的张紧轮在使用过程中，用户反映出现了断裂情况，如图 1-5 所示。

用户怀疑是材料问题造成断裂。根据裂纹形貌分析、受力分析、断裂现象的宏观分析最后断定，断裂是因为在安装卷簧过程中受到不应有的敲击，在铝合金张紧轮内部产生裂纹，导致使用过程中断裂，与材料本身无关。

断裂处

（a）断裂的张紧轮   （b）张紧轮组装后的照片

图 1-5　断裂的张紧轮及张紧轮组装后的照片

4. 不合理的服役条件

存在两种情况：一种情况是设备在服役过程中受到超过设计要求的载荷作用，或者材料内部存在残余应力没有引起设计者注意，再累加上服役应力造成失效，常见的是一些机动车辆的超载运行引起的事故；另一种情况是在设计时没有考虑到实际工况的某些恶劣环境的影响，例如很多零部件受到交变载荷作用，设计者将材料的抗疲劳性能作为设计主要依据。疲劳裂纹源一般在表面位置，如果实际工况条件下存在腐蚀介质与表面发生作用，将加速裂纹的形成。由于设计者没有考虑到腐蚀作用，即使材料有高的疲劳强度仍然发生断裂情况。

5. 材料内部组织不当或缺陷引起失效

例 1-6 是关于此方面的案例。

【例 1-6】　铁路道岔用高强螺栓断裂分析。

某公司研制一种特制高强螺栓 M26，用于紧固铁路上的道岔。根据公司技术人员介绍，他们设计的该高强螺栓材料选用 40Cr，采用以下技术路线制造：

下料→粗加工→调质处理→精加工→成品

初期试用共制造了 13 根螺栓安装在某车站附近，进行考核试验。过了 3 个月左右，在 13 根螺栓中有 1 根发生了断裂，剩余的 12 根螺栓没有问题，还在继续使用。公司有些技术人员认为：由于螺扣处加工精度不够，造成应力集中引起断裂。要求对断裂的螺栓进行分析，说明为什么这根螺栓发生断裂，对断裂螺栓的金相组织进行分析，如图 1-6 所示。

由图 1-6 可见，螺栓的组织并非调质处理后的组织。也就是说，经过热处理后螺栓没有得到正确的组织，导致性能达不到要求引起断裂。为什么会出现这种情况？对材料技能型分析结果见表 1-2，可见断裂螺栓并非 40Cr 材料而是类似 50 钢。因为淬透性不够，所以淬火时没能得到正确的组织。

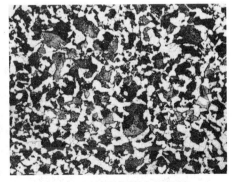

图 1-6　断裂螺栓金相组织

表 1-2 螺栓材料化学成分分析结果（质量%）

化学元素	C	Cr	Mo
含量/%	0.55	0.075	0.020
40Cr 材料标准值	0.37～0.45	0.8～0.10	

应当说明的是：在实际失效零部件中，由于这种原因引起的失效确实时有发生。再加上进行失效分析的技术人员往往是材料专业的技术人员，所以往往一遇到失效问题，就认为一定是材料内部出问题，从这点出发设计试验方案、寻找失效分析原因，但是如前面所论述，材料内部组织结构原因造成的失效，仅仅是引起失效的一种情况。依据寻找内部组织缺陷的思路进行失效分析，并不是科学的分析思路。表 1-3～表 1-6 统计了造成失效原因的比例[2]。

表 1-3 在一些工程工业中调查的失效起因的比例

起　　因	比例/%
材料选择不恰当	38
装配错误	15
错误的热处理	15
机械设计错误	11
未预见的操作条件	8
环境控制不够充分	6
不恰当的或缺少监测与质量控制	5
材料混杂	2

表 1-4 航空零件失效起因的比例（实验室数据）

起　　因	比例/%
保养不恰当	44
安装错误	17
设计缺陷	16
不正确的维修损坏	10
材料缺陷	7
未定原因	8

表 1-5 在一些工程工业中调查的失效原因的比例

原　　因	比例/%
腐蚀	29
疲劳	25
脆性断裂	16
过载	11
应力腐蚀/腐蚀疲劳/氢脆	6
蠕变	3
磨损、擦伤、冲刷	3

表 1-6 航空零件失效原因的比例

原　　因	比例/%
疲劳	61
过载	18
应力腐蚀	8
过度磨损	70
腐蚀	3
高温氧化	2
应力破坏	1

从上述分析及表 1-3～表 1-6 可得到以下基本概念：

（1）失效分析是一个多学科综合性的技术问题，这就决定了对于一些大型复杂设备的失效问题，为获得正确结论，必须是多学科的技术人员联合在一起对失效原因进行全面分析。

（2）由表 1-3 可见，由于材料、热处理问题引起的失效所占比例高达 55%，所以对于零部件的失效问题往往是具有材料专业学术背景的技术人员进行分析。但是对于材料专业的技术人员一定要牢记，由于材料与热处理问题引起的失效所占比例虽然较高，但绝不是全部。在进行失效分析时必须要考虑其他可能原因，必须掌握其他相关学科必要的基础知识，必须合理设计试验方案，否则难以获得正确的结果。这些交叉学科知识构成的基础就成为对零部件进行失效分析的人员必须掌握的基础知识。基础知识应包括哪些内容呢？不同学者会有各自的观点，本书根据笔者的认识在第 2 章进行了归纳。

（3）对于生产实践中的失效问题大致可以分成零部件的失效与复杂设备的故障。对于这两类不同的失效问题采用的分析方法一般是不同的。对于一般零部件的失效问题往往采用常规实验程序进行，而对于大型复杂设备的故障问题一般要采用系统工程的方法进行分析，其中典型的方法是故障树分析方法。

（4）断裂问题是人们最关注的失效问题，这是本书的重点分析内容。根据表 1-3 与表 1-4可知，疲劳断裂与腐蚀失效又是失效问题中最引人注意的问题，为突出教学重点，本节以疲劳断裂分析作为教学重点，以此为突破口培养使初学者掌握失效分析技术的技能。至于腐蚀问题一般有专门的课程进行教学，本书不再做论述。

（5）典型机械零部件服役条件与常见失效方式见表 1-7[3]。

表 1-7　典型机械零部件服役条件与常见失效方式

零部件类型	服役条件													常见失效方式											材料选择的一般标准（主要失效抗力指标）
	负荷种类及速度			应力状态						磨损	温度	介质	振动	过量变形	塑断	脆断	表面变化	尺寸变化	疲劳	咬蚀	腐蚀疲劳	蠕变	腐蚀	应力腐蚀	
	静	疲劳	冲击	拉	压	弯	扭	切	接触																
紧固螺栓	△	△		△										△	△	△			△	△				△	疲劳、屈服及剪切强度
轴类零件	△	△				△	△							△		△			△	△					静强度、弯、扭复合疲劳强度
齿轮	△	△			△	△		△	△										△	△	△	△			弯曲和接触疲劳、耐磨性；心部屈服强度
螺旋弹簧							△							△					△			△			扭转疲劳、弹性极限、受扭弹簧是弯曲疲劳
板弹簧	△					△													△						弯曲疲劳、弹性极限
滑动轴承	△	△			△					△	△	△					△	△	△				△		疲劳、耐磨性、耐蚀性
滚动轴承	△	△							△	△									△	△				△	接触疲劳、耐磨性、耐蚀性
曲轴	△	△				△	△						△						△	△					扭转、弯曲疲劳、耐磨性、循环韧性
连杆	△	△	△																△						拉压疲劳
活塞销	△	△					△	△	△										△	△					疲劳强度、耐磨性
连杆螺栓	△	△	△											△					△						拉压疲劳、缺口偏斜拉伸强度、剪切和屈服强度
汽轮机叶片	△					△					△	△	△	△	△	△			△			△	△	△	高温弯曲疲劳、蠕变及持久强度、耐蚀性、循环韧性

1.2 失效分析的基本方法

上述失效的宏观原因就决定了进行失效分析的基本程序。进行失效分析，采用的方法大致分成两大类：一类是常规分析方法（即下面论述的失效分析一般程序），另一类是系统分析方法，其中典型方法是故障树分析方法，分别论述如下：

1.2.1 常规分析方法

生产实际中对于一般零部件的失效分析常按照以下程序进行操作。

1. 现场了解情况并收集背景材料

尽可能地详细了解失效零部件的历史资料，如零部件设计、使用情况、失效的数量、是第一次设计使用就出现问题，还是原来使用没有出现问题，仅是本次出现问题。并且尽可能对失效现场情况进行详细拍照。

例如，很多情况下制造方都怀疑是由于原材料有冶金缺陷、夹杂物过多等内部质量问题造成零部件失效。这时可以通过了解失效零件的数量来进行初步的判断。如果一批原材料制造的同种零件中，仅少数几件发生破坏，一般可初步判断与原材料冶金质量关系不大。因为如果这批原材料存在严重质量问题（如成分不对、大量冶金缺陷），一般是会分布在整批材料中，缺陷仅集中在材料某一个部位的概率并不大，所以应该有很多零件均会受到原材料的影响，造成发生破坏零件的数量就不会太少。

2. 肉眼或放大镜详细观察断裂现象

观察失效零部件的总体形貌并做详细记录。如果是断裂零部件，则要详细观察断口、断裂位置、断裂位置上是否有特征（如在台阶部位等）、断裂位置与服役状态下应力的关系等。

【例1-7】 断裂位置与材料内部缺陷的关系。

某大型设备中安装了一批固定零部件的螺栓，在使用过程中发生断裂，一共断裂了9件。通过观察发现螺栓发生断裂的位置基本一致，均在距离螺帽顶端一定距离的部位，如图1-7所示。

根据这个现象初步判断，螺栓的断裂不大可能是材料内部的组织缺陷问题，这是因为不可能每颗螺栓中的材料缺陷均集中在同一个位置上。因此，断裂位置的确认对于分析原因、设计试验方案有重要的启示作用。

图1-7 将断裂成两段的两颗螺栓断口复原的螺栓形状照片（测定断裂位置基本相同）

3. 了解零部件在整个机构中的作用及受力分析

零部件发生失效往往是在力作用下发生的，因此应该尽可能根据零件的形状与服役条件对零部件受力情况进行分析，至少要定性分析。目的是确定零件的受力状态，判断零件是在何种应力作用下失效的。首先需要了解零部件在机构中的作用。如果失效不是在零件受力最大的部位，就有理由怀疑材料的组织可能存在问题，或者在服役过程中受到不应有的外力作用。对于一些大型构件破坏往往需要采用有限元等方法对构件各个部位的受力情况进行定量分析，将各个部位受到的应力值与材料性能指标进行对比分析，从中得到关于零部件失效原因的重要信息。在一些情况下定量分析可以直接获得失效原因，即使不能获得原因，对后面的分析也有直接的指导作用。在很多情况下，可以通过断口宏观分析、断裂位置分析，对零部件的受力情况得到定性概念。

【例 1-8】 根据图 1-7 中断裂螺栓的变形情况进行受力分析。

对于螺栓类标准件而言，一般情况下是按照仅受拉应力进行设计的。但是从图 1-7 可见，将螺栓断口对合后，螺栓发生弯曲变形。所以有理由认为在本案例中螺栓在服役状态下，螺栓除受到拉应力作用，还受到了弯曲载荷。至于弯曲载荷是一次性作用还是交变载荷，还需要作进一步分析。

【例 1-9】 根据断口进行受力分析。

大型设备中 M30 螺栓发生断裂，断裂位置与断口形貌如图 1-8 所示。

（a）断裂位置　　　　　　　（b）宏观断口形貌

图 1-8　M30 螺栓断裂情况

由图 1-8 可见，螺栓断裂后并没有发生弯曲变形，说明螺栓在服役状态下受到的拉应力基本是垂直于断口的，即作用力是平行螺栓轴线的。这种作用力是一次性作用力还是交变载荷？从断口上可以得到初步判断。如果是一次性作用力，螺栓断裂应该是拉伸过载断裂，断口具有拉伸过载断裂的特征；如果是交变载荷，则会有疲劳断裂的特征（见第 2 章、第 3 章）。根据宏观断口分析原理，该断口形貌与疲劳断裂断口特征接近，所以初步判断螺栓在服役条件下受到的是疲劳载荷。断口分析仅是初步分析，必须要进一步了解螺栓在设备中的作用与设备运行过程中，螺栓可能受到的各类应力。这就需要设计人员密切配合进行深入分析。

由上述例子可见，断裂现象宏观分析、断口宏观形貌分析对于失效原因的判断，具有不可替代的重要作用，在失效分析时务必充分注意。这些分析技能应该是失效分析的基本技能。

4. 材料化学成分分析

目的是：在认定选材合理的前提下，判断实际材料成分与标准要求的成分是否吻合。一般来说，如果原材料化学成分不符合技术要求，往往认为是失效的主要原因，供货商要承担责任。

5. 对失效的零部件进行性能测定

目的是：与要求的性能指标进行对照，判断是否达到设计要求。在可能的情况下应尽量在出现问题的部位附近截取样品（如断口附近、裂纹附近等）。问题是选择何种性能进行测试？测试的依据是什么？主要根据断裂机制进行确定。如果判断其断裂属于脆性断裂，一般要测定零部件的冲击性能，判断是否由于材料韧性低造成断裂？如果判断其断裂属于疲劳断裂，就需要测定零部件的疲劳性能。

6. 金相组织分析

目的是：判断是否与要求的组织吻合，有时要配合扫描电镜甚至透射电镜进行分析。这一步是非常关键的一步，也往往是最难的一步，许多初学者由于没有掌握正确的分析方法及经验不足，很难对金相组织进行正确的判断。金相组织分析属于失效分析必备的基础知识，在第 2 章中将专门介绍。

7. 断口微观形貌分析与组织的电镜分析

采用扫描电镜对断口进行分析，目的是根据断口上显示的微观形貌，进一步明确断裂的机理。有时采用光学显微镜难以确定材料内部微观组织，此时可以采用扫描电镜甚至透射电镜对材料微观组织进行分析。

8. 在模拟条件下进行失效模拟实验

目的是：对失效原因及断裂机理进行验证。在一般失效分析中不会进行。

在制定试验方案时务必明确每一步的目的，应该说明的是生产实践中很多失效分析并不是均要完整地进行上述全部步骤，有些情况下仅做其中的几个步骤就可以判断出失效的原因。但是在一般失效分析中，1、2、3、5 这几个步骤往往是必须要做的。

1.2.2 系统分析方法

一些复杂设备系统发生失效，其失效因素一定会非常多，根据系统工程的原理，将系统分析方法应用于失效分析，其中最典型的方法是故障树分析法，又称为 FTA[4-5]。该方法的特点是：通过对造成系统失效的各类因素进行分析，画出框图，从而确定系统失效原因的各种可能的组合或发生概率的。该方法是用特定符号将可能导致失效发生的各种因素，沿着发生经过将这些因素联系起来，用一种树的形式表现出来。从已经发生的事故出发逆着失效发生过程进行分析。该过程与编写计算机程序时首先画出一个框图有类似之处。

众所周知，一个复杂设备投入使用一般会经历以下生产过程：

整体设计（结构设计、力学分析）→零部件设计（形状尺寸设计、材料选择、加工方法与各类热处理选择）→零部件加工（材料购买、热加工、热处理、冷加工等）→零部件组装成设备→投入使用

如果该设备在使用过程中发生失效，则上述各个过程的每一个环节均有可能存在潜在事故发生的原因，因此可沿着与制造过程相反的方向进行分析。故障树建立方法如下：

第一级：顶事件，即失效事故。需根据情况进行定义，实际上是对失效分析的目的进行定位。例如，一个大型设备出现故障，当然可以将此事故定义为顶事件，但是如果能确定这起事故的发生主要是某一个部件出现问题，也可以将此部件定义为顶事件，这样分析就简化多了。

第二级：导致顶事件发生的直接原因的故障事件，并且将它们与顶事件间的逻辑关系用符号连接起来。

第三级：导致二级故障发生的直接原因的故障事件，并且将它们与二级事件间的逻辑关系用符号连接起来。

如此继续，一直到底事件为止（一般是追到整体设计）。对于复杂系统，也可以将顶事件下的一级或二级故障树建成几个子故障树进行分析，最后进行综合，这样有时可以使分析简化。

建立故障树时一定会掺杂建树者的观点，对于同一失效问题建立的故障树也会有所不同，因此应该邀请各方面技术人员共同参加讨论。建立故障树的目的是反映出系统故障的内在联系，并且形象地表达出来。建树要注意以下几点：

（1）充分了解设备的使用过程与设计原理（尤其是关键零部件的受力分析），这样才能选准建树的流程。

（2）充分了解故障的宏观现象，这样才能合理确定出顶层事件。

（3）对系统中的逻辑关系及条件必须分析清楚，不能有逻辑混乱与条件矛盾。

（4）故障事件定义要准确。

对于一个复杂的设备出现故障，很多情况下通过宏观分析可以确定出是由于哪些主要零部件出现问题而导致整个系统出现故障，所以归结于一些主要零部件的分析。因此，对于主要零部件的正确建树就显得非常重要。根据 1.1 节中失效可能出现的各类宏观原因，一般可从以下几个方面考虑 FAT 上的分枝建树：

（1）使用过程中的问题：充分了解零部件在服役条件下的受力情况与服役条件，最好是有定量数据，至少要有定量概念。是受到交变载荷还是纯拉、纯扭？是低温下使用还是常温？是否有残余应力的作用？是否有错误操作问题？是否有腐蚀环境没有充分考虑到（如要求在润滑条件下使用，但是实际情况没有加润滑油）？对于这些问题的重要性必须要有充分认识。

（2）结构设计问题：失效主要表现为断裂、过度变形与表面损伤。这些问题的出现均与零部件在服役过程中受应力有密切关系。因此，要与设计人员配合详细分析该零部件进行设计的依据，是否进行过详细的受力分析计算？这种计算是否合理、全面？在设计时除考虑零部件在服役条件下的应力外，是否考虑加工过程中的残余应力、装配应力等。同时对零部件的形状改变引起的应力集中也要充分考虑。

（3）选材、加工工艺及材质存在的问题：主要考虑选材是否合理？材料的性能及尺寸等能否满足设计要求？在加工过程中是否会引起材质变化？材料最终的组织结构是否达到要求？

（4）装配上存在问题：在装配过程中是否引起额外应力？是否损伤工件等。

在上述资料尽可能充分的条件下，需要认真分析重点研究哪个分支。建立故障树所用符号见表 1-8。

表 1-8　故障树中所用符号及其含义

序号	符号	名　称	说　明
1		要说明的故障（顶事件）	最终要说明的故障
2	○或	基本事件（底事件）	发生故障的根本原因，即可以单独获得发生故障的概率的基本现象（底事件）。有时用虚线，表示人为错误引起的底事件
3		故障现象（故障事件）	由底事件到顶事件中间的故障现象（事件）。其上、下应与逻辑门连接

序号	符号	名 称	说 明
4	D / A B C	"与"门	输入现象 A、B、C 同时存在时，输入现象 D 才必然出现的逻辑乘法
5	C / A B	"或"门	输入现象 A、B 中，无论哪一个存在时，输出现象 C 均能出现的逻辑加法
6	C / B / A	"禁"门	表示只有因素 B 存在时，A 现象的输入才能导致 C 的输出
7	E S优先 / ABCD	优先与门	输入事件中某一事件要优先输入，输出事件才能发生，图例中 B 要优先输入。B∩A 或 C，D
8	n / A B	相依与门	输入事件 A、B 互相依存，A 输入时 B 必然发生，则顶事件就发生，称之相依与门
9	◇	不发展事件	不再发展的事件

下面用案例说明 FTA 图的建立思路与过程。

【例 1-10】 建立柴油机"机破"事故分析的 FTA 图。

某机务段配属的 DF_4 型内燃机车，经过大修后仅运行 8 万千米就在运行期间发生"机破"事故。此事故涉及铁路安全运行问题，有关部门提出必须要进行认真分析，其目的是探明事故发生的具体原因，杜绝今后出现类似事故。同时也要明确事故的责任主体单位。

要建立 FTA 图，首先需要组成一个分析团队，包括柴油机专业教师、材料专业教师、柴油机制造设计师、柴油机大维修厂工程师、提供各类配件的企业的工程师。为了进行失效分析，第一步要了解柴油机的工作原理。

如图 1-9 所示的柴油机为四冲程柴油机，共 16 缸，采用废气涡轮增压。其基本工作原理与一般的柴油机类同。

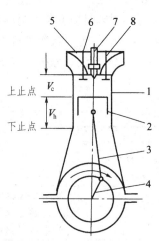

1—气缸；2—活塞；3—连杆；4—曲轴；5—气缸头；6—进气门；7—喷油嘴；8—排气门。

图 1-9 柴油机结构

工作时将空气和燃油分别按一定的规律定时、定量地输入气缸，在气缸内进行压缩，达到一定的温度与压力后，由一定比例组成的空气与燃油混合体自行燃烧，产生高温与高压的燃气，然后利用燃气的膨胀推动活塞上下运动实现对外做功。活塞通过连杆与曲轴连接，通过曲柄连杆机构转动曲轴，将活塞的上下运动转换成曲轴的圆周运动，实现机车运行。如图1-9所示，在气缸盖上设有进、排气门与喷油器。进、排气门由配气结构控制，喷油器由供油装置控制。燃烧后的气体必须及时通过排气门排出，然后将新鲜的空气和燃油送入气缸进行下一次的燃烧、做功。可见要使柴油机连续工作，必须在气缸内不断重复实现进气、压缩、燃烧、膨胀四个工作过程，构成一个整体的工作循环。

活塞在气缸中运动有两个极限位置，处于离曲轴中心最大距离的位置称为上止点；处于离曲轴中心最小的位置称为下止点。活塞由一个止点位置运动到另一个止点位置间的距离称为活塞行程（也称为冲程）。

为了提高柴油机功率，采用废气涡轮增压装置，将气缸内膨胀终了排除气缸的燃气送入涡轮增压器中，在涡轮内再进行膨胀做功，驱动压气机工作，将进入气缸前的空气预先进行压塑，从而使单位体积内空气的质量增加，再通过空气中间冷却器对压缩空气进行冷却，进一步提高空气的密度，然后再输入气缸。这样便增加了每次循环进入气缸空气的量，在相同的气缸体积下可以多喷入燃油，提高了柴油机的功率。

值得提出的是，柴油机零部件中有两组螺栓非常关键，一组螺栓是连杆螺栓，它承受活塞连杆组往复运动的惯性力、连杆运动产生的离心力。它是柴油机受力最严重的关键部件之一，对材料、热处理、机加工、预紧力均有严格要求。如果它出现断裂势必造成柴油机"机破"的发生。另一组螺栓是活塞下穿螺栓。为了减轻重量，活塞采用铝合金制造。由于与燃气接触的活塞顶部处于高温，铝合金材料难以在高温条件下工作。为了保证高温下活塞能正常工作，活塞顶部采用钢制造，称为钢顶，下部铝合金活塞称为铝裙，钢顶与铝裙用四件螺栓按照要求的预紧力连接。可见如果这组螺栓出问题，必造成分离，出现"机破"事故。

第二步是要详细了解事故的情况。团队成员共同到现场了解详细状况，拍摄各种照片，获得的观察结果如下：

（1）活塞下穿4颗连接螺栓均折断，见图1-10（a）。其中2颗螺栓（编号为DJ96093888、DJ9609311）断口齐平，另一颗编号为DJ96093的螺栓弯曲变形，头部有明显挤伤痕迹。编号为DJ96093888的螺栓断口边缘能看到因高温受热产生的蓝色痕迹，见图1-10（b）。图中发生弯曲的下穿螺栓显然只有受到横向力作用才会发生弯曲。所以在4颗活塞下穿螺栓中，发生弯曲的2颗螺栓应该是后发生断裂的。而2颗没有弯曲、断口平齐的下穿螺栓应该是先发生断裂的。

（2）两颗连杆螺栓均断裂，其中CS96.03-119-1螺栓断口较平齐，而CS96.03-11-2螺栓有明显颈缩现象，见图1-10（c）。显然发生明显颈缩现象的连杆螺栓应该是后断裂的，而断口平齐的连杆螺栓是先发生断裂的。

（3）连杆弯曲严重，弯曲方向与连杆运动平面垂直，在弯曲处有明显受挤压变形后留下的痕迹，边缘已变成蓝色，见图1-10（d）、（e）。

（4）活塞顶裙分离，裙部碎成多块，其中两块较大，上面分布着4个螺栓孔及定位销孔。4个螺栓孔内基本保持圆形，在孔内上部可看到螺纹，见图1-10（f）。钢顶发生严重变形，有明显受挤压痕迹，且冷却腔表面已变成蓝色，见图1-10（g）。钢顶侧面有受摩擦而留下痕迹，见图 1-10（i）。钢顶内残留下的 4 颗断裂螺栓中，有 3 颗（平齐剪切断口）用手拨动可使其转动。

（5）活塞裙碎片上可发现距活塞销挡环槽约 4.5 mm 与 13.5 mm 处有两道较深的磨痕。

（6）活塞销端部有明显碰伤痕迹，外圆表面凸棱有手感但没有发现表面有烧伤变色痕迹。

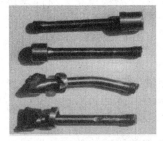  

（a）断裂的 4 颗活塞下穿螺栓　（b）DJ96093888 活塞下穿螺栓断口　（c）断裂的连杆螺栓

（d）连杆挤弯　　　　　　　　　（e）连杆受挤磨痕

（f）铝裙螺栓孔内螺纹　　　　　　（g）铝裙全部破碎

（h）钢顶冷却腔表面变成蓝色　　　（i）钢顶一侧的边缘受摩擦留下痕迹

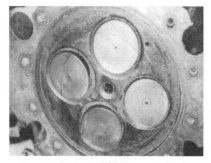

（j）铝裙上留下的磨痕照片　　　　（k）缸盖破损宏观照片

图 1-10　柴油机破损典型零部件照片

（7）曲轴弯曲严重，最大径向跳动可达 0.48 mm，轴颈磨损最严重处出现凸棱，且小了 0.2 m。连杆轴颈未贴附减摩合金和烧损变色。

（8）缸盖受到严重撞击，见图 1-10（k），两个排气门对应于避伐坑内边缘处有明显碰撞痕迹。两个排气门比两个进气门扭曲严重。

在上述工作的基础上，建立 FTA 图，如图 1-11 所示。

（1）顶事件是柴油机"机破"，它可能与设计、选材、使用、装配等四个第二级事件有关，用"或"门与顶事件相连。团队人员一致认为，此次"机破"事故与设计、使用过程无关，依据是：这种类型柴油机数以千计使用多年均无问题，说明设计不会导致事故。此类机车自动化程度较高，操作均是按照规程进行，即使有误操作也不会导致"机破"。因此，将设计与操作定为"不发展事件"。

（2）在第二级事件"零部件断裂"中，团队人员一致认为，如果出问题只能在柴油机的"运动件"上，其中包括活塞组、连杆组、曲轴及其附件、半刚性联轴器、减振器等。其中曲轴及其附件、半刚性联轴器、减振器与本次事故无关，所以与"零部件断裂"有关的第三级事件包括连杆断裂、铝裙断裂、连杆螺栓断裂、活塞下穿螺栓断裂等四种零部件。

（3）在第二级事件"装配失误"中，团队通过讨论认为，引起事故的三级事件中最常见的是未实现正确安装，如应该安装的部件没有装配上、产生了额外的装配应力及零部件高温工作等。在是否正确装配上，大修厂工程师提出：他们实现了正确装配。依据是：如果出现应该安装的部件没有安装上，在厂内试车过程中就会发现，机车也不可能运行 8 万千米。团队大多数人同意此意见，所以为不发展事件。三级事件中出现"零部件高温工作"是因为在宏观分析中发现缸顶与下穿螺栓表面有发蓝现象。

（4）在定义四级事件之前首先要进行断口分析。例如如何确定与三级事件中"连杆螺栓断裂"相关的四级事件。对断口分析后发现两颗断裂的连杆螺栓断口不同，一颗螺栓是疲劳断口，另一颗螺栓是一次拉伸过载断口。显然是发生疲劳断裂后，才引起拉伸断裂。所以将一次拉伸过载断口定义为不发展事件，仅沿疲劳断裂分枝向下分析。对"活塞下穿螺栓断裂"采用同样方法建立分枝。

（5）在定义铝裙断裂的四级事件前，首先要对断口与断裂现象进行分析。铝裙断裂成多个碎块，从各个碎块的断口上看不到疲劳破坏的形貌，所以认为不是先产生疲劳裂纹再破碎的，故将疲劳断裂定义为不可发展事件。铝裙破碎一种可能是由于活塞运动已经超过其极限位置，与气缸盖发生碰撞后击碎。发生这种情况的可能性较大。另一种可能是因为材料本身韧性极低，在服役条件下脆断。后者虽然可能性小，但是也作为事件进一步分析。

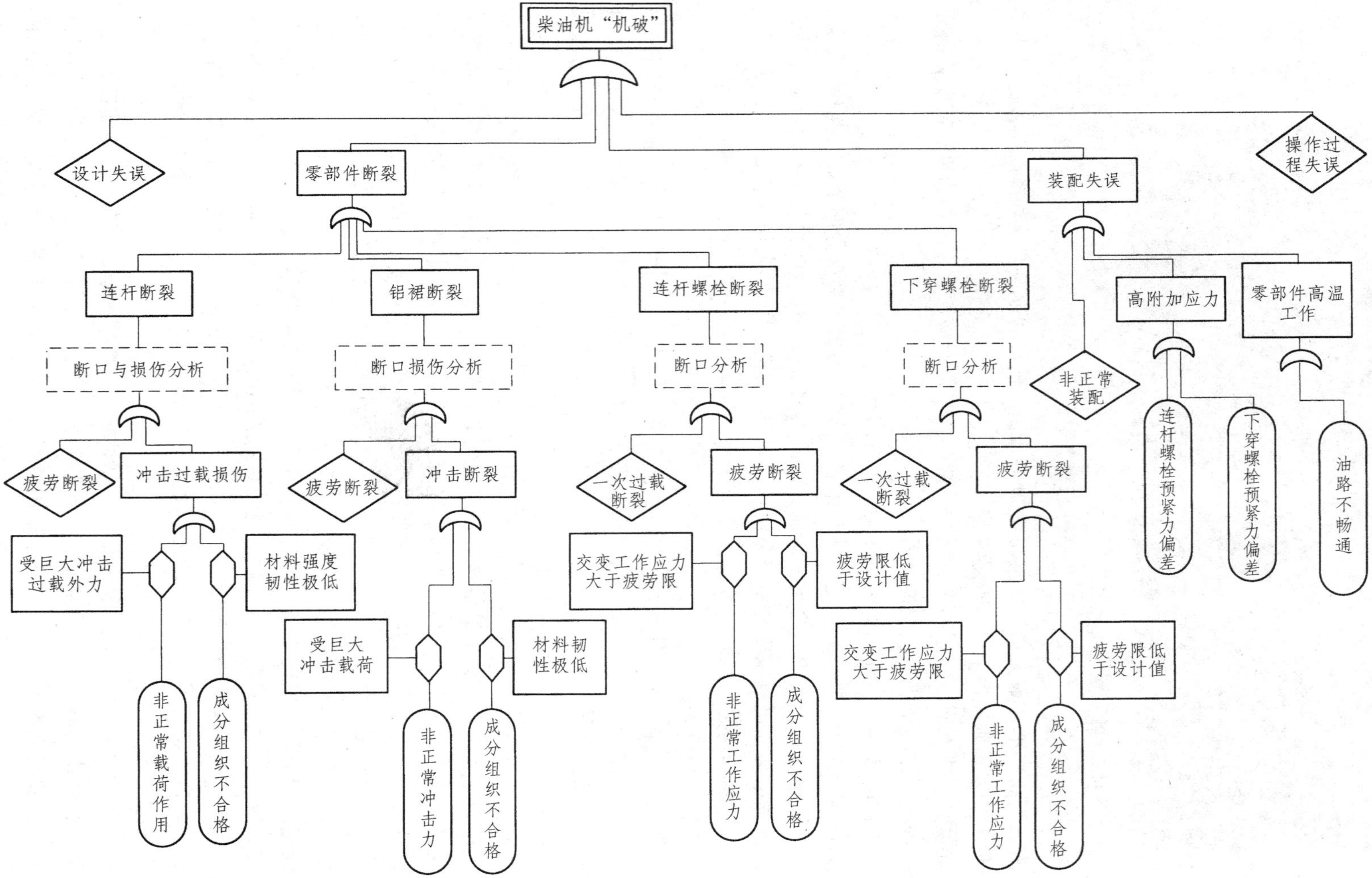

图 1-11 柴油机"机破"事故分析的 FTA 图

（6）从 FTA 图可见，从"连杆螺栓断裂"分枝分析与"下穿螺栓断裂"分枝分析各自可找到"机破"原因，它们均与非正常的高应力相关。因此，要进一步分析下面两个问题：

① 连杆螺栓与活塞下穿螺栓哪一组先产生疲劳裂纹。

② 非正常高应力的来源。

在上述 FTA 指导下进行试验与分析，具体案例分析结果见 5.1 节。

大型设备的破损一般是首先从某些零部件破损开始，所以寻找出首先出问题的零部件非常重要。利用零部件的断口分析及宏观损伤现象分析获得的结论，可以大幅度简化 FTA 的分支。所以对大型设备的破损建立 FTA 时应该尽可能与断口分析、宏观损伤现象分析紧密结合。常用的方法是首先从断口判断哪些零部件属于疲劳断裂，再寻找到与这些零部件发生联系的其他零部件，这些零部件往往是重点分析的对象，这样就可以简化 FTA 的分支。这表明常规分析方法的熟练应用与基本技能的掌握，是进行失效分析工作最关键的基础。如果不具备断口分析、宏观断裂现象分析的基本技能，则无法简化 FTA 的分支。

根据例 1-10 可见，构建故障树时是"由上而下分布"的，在故障树建立中掌握："下面事件"是"上面事件"的原因。因果关系不能混淆。同时可以看到：

在构建故障树时根据失效分析的目的，对基本事件的定义也会有所不同。如例 1-10 中将"油路不通畅""下穿螺栓预紧力偏差""连接螺栓预紧力偏差"等均作为本次"机破"事故的基本事件。这是因为事故分析团队认为追溯到此即可达到分析目的。当然也可以继续追溯，例如什么原因引起"油路不通畅"等，如果这样追溯，该事件就不是基本事件了。

1.3 失效分析的主要目的与值得注意的两种倾向

失效分析课程往往是为材料专业学生开设的，对于材料专业的学生，在初次接触到失效分析课题时，往往存在一种错误认识，认为失效分析目的就是找出材料内部的组织缺陷。实际在很多情况下这并非失效分析的主要目的。失效分析的主要目的可归纳为以下几点：

（1）判断零部件失效机理，包括断裂机理（韧性断裂、疲劳断裂等）、磨损失效、变形机理等，为避免发生类似事故奠定最重要的基础。

（2）在明确失效机理的基础上，判断引起失效的应力方向和应力类型。最好是能够定量分析出其应力值，这点是非常关键的分析目的。只有在清楚了解引起失效的各类应力（服役应力、附加应力及残余应力等）情况下才有可能提出正确的改进措施。

（3）对比制备零部件材料的力学性能与引起失效的应力值，判断失效原因。

（4）分析是否因为材料内部存在组织结构缺陷，降低了材料应具备的性能导致失效。

值得提出的是，虽然材料内部组织缺陷是引起零部件失效的原因，但是并非唯一的原因，在很多情况下，发生失效的零部件材料内部的组织结构是满足设计要求的。

为达到上述目的，就必须正确设计试验方案。对于初步涉及失效分析领域的材料专业毕业生而言，在设计试验方案时存在两种不正确的倾向：

第一种倾向是：在选用失效分析方法时，存在的轻视宏观分析与金相分析倾向。对任何失效问题均采用 SEM、TEM 等手段进行分析。实际上宏观分析在失效分析中起到不可替代的作用。很多情况下，只需要采用宏观分析方法配合用光学显微镜分析显微组织就能够得到正确结论。同时宏观分析是微观分析的基础，在实际工作中必须引起足够的重视。

第二种倾向是：材料专业的技术人员因为牢记"材料的组织结构决定性能"基本概念，在进行材料失效分析工作时，往往仅从找到材料本身的缺陷入手，总是希望从材料上找出缺陷，发现一些材料方面不正常现象，如夹杂物过多、材料化学成分不合格、金相组织不合格、存在冶金缺陷等问题，据此得出零部件失效的结论。

例如：众所周知，材料内部的夹杂物会严重降低疲劳性能。因此，对于发生疲劳断裂的部件，就应集中精力分析夹杂物。一旦发现夹杂物超过标准，就认为零件的疲劳断裂是夹杂物造成的。实际上即使材料内部夹杂物超过标准要求，如果在断口尤其是裂纹源处，没有观察到夹杂物的存在，就不能说是因为夹杂物引起的疲劳断裂。

实践表明：依据寻找材料内部非正常组织结构的思路设计实验方案、分析失效原因，在很多情况下难以获得零部件失效的真正原因。

一个零部件发生失效（开裂、变形与断裂等），一定是在服役过程中在一定外加应力（包括服役应力、残余应力、附加应力、摩擦力等）作用下出现的。出现零部件失效的基本规律是：材料所受到的应力超过材料本身的强度极限（包括疲劳强度、抗拉强度、屈服强度、断裂韧性等）而发生的。这个思路是设计零部件失效分析方案的基本出发点，必须将力学分析与材料组织结构分析耦合在一起设计失效分析试验方案。

根据上述思路，在进行失效分析工作时必须注意以下几点：

（1）首先要详细分析零部件的受力状态，最好定量分析，至少是定性分析（包括残余应力状态）。尤其注意服役状态的应力方向与失效工件间的关系，如裂纹是否沿最大应力方向扩展等。

（2）分析在服役过程中哪些因素可能造成受力状态的不正常，而产生非正常的应力。

（3）分析零部件在加工过程中，哪些工艺会产生较大的应力（如锻造应力、淬火应力等）及残余应力状态。尤其注意分析残余应力与失效工件间的关系。

（4）在上面基础上再进行材料成分、组织结构等分析。

为说明此问题举例如下：

【例 1-11】 钢脚件裂纹分析。

钢脚件是电力系统用来架设电线的一个部件，材料采用 45 钢制作，热处理工艺如下：

锻造→正火→淬火→回火

在一次生产中发现钢脚件中出现裂纹，需要分析原因。分析人员开始希望从材料缺陷角度寻找原因，分析了材料中的夹杂物，如图 1-12 所示。

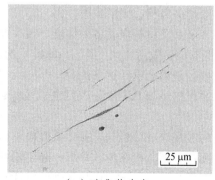 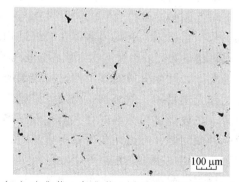

（a）硫化物夹杂　　　　　　　（b）硫化物＋氧化物＋硅酸盐＋铝化物夹杂

图 1-12　钢脚件中的夹杂物

在材料中确实发现存在较多夹杂物，已经超过标准要求。开始认为是由于夹杂物问题引起淬火时裂纹。根据这个结果厂方采用夹杂物少的 45 钢制作钢脚件，同样发生裂纹。后改变分析思路，首先详细观察裂纹形貌，如图 1-13 所示。

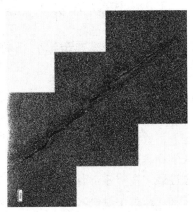

由图 1-13 可见，裂纹源处于工件的次表面。结合工件的生产工艺分析应力从何而来？从生产工艺可见裂纹产生只有可能出现在锻造与淬火过程。由于裂纹两侧没有脱碳层与夹杂物，说明是在淬火过程中由于淬火应力过大造成开裂。淬火时组织应力与热应力构成合成应力，裂纹源处于次表层，说明合成应力最大值处于次表层。根据试验结果分析思路改变为集中精力分析：为什么淬火时会产生超常规的合成应力？

图 1-13 钢脚件裂纹形貌照片

详细了解淬火工艺后发现：厂方淬火时采用箱式炉加热淬火，为提高工效，淬火保温时间较短，造成心部没有完全奥氏体化就淬火，减少组织应力作用，使合成应力最大值处于次表面，同时应力值超过材料强度极限断裂。因此，建议厂方延长保温时间，问题便可得到解决。最后将上述分析方法进行总结，见表 1-9。

表 1-9　常用的材料分析方法与采用目的

分析方法的名称	分析方法的功能	采用该方法的目的	在使用中要求掌握的能力	在失效分析中使用的频率
材料宏观冶金质量与成分分析	检查材料的冶金质量与化学成分	判断是否达到要求的质量	样品制备技术，腐蚀液的选择，标准图谱对比	较高
断裂现象宏观分析	分析断裂位置、裂纹形貌、断口宏观形貌等	判断裂纹源位置、断裂性质，为进一步深入分析奠定基础	宏观断口分析技能	很高
金相显微镜（OM）	观察材料的显微组织形貌	判断是否达到标准要求，判断裂纹的走向，判断处理工艺	制备样品的能力及组织分辨能力	很高
扫描电子显微镜（SEM）	观察破断零件的断口；配合能谱装置，分析断口上成分，观察组织	判断断裂机理；进一步分析微观组织	各类典型断口形貌；各类微观组织的特征	较高
透射电子显微镜（TEM）	观察微观区域的组织与结构	判断微区的组织与结构对零件失效的影响	熟悉原理；会进行结构的标定	一般
力学性能测定	测定零件的各类机械性能	判断失效零件的性能是否满足标准要求	明确所测定性能指标的物理意义	很高
外载荷定性分析	确定应力类型及最大应力的部位与应力方向	分析断裂位置与最大应力、应力类型的关系，为断裂机理分析提供依据	掌握材料力学一般知识	很高
加工过程中应力分析	确定最大应力发生的部位及方向	分析应力方向与裂纹断口的关系	掌握应力产生原理	很高
有限元方法	定量计算关键部位的应力及变形数值	判断零件工作状态下应力具体值及对失效的影响	熟悉有限元理论，会使用大型软件	应该很高，但是目前很少

1.4　失效分析的进展

1.4.1　失效的定量分析技术

目前对于零部件的失效分析，主要依靠材料学、力学、断口学等基础知识，结合裂纹分析、金相组织分析、残余应力分析等方法进行经验性的分析，主要是定性分析，获得的结论一般均是定性的结论。虽然定性分析能解决大量的实际问题，但是失效工作中定量分析一直是人们梦寐以求的。近年来我国学者为对疲劳断裂过程进行定量分析，建立了金属疲劳断口数学物理模型[7]，根据断口形貌定量反推原始疲劳质量，推算疲劳寿命与疲劳应力[8]取得很大进展。在对零部件进行失效分析过程中，应尽可能利用这些成果进行定量分析，即使有不完善、甚至不准确之处，也是应该努力的发展方向。本书第3章将对疲劳断裂定量分析进行初步论述。

1.4.2　新材料的失效分析

由于金属材料在工业生产中占有举足轻重的地位，金属材料制备的零部件数量远多于其他材料。因此，对于金属材料零部件的失效分析是最成熟的。当前由于各类新材料的大量使用，一些新材料的失效问题也不断出现，构成新的研究方向。例如在航天航空领域，采用树脂基、金属基复合材料可以大幅度提高比强度、比刚度，在降低飞机结构质量系数方面起到举足轻重的作用，所以复合材料的失效分析越来越受到人们的重视。

对于这些新材料的失效分析，基本思路和基本分析方法与金属材料是一致的。但是由于新材料有自身的特殊性，在进行失效分析时必须引起注意。以下以金属基复合材料为例来进行说明。

20世纪60年代初，美国航天局研究者利用纤维对铜进行强化取得成功，并在航天及其他军事领域获得成功应用，引发了人们对金属基复合材料的研究兴趣。金属基复合材料提高性能的基本原理是：复合材料受力时，基体将外载荷通过界面传递给增强体（如纤维、晶须等），使增强体承受外力。由于增强体本身强度、弹性模量等远高于基体材料，所以能大幅度提高性能。从强化机理可以看到，金属基复合材料的界面问题是关键问题，因此在进行失效分析时，除采用常规分析思路与方法进行分析外，还必须要考虑界面的影响。举例说明如下：

【例1-12】　20世纪80年代，日本丰田公司采用Al_2O_3短纤维增强汽车活塞材料（类似国产 ZL109 铝合金）用于柴油机活塞第一环槽，取得了良好的效果。随后国内外一些机构便开展了对Al_2O_3短纤维增强 Al 基复合材料的研究。采用Al_2O_3短纤维增强 ZL109 铝合金与 Al-5.5%Mg 合金制备成复合材料后，测定力学性能，获得完全不同的力学性能数据，见表1-10和表1-11。

表 1-10　Al_2O_3短纤维增强 Al-5.5%Mg 复合材料强度测定结果

纤维体积分数/%	抗拉强度/MPa	延伸率/%
0	290	13
8	309	4.8
15	334	2.4
20	351	2.0

表 1-11　Al_2O_3 短纤维增强 ZL109 复合材料强度测定结果

纤维体积分数/%	抗拉强度/MPa	延伸率/%
0	300	2.3
8	210	0.8
15	180	0.7
20	160	0.6

可见纤维加人不同的铝合金中，起到的强化效果完全不同。对于 Al-5.5%Mg 合金，纤维加入能起到强化效果，且随纤维的体积分数增加强化效果增强。但是对于 ZL109 合金则完全相反，随着纤维体积分数的增加，强度不断下降（相当失效）。为了分析原因，可以采用常规方法分析断口、金相组织，但是最关键的是分析界面。图 1-14 是 Al_2O_3 短纤维增强 ZL109 合金界面的透射电镜照片。

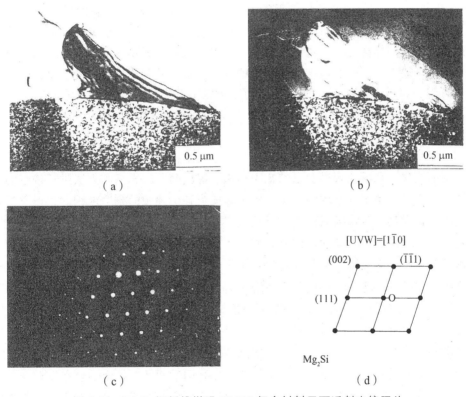

图 1-14　Al_2O_3 短纤维增强 ZL109 复合材料界面透射电镜照片

由图 1-14 可见，在纤维与基体界面分布有大块状的化合物，通过电子衍射分析证明该化合物是 Mg_2Si。当复合材料受到拉伸载荷时，在理想情况下应该是基体将载荷通过界面传给纤维，使纤维承受载荷。由于纤维本身强度远高于基体（纤维强度约为 2 000 MPa），故提高了强度。

Al_2O_3 短纤维增强 Al-5.5%Mg 复合材料就是这种情况。但是对于 ZL109 合金，由于纤维与基体界面处化合物的存在，受外载荷时界面处产生应力集中，造成界面处纤维与基体分离，纤维不能承受载荷，反而造成界面处形成微裂纹，导致强度降低。又如定向凝固合金具有特定的微观组织结构的各向异性材料。定向凝固合金的主干、枝晶杆及枝晶间有不同的强度与韧性，在受力作用下，当合金的主杆、枝晶处于弹性变形范围时，枝晶间已经处于塑性变形甚至开裂[9]。

1.4.3　失效分析专家系统

失效分析是包括事故分析、失效机理的提出与事故的预防等在内的综合研究。到目前为止，人们主要依据经验和已经获得的断口、裂纹、金相图谱等经验资料进行分析。现有的图谱与案例集基本上是针对具体情况的"特殊分析"的分析，并且是定性的分析。这种分析的准确性取决于分析人员的素质。初步涉入失效分析领域的技术人员，分析出的结论往往可靠性偏低。只有长期从事失效分析工作的专家，得到的分析结果才具有很高的可靠性。

为了使一般的工程技术人员也能够进行失效分析，并且达到快速、准确的目的，从 20 世纪 60 年代开始，人们将失效分析获得的大量经验构建成数据库并与计算机结合，构建了利用计算机对结构件进行失效分析的专家系统，这是失效分析领域最引人注意的进展。

所谓专家系统，是指在某一特定领域内，将人类失效专家积累的丰富经验与计算机强大计算能力结合，通过一定的逻辑推理编制出的计算机求解的应用程序系统。理论上希望系统具有该领域专家级水平的知识、经验和能力，可以求解出只有高级专家才能解决的问题，使一般的工程技术人员在计算机的帮助下，具有专家的思路、知识系统、经验，能解决实际问题。

可见专家系统实际上是模拟人类专家，对失效的结构件进行失效分析的计算机系统。因此专家系统的构建，是模拟人类专家的知识结构、解决问题的思路和方法进行构建的。

所谓专家，只能是某一领域的专家，不可能成为各个领域的专家。因此，建立失效分析专家系统均是针对某个特定区域建立的系统。这是因为尽管构件失效分析所采用的手段类似、分析过程类似，但是由于不同的构件所处的工作环境不同、受力状态不同，所以失效分析所需要的基础知识有很大差别，为某个特定系统服务而建立的计算机专家系统，很难用于另一个系统之中。原因是：建立计算机专家系统所需要的基础知识、专业知识等有很大的系统依赖性。目前专家系统软件虽然很多，但是真正能够实际应用、很好地解决实际问题的却很少。一个原因是系统本身需要不断地发展与完善，另一个原因是在建立系统前，均希望尽可能多地解决各类问题，结果是大而不精，影响实际应用效果。针对这种现状，美国 T. W. Liao 针对化工设备常见的失效模式开发了专家系统[10-11]，我国学者针对特定的航空发动机多发事故的现状，专门构建一个适用于航空发动机故障的专家系统[12]，对航空发动机中的零部件（如轴、叶片、盘等）故障进行智能化分析。建立专家系统的思路简介如下[12-13]：

1. 人类专家进行失效分析时需要具备的素质与分析基本思路

首先人类专家必须具备深厚的知识结构，这种知识结构可以分成两大类，一类是在此领域的基础知识，另一类是丰富的实践经验，即他本人分析过的大量的案例。为模拟人类专家，专家系统也必须具备这样的"素质"，即通常所说的计算机中的数据库。

对于一个具体的失效构件，人类专家对其进行分析的基本思路是：以失效分析的规律、相关基础知识作为分离的理论依据，将通过调查、试验获得的信息（失效现象、分析结果）分别加以考察，然后有机地将相关信息进行结合，作为一个整体进行综合考察，利用头脑中的知识结构，应用逻辑推理方法对具体失效构件进行分析判断。在分析判断时分成两种情况：以前是否遇到过类似的失效案例（需要分析的失效案例称为目标案例）？如果遇到过类似案例，就采用类比推理的方法进行分析，即比较目标案例与之前遇到过的案例在材料加工、断裂方式、断口特征、金相组织等方面有哪些相同之处？有哪些不同之处？再利用基础知识、专业知识进行推理分析，在分析过程中不可避免地要查阅一些资料并进行必要的讨论，最后得出结论与改进措施（即对失效问题求出解）。

如果没有遇到过类似案例，就采用逻辑推理方式进行分析。所谓逻辑推理方式，是指运用专家在此领域深厚的基础知识，如相关学科基础知识、断口学知识、力学知识、微观组织分析知识等对失效构件进行分析，推出结论包括失效模式、失效机理、失效原因和改进措施等。同样在分析过程中，也需要查阅一些资料并进行必要的讨论。为模拟人类专家，专家系统也必须具备"调用知识的能力"与这种"逻辑推理能力"。

2. 失效分析专家系统模型构建思路

专家系统是模拟人类专家进行分析求解，因此也必须具备人类专家的"知识结构""调用知识的能力"与"分析问题的能力"。模拟人类专家的知识结构就是建立数据库。人类专家的知识结构在头脑中，表达这些知识内容是用人类的语言、数字及各种数学表达式。计算机要利用这些知识必须将人类专家的这些知识转换成计算机可以识别的形式。文献 7 采用了综合失效分析知识获取方法，见图 1-15。

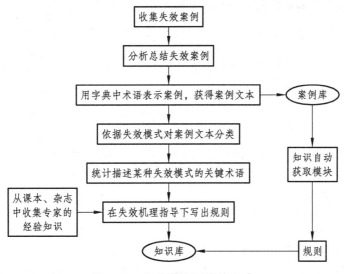

图 1-15　知识获取及表达方式

在收集大量案例的基础上，分析、总结、归纳这些失效案例，用字典库中术语描述案例，得到以框架形式表达的案例文本，存入案例库中。对案例文本进行分类，用归纳法找出失效特征与失效机理间的关系，根据失效机理建立起规则。这些规则由一系列 if…then…else…组成，对数据进行分类，存入知识库中。同时开发自动知识获取模块，应用于失效分析领域。

这样构建的数据库相当人类专家知识结构系统，并且计算机可以调用。

专家系统具备知识结构后，还要运用这些知识进行推理分析的能力。专家系统也采用类比推理与逻辑推理两种方式进行分析，构建两个系统。

将需要解决的失效分析问题（目标案例）与数据库中存储的案例（称为源案例）进行对比，如果目标案例与某个源案例完全一致，就可以将源实例的结论与解决问题的方案，作为目标实例的解决方案。否则选取与目标案例接近的案例作为参考，对源案例进行改编，以获得对目标案例的解决方案。这就是类比推理。类比推理系统的实现包括实例的表示与索引、实例检索、目标案例的自学习。图 1-16 所示为类比推理方式的求解过程[7]。

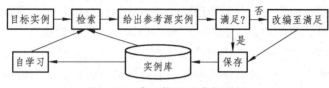

图 1-16　类比推理的求解过程

当没有检索到与目标案例类似的源案例，只能采用逻辑推理方式进行分析。在专家系统中有大量失效规律及相关学科的基础知识，并且均转换为计算机可以识别与调用的形式。计算机调用这些知识对目标案例进行分析，推出需要的结论，如失效模式、原因与失效机理及改进措施。这就是逻辑推理。

失效分析过程中包含很多不确定的因素，不确定性的来源主要是知识的不确定性与证据的不确定性。为使计算机模拟与人类思维更接近，专家系统采用不确定性推理，对于逻辑推理采用置信度方法对不确定性进行评价。推理具体过程如下：

$$前提事实的置信度 \times 规则置信度 = 结论事实的置信度$$

其中规则置信度由专家给出，前提事实的置信度由用户提供。

$$\underset{前提}{CF1}\underset{规则}{(CF2)}\underset{结论}{CF=?}$$

$$CF = CF1 \times CF2$$

对于多个事实则激活同一规则所产生的新事实的不确定性。

$$\begin{matrix} CF1 \\ CF2 \\ CF3 \end{matrix}(CF4)CF=?$$

根据上述思路构建立专家系统，具体内容包括：

（1）首先根据失效分析领域的知识特点和表达方式、失效分析推理过程，以及建立专家系统需要考虑的各方面因素进行规划，确定构建系统的各个功能模块。

（2）在对失效分析领域知识进行分析的基础上，确定知识的获取与编辑模块。将相关理论基础、经验知识编入此模块，并将它们用规则表达出来，构建成知识库。

（3）建立案例模块，案例知识用框架的形式表示出来，构建成案例库。

（4）为使专家系统的术语统一，以提高系统的性能，还要建立存放统一术语的字典库。在字典库与规则库、案例库及推理机之间建立联系。

（5）确定失效分析专家系统的推理机制。一般是逻辑推理与类比推理。从已有的知识推出未知的知识，从一个或几个已知的判断，推出另一个新的判断。只要推理的前提是真实的，推理前提和结论的关系符合思维规律要求，得到的结论就是真实的。

（6）专家系统除要有知识库、案例库、推理机、知识存储与推理功能，还要有知识查询、解释功能。系统的解释能力也是评价系统性能的一个重要方面。同时用户界面要友好。图 1-17 所示为航空机械零部件失效分析专家系统的结构[13]。

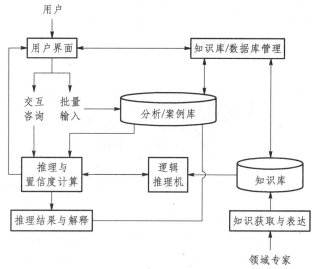

图 1-17　失效分析专家系统的结构

失效分析专家系统属于失效分析领域中的前沿研究内容，已引起人们极大的研究兴趣，但是目前尚处于研究阶段，并不是很完善，在知识的获取、表达与智能推理方面均需要加强研究，但是失效分析专家系统无疑是今后失效分析领域发展的一个极为重要的分支。

习　题

1. 某公司采用德国材料 60S20（相当我国 60 钢）制造电机的蜗杆，直径为 10 mm，采用的加工路线如下：

下料→粗加工→调质→精加工→表面经过高频淬火处理→磨削加工→成品

安装在电机上使用后运行 10 万次左右就发生断裂，远小于设计要求，试分析原因并提出改进建议。

（1）查阅资料了解蜗杆类零件服役条件下受到何种载荷？
（2）设计失效分析的试验方案。

2. 某厂采用 2Cr13 材料生产医用海绵钳（见图 1-18），生产工艺如下：

直径为 12 mm 的棒料通过油炉加热锻造成毛坯→760 °C 高温回火→成型→1 000 °C 加热淬火→250～300 °C 回火→电解去氧化皮→铆接校正→抛光

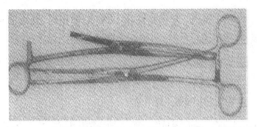

图 1-18　海绵钳形状图（表面存在黑斑与裂纹）

海绵钳在使用过程中发生断裂，试设计失效分析的试验方案。提示：断裂的海绵钳表面有黑色斑，往往此处断裂。锻造油炉无测温度装置，凭颜色确定温度。

3. 某厂采用 25 钢与 45 钢对焊方法制备汽车连接杆（见图 1-19），工艺如下：

下料→感应加热锻造中部六方螺母→机加工→电阻堆焊（与另一个直径为 30 mm 的杆 25 钢材料的配件连接）→电镀

图 1-19　汽车连接杆

采用对连接杆直接进行拉伸的方法评定产品质量。按规定对实物连接杆的拉伸力要达到 8 kN。用上述工艺生产产品近 1 年基本满足性能要求，一般零件的拉伸力可达到 23 kN。最近生产了一批产品，对成品进行拉伸实验后发现约 20%的产品小于 5 kN 就断裂，部分零件甚至用手拿住，向地下进行敲击便会发生断裂。对此问题曾请有关单位进行分析，得到的结论是：由于电镀时采用氰盐又没有进行去氢退火，所以会产生氢脆造成断裂。厂方根据此结论进行了改进：对电镀后的连接杆进行 150 ℃ × 30 min 的去氢退火，然后再用碱性电镀液进行电镀。但是测定的结果是：仍然有部分连接杆出现小于 5 kN 就拉断的现象。厂方技术人员曾怀疑原材料存在问题。因此，对这批原材料进行了成分与冶金质量评定，结果均符合要求。同时此批原材料在以前的生产中也使用过，连接杆也并没有出问题。试设计失效分析试验方案。

扫码查看本章彩图

参考文献

[1]　美国金属学会. 金属手册（第八版，第十卷）[M]. 北京：机械工业出版社，1986.

[2]　查利 R. 布鲁克斯，阿肖克·考霍来. 工程材料失效分析[M]. 谢斐娟，孙家骧，译. 北京：机械工业出版社，2003.

[3]　涂铭旌，鄢文彬. 机械零件失效分析与预防[M]. 北京：高等教育出版社，1993.

[4]　陈南平，顾守仁，沈万磁. 机械零件失效分析[M]. 北京：清华大学出版社，1988.

[5] 孙智，江利，应展鹏. 失效分析基础与应用[M]. 北京：机械工业出版社，2009.

[6] 钟群鹏，田永江. 失效分析基础[M]. 北京：机械工业出版社，1988.

[7] 钟群鹏，赵子华. 断口学[M]. 北京：高等教育出版社，2006.

[8] 刘新灵，张铮，陶春虎. 疲劳断口定量分析[M]. 北京：国防工业出版社，2010.

[9] 张栋，钟培道，陶春虎，雷祖圣. 失效分析[M]. 北京：国防工业出版社，2004.

[10] T WARREN LIAO，Z H ZHAN，C R MOUNT. Integrated Database and Expert system for Failure Mechanism Identification：Part Ⅰ Automated Knowledge Acquisition[J]. Engineering Failure Analysis，1999，6：387-406.

[11] T WARREN LIAO，Z H ZHAN，C R MOUNT. Integrated Database and Expert system for Failure Mechanism Identification：Part The system and Performance Testing[J]. Engineering Failure Analysis，1999，6：407-421.

[12] 陶春虎，刘新灵，张卫方. 失效分析专家系统研究进展[J]. 材料导报，2004，18（8）：311-313.

[13] 陶春虎，何玉怀，刘新灵. 失效分析新技术[M]. 北京：国防工业出版社，2011.

第 2 章　失效分析基础与基本性能

2.1　金属材料典型力学性能试验条件下的应力分布与断裂过程

断裂问题是失效分析中最值得关注的问题，探讨金属材料零部件的断裂失效是本教材的重点内容。首先说明断裂模式的概念。所谓断裂模式，是指零部件在何种载荷下发生断裂，也称为宏观断裂机制。

确定断裂模式无疑就是要断定零部件受力状态下的应力分布情况。本节主要对各类典型力学实验条件下，试样应力分布情况及发生断裂的过程进行探讨。为什么要进行这种探讨？原因主要有以下有几点：

原因一：外载荷作用在零部件上所引起的应力，均可分解成垂直截面的正应力 S 及与截面平行的切应力 t。受力方式不同，零部件的 S 与 t 是不相同的。例如单向拉伸时与试样轴线成 45°的截面上切应力最大，在与垂直试样轴线的截面上正应力最大。切应力引起材料塑性变形与切断，正应力引起材料正断而不会引起材料塑性变形[1]。

金属材料有三个重要的性能指标，正断抗力 S_{OT}、切断抗力 t_k 及屈服强度 t_T 因此有以下判据：

$$\text{正应力 } S > \text{正断抗力 } S_{OT} \text{ 材料发生正断} \qquad (2\text{-}1)$$

$$\text{切应力 } t > \text{屈服强度 } t_T \text{ 材料发生塑性变形} \qquad (2\text{-}2)$$

$$\text{切应力 } t > \text{切断抗力 } t_k \text{ 材料发生切断} \qquad (2\text{-}3)$$

因此，在失效分析时尽可能判断出零部件内部最大正应力与最大切应力所处的位置，以便根据上述判据确定哪些区域容易发生失效，以及发生失效的部位是否是最大应力部位。获得这些信息就是为了明确断裂模式，这对正确分析零部件失效的原因能起到极为重要的作用。

材料发生韧断或脆断，一方面与所受到的外力类型有关，同时与材料内部 S_{OT}、t_T、t_k 有密切关系。对材料本身的性质而言，S_{OT}/t_T 的比值越高，材料越容易塑性变形，呈韧性断裂。这是决定材料韧性断裂还是脆性断裂的内部原因。

原因二：金属材料零部件一般均是在外力作用下发生断裂，而了解断裂过程与断裂机制是失效分析的关键问题之一。实践表明，实际零部件的断裂模式一般来说是比较复杂的，但是又往往可以近似归纳成某种典型的力学性能试验条件下的断裂问题，或者是几种简单力学性能试验的复合断裂问题。所以应牢固掌握各类典型力学试验中材料应力分布特征及从变形到断裂的基本规律，它们也属于进行失效分析的基础知识。

原因三：断口分析是断裂失效分析的关键技术，为了对断口进行正确的分析，清楚了解各种载荷下的应力分布特征及断裂过程是非常重要的。应力分布特征决定断口位向与形貌，反之通过断口位向与形貌特征又可以分析零部件受力状态。

原因四：确定断裂模式也是设计失效分析试验方案的基础。对此问题举例说明如下：

【例 2-1】 一件直径为 20 mm、长度为 350 mm 的轴类零件在使用过程中发生断裂，已知材料是 40Cr，采用的加工工艺是：

下料 → 粗加工 → 淬火 + 500 ℃ 回火 → 精加工 → 使用

根据失效分析的常规试验程序可知，为了判断零部件失效的原因，一般需要对实物进行力学性能测定。问题是常规力学性能试验有拉、压、扭、疲劳、磨损、冲击、硬度测定等多种，是全部进行还是仅选用其中某些试验即可？这就取决于断裂模式的正确判断。

如果根据实际服役条件判断出，该零件在服役条件下仅受到拉伸载荷，力学性能试验就应该选择拉伸试验测定出其拉伸性能指标，再与设计时的应力进行对比分析。

如果根据实际服役条件判断出，该零件在服役条件下受到交变载荷，力学性能试验就应该选择疲劳试验测定出其疲劳性能指标，再与设计时的应力进行对比分析。

如果根据实际服役条件判断出，该零件在服役条件下受到多种载荷（如拉、扭同时存在）的作用，力学性能试验就应该尽量模拟实际服役条件设计力学性能试验，测定出要求的性能指标，再与设计时的应力进行对比分析。

如果能够进行定量分析，则可以判断出轴在服役条件下最大应力区域，指导我们重点分析该区域的微观组织是否正确。

2.1.1 拉伸试验金属材料应力分布与断裂特征

图 2-1（a）所示为标准圆柱形低碳钢典型的拉伸曲线。

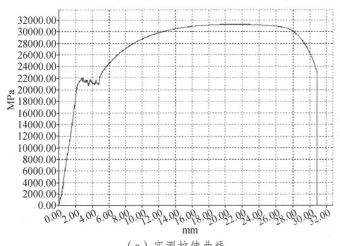

（a）实测拉伸曲线

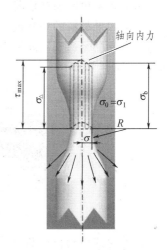

（b）拉伸试棒应力分布曲线

（c）断口形貌

图 2-1 低碳钢典型拉伸曲线、应力分布与典型断口形貌

拉伸过程中是单向加载，最大正应力处在垂直拉力轴的截面上，最大切应力位于圆柱轴45°的截面上，最大切应力与最大正应力比值为0.5，这种应力状态就决定了断裂的基本过程。

加载开始时仅发生弹性变形，随着应力增加曲线呈现锯齿状，表明开始发生材料屈服。随后应力增加不多变形很大，说明材料发生塑性变形，材料长度增加并且截面减少。塑性变形是在切应力作用下发生的。在塑性变形区域，材料要发生加工硬化使材料强化。在整个截面上加工硬化的程度并不均匀，所以塑性变形也不均匀。为了保持恒定速度拉伸就必须增加载荷。在产生加工硬化较小的区域发生不断变形，也就是说仅在截面的某些局部区域发生塑性变形。此处显示横截面减少，宏观表现是出现"缩颈"。在缩颈位置截面积局部减少，类似表面产生一个缺口，形成三向应力状态中心的径向与轴向产生应力最大值[见图2-1（b）]。

显然在这种应力作用下，一定会在试棒中心产生裂纹，然后向径向扩展。当裂纹接近表面时，残留材料就是一个薄壳，因此变成平面应变条件，导致裂纹扩展由平面破断向斜面过程变化。根据材料力学可知，平面应力条件下45°方向的剪应力最大，所以形成剪切唇。根据上述拉伸样品的断裂过程，可以推出以下一些结论：

（1）拉伸断口表面一般分成两个区域，中心区域是垂直拉力轴的相当平坦区域，倾斜45°的边缘区域成为剪切唇。断口形貌成为杯锥形断口，见图2-1（c）。

（2）斜面断裂与平面断裂的相对数量取决于约束的程度。

（3）如果在实际工件中观察到断口形貌与之类似，说明主要受到单向拉伸载荷，且斜面区域（即剪切唇区域）应该是最后断裂区域。

（4）如果单向加载情况下裂纹出现在表面，一般认为表面有组织缺陷。

（5）如果材料的切断抗力 t_k 很小，当外载荷引起的正应力还没有达到材料正断抗力时，而切应力就已经达到切断抗力 t_k，根据式（2-3）可知，试样会发生切断断裂。断口与轴线成45°角，见图2-2。

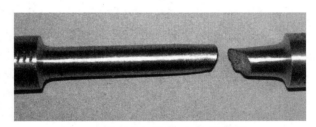

图 2-2　破断面与轴线成45°拉伸断口

此处论述单向拉伸断口形成机理，断口形貌的用途将在 2.3 节中详细论述。

2.1.2　弯曲试验金属材料应力分布与断裂特征

受弯曲载荷的样品与受拉伸载荷的样品既有类似之处，也存在明显差别。主要的差别是样品一侧受拉，另一侧受压。受拉一侧情况与拉伸载荷类似，但是由于不会出现缩颈阶段，所以不会产生三向应力状态，因此样品产生的裂纹不会在样品内部。因为最大应力在表面，所以裂纹最有可能出现在表面。圆形截面弯曲情况下，上表面处于轴向拉伸，下表面则受到压缩。最大正应力位于顶部表面，最大切应力位于两个互相垂直的平面，分别垂直于平行圆柱轴。

弯曲载荷下正应力和剪应力与样品的形状有关。根据材料力学[2]，对于矩形、圆形等截面，最大剪应力一般不大，往往是在正应力下开裂。对于工字形截面，在腹板剪应力可能很大，有可能在剪应力作用下开裂。如果零部件的跨度很短，正应力就不会很大，但剪应力会较大，此时如果材料的抗剪能力很低（即切断抗力很低），就很有可能在剪应力作用下开裂。

对于在正应力作用下断裂的样品，如果上表面受拉、下表面受压，裂纹启裂于上表面，则断裂过程相当从上表面开始，一层一层拉断，逐渐向下表面进行，所以最后断裂的下表面类似拉伸断裂的左后断裂区域，因此在下表面会出现剪切唇。图 2-3 所示为弯曲断裂样品的断口形貌图。

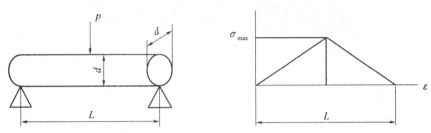

（a）受到弯曲载荷的轴类零件应力分布示意图

（b）受到弯曲载荷断裂螺栓的断口形貌照片

图 2-3　受到弯曲载荷零件的应力分布及断口形貌图

2.1.3　扭转过载试验金属材料应力分布与断裂特征

圆形截面扭转情况下，受力状态如图 2-4 所示，最大正应力位于与轴成 45° 的平面，最大切应力与轴线成 90°，最大切应力与最大正应力比值为 0.8。

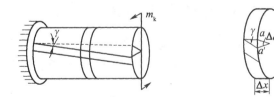

（a）圆柱样品受扭转载荷示意图　　（b）圆柱样品上截取小单元体受力示意图

图 2-4　最大切应力示意图

断裂可以呈韧性或脆性方式断裂，导致两种不同形式的断口。

（1）90°切断断口：如果材料以韧性方式断裂，说明材料屈服强度相当低，材料切断抗力 t_k 较低，因此在切应力作用下则发生明显塑性变形，外加应力达到 t_k 时样品发生断裂。因为最大切应力与轴线垂直，所以断口与轴线成 90°。因为在切应力下发生塑性变形，所以如果在圆柱表面做一条平行轴线得到标线，变形后该线就要围绕表面做螺旋运动。图 2-5 是铝合金材料进行扭转试验后由于塑性变形留下的痕线，有时可以采用腐蚀方法显示扭转塑性变形留下的痕迹。

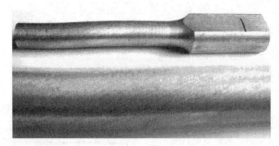

图 2-5 铝合金扭转后表面出现与轴线成 45°的变形条纹照片

图 2-6 是铝合金样品扭转断裂后，表面变形线的激光共聚焦形貌照片，从图中可以更清楚地看到变形线与轴成 45°角。

（2）45°正断断口：对于脆性材料（如铸铁），由于材料本身正断抗力 S_{OT} 较低，而切断抗力 t_k 较高，所以在正应力作用下断裂。由于 45°位向的正应力最大，所以破断面与轴线成 45°角。

圆柱样品在拉伸载荷作用下，最大拉应力在垂直轴线平面上，最大剪应力在与轴线成 45°的平面上。而在扭转载荷作用下，却是最大剪应力在垂直轴线平面上，最大拉应力在与轴线成 45°的平面上。因此，破断面的位向也会发生变换。韧性材料在拉伸过载断裂情况下，其破断面与轴线成 45°，而在扭转过载断裂情况下，破断面与轴线成 90°。脆性材料在拉伸过载断裂情况下，其破断面与轴线成 90°，而在扭转过载断裂情况下，破断面与轴线成 45°。

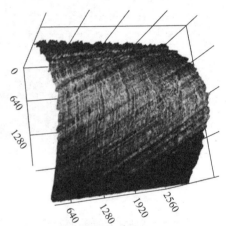

图 2-6 铝合金样品扭转断裂后表面激光共聚焦照片

2.1.4 剪切过载试验金属材料应力分布与断裂特征

沿垂直于轴的方向作用于轴上的外力称为横向力。在横向力作用下，轴的相邻横截面发生相对错动，这种变形称为剪切变形。在工程实际中许多零部件（如销、键及铆钉）主要受到剪切作用。剪应力计算模型见图 2-7。

横截面上剪切应力按照式（2-4）计算：

$$\tau = Q/F \qquad (2\text{-}4)$$

Q 是作用在横截面上的内力，与外力 P 数值相等、方向相反；F 是横截面面积。

从上述受力状态可知，如果一个轴类零件受到纯剪切应力，其断裂的断口应该是平行剪应力方向，并且与轴线垂直。

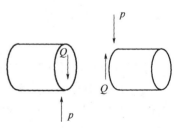

图 2-7 剪应力计算示意图

图 2-8 是螺栓受到剪切作用断裂的断口照片。宏观断口表面很平整，扫描电镜下，可以看到方向性韧窝形貌。韧窝拉长方向就是剪应力方向。

图 2-8　螺栓受剪应力断裂的形貌照片

2.1.5　冲击试验金属材料断裂过程

当物体以一定速度作用在工件上时，物体的速度发生急剧变化。由于物体的惯性，使工件受到很大的作用力，这种载荷称为冲击载荷。在冲击载荷作用下工件中所引起的应力可能很大，称为冲击应力。而材料的力学性能数据也不能用静载荷下测定的数据评价。锻造、冲压等实际加工过程中均存在冲击应力问题。计算冲击问题时一般仅关心变形与应力的瞬时最大值。下面以受到纵向冲击为例进行力学分析，见图 2-9[3]。

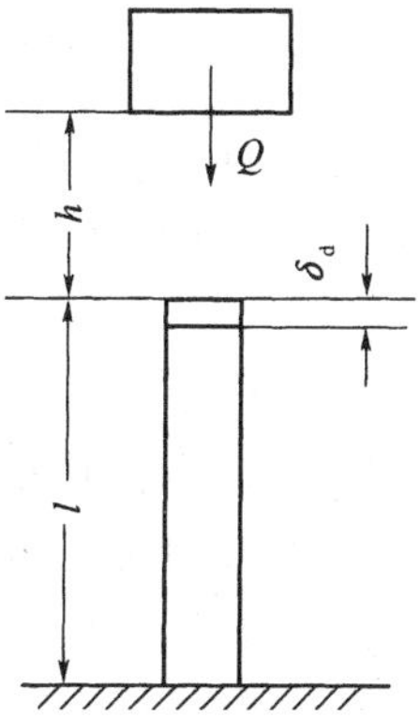

图 2-9 中刚体 A 的重量为 Q，杆的长度为 l，面积为 F，弹性模量为 E。

根据机械能守恒定律可以推导出下列公式：

$$\delta_d = K_d \delta_s \tag{2-5}$$

$$\sigma_d = K_d \sigma_s \tag{2-6}$$

$$k_d = 1 + [(1 + 2h/\delta_s)]^{1/2} \tag{2-7}$$

图 2-9　计算冲击变形与应力

式中，δ_d 与 σ_d 分别为冲击变形量与冲击应力；δ_s 与 σ_s 分别为静载荷下应变与静载荷下应力，其中，$\sigma_s = Q/F$，$\delta_s = Ql/EF$；K_d 称为冲击时动荷系数。

如果 $h = 0$ 则 $k_d = 2$，说明当重量 Q 不是由高度落下，而是突然加在 k_d 杆端上，杆的变形与冲击力将是静载荷的 2 倍。如果 h 很大，则动载荷系数为

$$k_d \approx 1 + [2h/\delta_s]^{1/2} \approx [2h/\delta_s]^{1/2} \tag{2-8}$$

可以求出在 h 很大的情况下的动载荷应力：

$$\sigma_d \approx [2hQE/Fl]^{1/2} \tag{2-9}$$

对式（2-9）分析可以发现：动载荷应力与杆的体积 Fl 和材料的弹性模量有关，为降低杆的动载荷应力，除增大杆的截面积外，还可以增加杆的长度，或者选用弹性模量较小的材料，这一点与静载荷不同。在静载荷条件下，静应力与杆的长度及材料性质无关。

上面推导出的公式可以用于其他杆件情况，如图 2-10 所示。

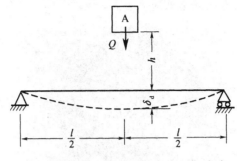

图 2-10　计算水平杆件冲击变形与应力

一个重为 Q 的物体 A 从高度 h 自由落下，打到一个简支梁的中点。已知在梁中点有静载荷 Q 作用时梁的挠度：

$$\delta_s = Ql^3/48EJ \qquad\qquad (2\text{-}10)$$

将 δ_s 代入式（2-9）可以求出冲击时梁的变形与冲击应力。当 h 很大时：

$$\sigma_d \approx [96hQEJ]^{1/2}/Fl \qquad\qquad (2\text{-}11)$$

水平杆件受冲击模型与测定材料的冲击韧性试验有些类似，但是计算静载荷下所受应力 σ_s 时应该考虑缺口效应产生的应力集中（应力集中问题见 2.2 节），式（2-11）修正为

$$\sigma_d \approx K[96hQEJ]^{1/2}/Fl \qquad\qquad (2\text{-}12)$$

式中，K 是静载下由于缺口引起的应力集中系数（见 2.2 节）。由（2-12）式可见，材料的弹性模量增加会引起动应力增加。采用表面处理技术，可以在表面形成化合物层，提高疲劳强度与耐磨性能，由于化合物层一般均有高的弹性模量，所以带来的负面影响是增加动荷应力。

2.1.6　交变载荷应力分布特点与断裂过程

一个零部件受到随时间而变化的载荷作用，称为交变载荷，如图 2-11 所示。

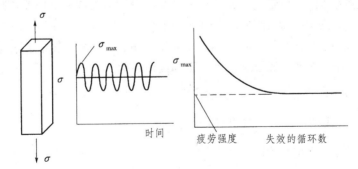

图 2-11　交变载荷示意图

交变载荷的特点是：应力方向随时间循环变化。这种应力特征会造成断裂过程与前述各类静载荷相比具有不同的断裂特点：

（1）在静载拉伸情况下，试样拉伸到屈服强度以上，试样出现均匀滑移变形。而在交变载荷下即使应力幅值低于屈服强度，经过多次循环后也会出现滑移，但是滑移分布不均匀。这是交变载荷与静载荷最大的差别。而这种滑移的不均匀性一般出现在试样表面、金属晶界及非金属夹杂物等处。

（2）根据特点（1）可以推知：在拉伸、弯曲、扭转等静载荷情况下，如果应力小于材料的屈服强度 σ_s，材料不会塑性变形，如果应力低于断裂强度 σ_b，材料不会断裂。但是在交变载荷下，材料可以在低于屈服强度的情况下发生断裂。还可推知疲劳裂纹往往启裂于表面或夹杂物等处。

（3）一定的应力幅值 S 对应一定的循环破坏次数 N，应力幅值越大对应的循环破坏次数越少，应力幅值与循环次数间的关系称为 $S\text{-}N$ 曲线，见图 2-11。这就说明疲劳裂纹扩展的过程是：应力循环一次裂纹扩展一定距离，应力幅值高，裂纹扩展距离长。所以断口有着与静载条件下不同的形貌，并且与应力幅值的大小有密切的关系。

（4）由于应力分布的特殊性，所以无论是脆性材料还是韧性材料，在交变载荷下均是疲劳裂纹扩展到一定程度突然破坏，即使是韧性非常好的材料也不会出现明显的塑性变形。

（5）某些材料存在一个应力值，如果低于它，裂纹则不会扩展。此应力值称为疲劳极限。一般情况下疲劳极限对循环频率不敏感。

在交变载荷中为什么低应力作用下会出现不均匀滑移而断裂？目前一般的观点如下：

在各种力学试验中测定出的应力实际是一种宏观应力。在交变载荷作用下，从宏观上看，其应力水平通常低于引发宏观塑性变形所需要的值。但是从微观角度分析，试样表面是粗糙不规则的，微观组织在表面微小区域分布也并不均匀。例如 45 钢正火处理后，其组织是珠光体与铁素体的混合组织。在表面某一个微小区域，可能均是珠光体组织，而在另一个微小的区域，可能均是铁素体组织。因此，在铁素体组织的微小区域，其局部微观应力会超过铁素体组织的屈服强度。在这种情况下，由于重复交变载荷而局部发生塑性变形，所以会出现不均匀滑移。这些不均匀滑移也是在切应力作用下形成的，与拉伸应力约成 45°角。疲劳裂纹的初始形成阶段称为阶段Ⅰ。当裂纹扩展一微小距离后，进入裂纹扩展方向与主应力垂直的第Ⅱ阶段。这一阶段裂纹穿晶扩展。在循环拉应力作用下，由于裂纹尖端的应力集中，超过材料的屈服强度会发生微小塑性变形，因此在裂纹前沿的后面留下高低不平的区域，这就是微观显微镜下观察到的条纹（见 3.1 节）。

应该说明的是：疲劳裂纹在不形成条纹的情况下也能扩展，所以不能因为没有条纹就认为零件不是疲劳失效。决定是否是疲劳失效的主要因素是交变载荷。每一个条纹与载荷循环中的裂纹生长相联系，并且已经明确，条纹间距与载荷之间有密切关系。载荷频率越高，应力幅值越低，条纹越细。同时裂纹扩展过程中由于截面积不断减少，所以应力不断增加，使得条纹间距不断加宽。

上述断裂过程解释了为什么疲劳裂纹往往出现在试样表面或夹杂物处，同时也可推知，在表面的台阶处、尖角处或表面很深的加工刀痕处容易产生疲劳裂纹。

根据大量试验结果，人们总结出常用材料的疲劳极限与静强度之间的关系，见表 2-1。

表 2-1　材料疲劳强度与静强度的关系[3]

材料	变形形式	对称循环下疲劳极限	脉冲循环下疲劳极限
结构钢	弯曲	$\sigma_{-1}=0.27(\sigma_s+\sigma_b)$	$\sigma_0=1.33\sigma_{-1}$
	拉伸	$\sigma_{-1L}=0.23(\sigma_s+\sigma_b)$	$\sigma_{0L}=1.42\sigma_{-1}$
	扭转	$\tau_{-1m}=0.15(\sigma_s+\sigma_b)$	$\tau_{-1n}=1.50\tau_{-1m}$
铸钢	弯曲	$\sigma_{-1}=0.45\sigma_b$	$\sigma_0=1.33\sigma_{-1}$
	拉伸	$\sigma_{-1l}=0.40\sigma_b$	$\sigma_{0l}=1.42\sigma_{-1l}$
	扭转	$\sigma_{-1n}=0.36\sigma_b$	$\sigma_{0n}=1.35\tau_{-1m}$
铝合金	弯曲 拉伸	$\sigma_{-1}=\sigma_{-1l}$ $=0.167\sigma_b+75$ MPa	$\sigma_0=\sigma_{0l}$ $=1.50\sigma_{-1l}$
青铜	弯曲	$\sigma_{-1}=0.21\sigma_b$	

2.1.7　实际零部件疲劳强度影响因素

材料的疲劳强度均是在标准条件下测定的，一般采用小尺寸圆形试样测定。但是实际零部件是多种多样的，与材料的疲劳强度有较大的差别。这是因为实际的零部件由于形状、表面状态、服役环境均与试验条件有很大差别，所以必须考虑多种因素影响[3]。

1. 尺寸效应影响

测定材料疲劳极限的样品尺寸直径一般在 10 mm 左右，实际零部件尺寸千变万化。基本规律是：随零部件尺寸增加疲劳强度下降。

其原因目前解释是：试样表面拉应力相等条件下，尺寸大的样品，从表面到心部的应力梯度减少，处于应力区的体积大，在交变载荷下，受损伤的区域大，碰到的缺陷的概率也大，所以疲劳强度降低。

可以用尺寸系数定量地表示其影响：

$$\varepsilon_\sigma=\sigma_{-1\varepsilon}/\sigma_{-1} \tag{2-13}$$

$$\varepsilon_\tau=\tau_{-1\varepsilon}/\tau_{-1} \tag{2-14}$$

式中，$\sigma_{-1\varepsilon}$ 与 $\tau_{-1\varepsilon}$ 分别为弯曲、扭转光滑大尺寸试样的疲劳强度；σ_{-1} 与 τ_{-1} 分别是标准样品的疲劳强度；ε_σ、ε_τ 为尺寸系数，均小于 1，可查图 2-12 获得[3]。

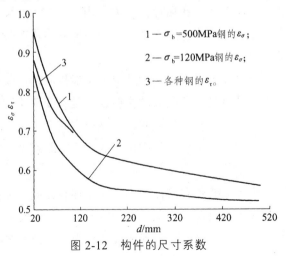

1—σ_b=500MPa钢的 ε_σ；
2—σ_b=120MPa钢的 ε_σ；
3—各种钢的 ε_τ。

图 2-12　构件的尺寸系数

2. 应力集中影响

实际零部件形状各异，不可避免有台阶、小孔、键槽等，从而产生应力集中，将显著降低零部件的疲劳极限。应力集中对寿命的影响一般用应力集中系数定量表示（应力集中产生的原因见 2.2 节）。试验证明，疲劳极限的降低程度并不是与应力集中系数成正比。提出有效应力集中系数 K_f 去处理疲劳设计中的应力集中问题，用式（2-15）和式（2-16）表示：

$$K_f = \sigma_{-1} / \sigma_{-1k} \tag{2-15}$$

$$K_f = \tau_{-1} / \tau_{-1k} \tag{2-16}$$

式中，σ_{-1}、τ_{-1} 分别为弯曲与扭转时光滑试样对称循环的疲劳极限；σ_{-1k}、τ_{-1k} 分别为弯曲与扭转时有应力集中试样对称循环的疲劳极限。

不同情况下的 K_f 值可以通过试验确定。

3. 表面腐蚀的影响

零部件在腐蚀环境下服役，会因为腐蚀促进疲劳裂纹的萌生，从而降低疲劳极限。其原因是：疲劳裂纹一般在表面萌生，由于腐蚀作用改变了表面的组织状态，表面形成腐蚀坑。这些腐蚀坑的存在就起到疲劳源的作用。腐蚀的影响可以用表面腐蚀系数 β_2 表示：

$$\beta_2 = \sigma_{-1\varepsilon} / \sigma_{-1}$$

式中，$\sigma_{-1\varepsilon}$ 与 σ_{-1} 分别是同一材料在腐蚀介质中与干燥空气中的疲劳极限。

在盐水与流水环境下的 β_2 可以从图 2-13 中查出[3]。

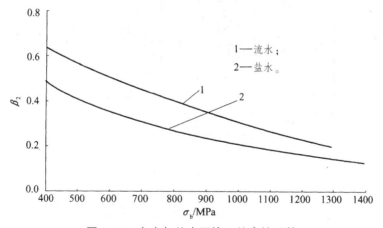

图 2-13　在水与盐水环境下的腐蚀系数

由图 2-13 可以推导出以下规律：

（1）众所周知，一般钢铁材料在盐水环境下比在流水下更容易发生腐蚀，在同样强度情况下，腐蚀条件越恶劣，β_2 就越低。

（2）图中横坐标是钢的强度极限。一般情况下，强度极限高，材料的疲劳极限高。图中数据表明，强度越高的材料 β_2 越低，说明腐蚀对高强钢的影响更严重。

（3）根据图 2-13 获得一个粗略的定量数据，在腐蚀环境下疲劳强度大约要降低 30% ~ 80%。

可得出推论：在腐蚀环境下受到交变载荷的零部件，不能仅考虑如何提高疲劳性能，而且要同时考虑如何提高抗腐蚀性能。

在零部件实际服役条件下，可能有多种影响因素存在，一般根据主要因素选取相应的影响系数。

2.2　应力集中与三向应力

2.1 节讨论了试样在典型力学试验中的断裂过程，但是零部件在实际服役条件下，其受力状况与试样进行力学性能试验往往有很大不同，在进行分析时必须考虑到这些不同因素的影响。其中一个最明显的不同之处就是，在力学试验过程中样品均采用标准样品，样品均是具有一定简单形状不变截面积的几何图形且表面一般是光滑的。而实际工件往往是不同形状的构件，甚至在表面就有机加工形成的不规则区域，如尖角、台阶等。在这些区域会产生应力集中问题，这是必须要考虑的问题。

应力集中产生的原因定性分析可以可用图 2-14 表示[4]。

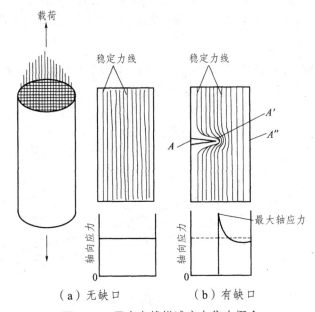

图 2-14　用应力线描述应力集中概念

设一个圆柱体沿轴向受到拉伸载荷，单位面积受到的载荷可以用应力线表示，如图 2-14（a）所示，应力线均匀分布在整个截面上。应力线越密集表明应力值越高，现在假设圆柱体上开有一个圆周缺口，远离缺口表面区域载荷应力线分布仍然是均匀的，但是在缺口附近由于在缺口处无法承受载荷，应力线必将"绕过缺口区域"，分布在缺口附近的区域，造成此处的应力线就变得密集，在缺口根部其密度达到最大值，表明此处的应力远高于远离缺口附近的平均应力，这就是应力集中。

根据上述模型零部件的形状将影响应力线的分布，在一些特殊的部位会产生应力集中，见图 2-15[4]。

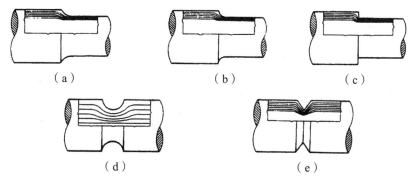

图 2-15　圆柱体的几何形状对应力分布的影响

为定量分析应力集中的影响，对于一些简单应力集中现象可以进行定量计算。例如，对于一个无限宽板上有一个椭圆形圆孔受到如图 2-16 所示的载荷后在圆孔的边缘产生应力集中。

平均应力为 $\sigma_{平均} = P/A$（A 为宽板的截面积），在椭圆的长轴两端出现应力集中。根据弹性力学理论计算最大应力：

$$\sigma_{max} = \sigma_{平均}（1 + 2a/b）\qquad（2\text{-}17）$$

将最大应力与平均应力的比值定义为应力集中系数 K：

$$K = \sigma_{max}/\sigma_{平均} = （1 + 2a/b）\qquad（2\text{-}18）$$

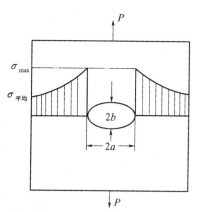

图 2-16　无限宽板上椭圆孔应力集中计算模型[3]

对于无限宽板上椭圆孔出现的 K 显然与椭圆的几何形状有关，a 越大 b 越小。其中，a、b 是指图 2-16 中椭圆裂纹的长轴与短轴尺寸，应力集中系数就越大，应力集中影响也就越大。其他情况下也有类似的结论，即应力集中系数取决于几何形状与载荷。不同几何形状零部件在特殊部位产生的应力集中系数见附录 A。

从式（2-17）与式（2-18）可以看到：

（1）如果 $a = b$ 形成圆孔，最大应力是平均应力的 3 倍。

（2）如果 b 很小可以引起最大应力大幅度增加，说明只要材料内部的缺口等缺陷只要足够尖锐就一定引起材料的断裂。但是实际情况却并非如此。这是因为公式及附录 A 中的图表均是根据弹性力学理论推导出来的，一个基本条件是材料处于弹性变形范围。实际材料是在缺口的根部区域，由于应力集中一旦达到材料屈服强度就会发生塑性变形释放应力，即使相当脆性的材料也是如此，所以很多情况下并不会发生断裂。

零部件在三向应力状态下服役容易产生应力集中。明确三向应力状态的起因，对分析失效事故是非常有帮助的。即使在单向拉伸条件下也会产生三向应力状态。一件样品在进行拉伸试验时，随载荷的增加试样的长度也会增加，然而直径会减小。在弹性范围内，横向应变与纵向应变之间存在正比关系，比例系数称为泊松比。绝大部分合金的泊松比在 0.25 ～ 0.35。

分析一个受拉伸的样品：2.1 节中已经论述，圆柱样品在单向拉伸时中部应力最大，因此首先在中部形成裂纹，这时继续拉伸就类似于对有裂纹的样品进行单向拉伸，可以用图 2-17 进行分析。

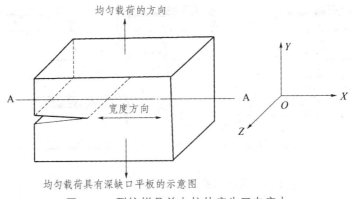

图 2-17 裂纹样品单向拉伸产生三向应力

在裂纹处的上下两个表面没有轴向应力作用，所以在裂纹表面 X 与 Y 方向没有应变。但是在裂纹的根部（虚线处）材料是连续的，当有应力作用时在 Y 方向要伸长，因此在 Z 方向必然要收缩。因为整个裂纹面材料也是连续的，所以这种收缩会受到无收缩的裂纹表面的阻碍。也就是说，在裂纹面处裂纹根部虚线处要收缩，但是其他区域不收缩，即在 Z 方向有应力作用，同理在 X 方向也存在应力作用。因此虽然是单向拉伸，在心部产生裂纹后样品就处于三向应力状态。这种应力状态使材料更易于脆性断裂。对于板状材料，板越厚，裂纹越长，三向应力就越大。明确三向应力产生的原因对分析断口很有帮助。

【例 2-2】　空压机连杆螺栓刀痕对疲劳断裂的影响。

某空压机连杆螺栓发生断裂，宏观断口分析属于疲劳断裂（具体判断方法见 3.1 节），并确定出裂纹源的位置，见图 2-18，疲劳源恰好处于加工刀痕的位置处，说明应力集中对裂纹形成有影响。

 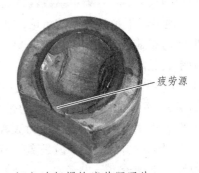

（a）连杆螺栓断裂源处明显的加工刀痕　　（b）连杆螺栓疲劳源照片

图 2-18　疲劳源处于加工刀痕位置

附录 A 中给出了多种情况下的应力集中系数值，供读者在对零部件进行失效分析时参考。

2.3　残余应力产生原理与分析方法

金属材料零部件从原材料到成型一定经过一系列的热加工与冷加工，一定会产生各类应力，这些内应力如果不能消除，就残留到零部件内部成为失效的内在重要原因。材料内部存在的应力一般分成三类：第一类内应力是在整个物体或较大尺寸范围内保持平衡的应力，这就是通常说的残余应力；除此之外，材料内部还存在晶粒尺寸范围内的应力，称为第二类内应力；原子尺寸范围内保持平衡的应力，称为第三类内应力。后两种应力一般称为微观应力。

在铸造、焊接、热处理及各类表面处理过程中，一般均会在工件内部存在残余应力。残余应力对材料机械性能有重要影响已经被人们充分认识。一些学者甚至对材料的组织结构决定性能的基本观点进行修正，认为"材料的组织结构与残余应力共同作用，决定了材料的性能"。所以在进行材料失效分析时，应该充分注意到残余应力的作用。目前可以采用一些软件定量计算残余应力，然而利用一些简单模型对残余应力进行定性分析，所获得的结论，对于失效分析还是非常有实际应用价值的。

金属材料各种不同的加工工艺产生残余应力的机理往往有共同之处。例如，材料本身固有的热胀冷缩特性导致在不同的加工工艺中均会产生残余应力。根本原因是材料的表面与心部的加热与冷却不可能同时发生，表面与心部热胀冷缩不同时产生应力。在不同工艺中，由于加热或者冷却过程中发生各种类型的相变所产生残余应力，同样是因为材料表面与心部不可能同时发生相变导致残余应力的产生。

因此，一方面，对不同加工工艺采用的分析残余应力的模型有共同之处，可以互相借鉴；另一方面，由于工艺不同，各种残余应力的形成又有特殊性。

热处理一般是热加工最后的工艺，如果出现由于应力造成的变形与开裂，产生的危害也最大。热处理工艺中产生残余应力的主要工艺是淬火工艺，下面将详细地论述该工艺残余应力产生的原理与一般的研究结论，将这些结论尽量用到其他工艺中进行分析。

2.3.1 钢在热处理过程中的残余应力

1. 热应力的产生

产生原因：在冷却过程中，工件内外"热胀冷缩"不可能同时发生，因此会产生应力。下面以圆柱样品为例进行分析（在冷却过程中，假设样品不发生相变）。

由于冷却时样品表面与心部不可能同时冷却，将圆柱样品分成表层与心部（表层与心部具体尺寸无法划分，只是粗略划分）。在加热状态表面与心部温度一致时，见图2-19（a）。急速冷却时，表面温度大幅度降低，心部基本不降。表面与心部产生温度差。表面要收缩，但是受到心部的抵制，有一个作用力作用在表面，将表层看成一个薄壁圆筒，受到沿直径方向作用力。作用力的方向如图2-19（b）所示。因此，冷却初期表层受到拉应力，根据作用力与反作用力的原理，心部受到压应力。

在冷却后期，表面温度基本不变，心部要收缩但是受到表面的牵制，有一个作用力作用在心部，即将心部看成一个圆柱，受到沿直径方向作用力。作用力的方向如图2-19（c）所示。因此，冷却后期心部受到拉应力，根据作用力与反作用力原理，表面受到压应力。

由于表面与心部热胀冷缩不同，表面由拉应力向压应力转换，心部从压应力向拉应力转换，见图2-19（d）。由于冷却初期心部处于高温，在应力作用下会发生变形，释放应力，所以冷却后期的应力会形成残余应力，保留在样品中。因此，热应力造成的残余应力最后的结果是：表面压应力，心部拉应力。试验测得热应力造成的残余拉应力，轴向最大。

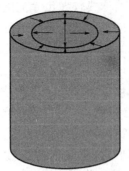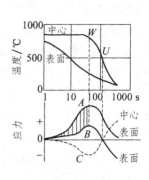

|（a）加热状态 | （b）冷却初期表层收缩
受到心部抵制 | （c）冷却后期心部收缩
受到表层抵制 | （d）表面与心部冷却
曲线与应力变化 |

图 2-19　淬火过程中热应力产生的模型图

上述分析过程及残余应力分布特点可用表 2-2 进行概括。

表 2-2　淬火过程中热应力残余应力产生过程与分布特点

位置	冷却初期	冷却后期
表层变形	表层收缩	基本不变
心部变形	基本不变	心部收缩
表面应力	拉应力	压应力
心部应力	压应力	拉应力（轴向最大）

（1）工件尺寸增大，热应力引起的残余应力上升。

（2）在合金钢和碳钢尺寸与冷却速度相同的情况下，由于合金钢导热一般比碳钢小，所以表面与心部温度差更大，引起热应力会更大。

2. 组织应力的产生

钢在进行淬火处理时，在产生热应力的同时要发生马氏体相变，因此要产生组织应力。组织应力产生的基本原因是：冷却时奥氏体变为马氏体，由于马氏体的比容高于奥氏体，所以高温的奥氏体相转变为低温的马氏体相时，要发生体积膨胀。采用与分析热应力的方法对圆柱样品进行类似分析，可以直接利用表 2-2 进行分析。需要注意：与产生热应力的"热胀冷缩"相反，此时变为"冷胀热缩"，这样便得到表 2-3。

表 2-3　淬火过程中组织应力残余应力产生过程与分布特点

位置	冷却初期	冷却后期
表层变形	表层膨胀	基本不变
心部变形	基本不变	心部膨胀
表面应力	压应力	拉应力（切向最大）
心部应力	拉应力	压应力

同样地，冷却初期产生的应力使零件变形，一般不会形成残余应力，由于组织应力形成的残余应力在表面，又是拉应力，所以容易造成零部件开裂。

可以根据原理分析影响因素：例如分析钢中含碳量的影响，因马氏体的比容随含碳量的增加而增加，所以随着钢中含碳量的增加，组织应力增加。

根据上述热处理残余应力分析，可知定性分析残余应力一般均采用圆柱样品模型。同时可以总结出采用圆柱样品进行分析淬火过程中残余应力的基本思路、基本方法与基本规律。

（1）基本思路：

产生残余应力的基本原因是零部件各个部位变形不一致所致，所以通过分析变形定性判断残余应力。

（2）基本方法：

① 初期分析表面变形，后期分析心部变形；

② 应力方向与变形方向；

③ 利用作用力与反作用力。

（3）基本规律：

① 对于热应力而言：零部件中冷速快的区域（类似圆柱样品表面）形成压应力，冷速慢的区域（类似圆柱样品心部）形成拉应力。

② 对于组织应力而言：零部件中先转变为马氏体的区域（类似圆柱样品表面）形成拉压应力，后转变为马氏体区域（类似圆柱样品心部）形成压应力。

这种分析方法与规律也可以用于其他加工工艺中。

3. 残余应力综合分析与控制

钢在进行淬火处理时，会同时产生组织应力与热应力，并且这两种应力的方向相反，所以在淬火过程中产生的残余应力应该是两种应力叠加的结果，称为合成应力。如何分析合成残余应力是一个非常复杂的问题，目前已经总结出一些定性的规律，概述如下：

（1）变形一般取决于冷却初期零件心部的应力状态，开裂一般取决零件冷却后期表面应力状态，根据变形与开裂情况判断组织应力与热应力哪种作用大。

（2）组织应力造成的残余应力在工件表面，最大残余应力方向是切向，如果形成裂纹为与轴的轴线平行的纵向裂纹，最大切向应力值随尺寸增加而增加。热应力造成的残余应力在工件心部，最大残余应力方向是轴向，如果形成裂纹为与轴的轴线垂直的横纵向裂纹，最大轴向应力值随尺寸增加而增加。

（3）组织应力与热应力均可以产生三个方向的应力，即轴向、切向与径向应力。它们存在的位置相同但是作用方向相反，有互相抵消作用。两种应力均有致裂与抑裂的双重作用。

（4）合成应力可以分成三类：组织应力型、热应力型、过渡型，最大应力的位置见图 2-20[5]。

（5）合成应力造成的最大残余应力在距工件表面一定深度的区域。最大残余应力由轴向热应力与切向组织应力合成，形成的裂纹与轴的轴线成一定角度。角度越小，表明组织应力作用越大，裂纹越接近表面；角度越大，表明热应力作用越大，裂纹越接近心部。

（6）低淬透性钢快冷（22CrMo4 钢，水淬）：工件尺寸小（直径为 10 mm），完全淬透残余应力，为组织应力型；尺寸大（直径为 100 mm），中心没淬透残余应力，为热应力型；尺寸中（直径为 30 mm），为过渡型。或者说，对淬透性不高普通零件快冷条件下，最大拉应力部位随几何尺寸变化而变化。当尺寸由小变到大时，将由零件表面移到中心（尺寸小指10 mm 以下，尺寸大必伴随淬不透）。

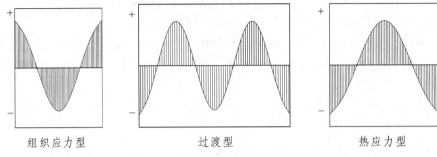

图 2-20　不同合成应力的分布特点

（7）高淬透性钢慢冷（Cr2-Ni4-Mo0.5 钢，4～75 mm，油冷）：只要被淬透残余应力均为组织应力型，最大残余应力处于表面，且直径越大残余应力也越大。

（8）高淬透性钢快冷水冷（Cr2-Ni4-Mo0.5 钢，4～75 mm）：直径小，为组织应力型；直径大（20 mm 以上），为过渡型。

（9）零件淬透情况下的应力状态与淬不透情况下的应力状态完全不同，可以利用上述分析方法进行分析（见表 2-2 和表 2-3）。

（10）钢存在"淬火危险尺寸"，即在这种尺寸范围的钢，淬火非常容易淬裂。其尺寸范围是：碳钢水淬 8～15 mm，低合金钢油淬火 25～40 mm。

（11）大型非淬透零件能产生热应力型淬火裂纹，淬裂的主要危险在中心或附近。对于长径比两倍以上的零件易产生横断裂纹，对于长径比接近的零件易产生纵劈裂纹。

（12）在预测变形与开裂时，首先要根据 CCT 曲线及淬透性曲线等预测零件是否能够淬透（心部得到 50%以上的马氏体）。零件淬透情况下的应力状态与淬不透情况下的应力状态完全不同。

（13）纵向裂纹一般是小尺寸零件在淬透情况下组织型残余应力作用的结果。

（14）弧状裂纹：裂纹形貌是弧状，局部裂纹，裂纹方向与最大几何尺寸方向近似垂直。

（15）弧状裂纹一般发生在不能淬透的碳钢零件上，并且采用了强冷却介质（水、盐水、碱水等）。

【例 2-3】　图 2-21 是一件 40Cr 钢制轴类零件在淬火过程中出现的裂纹形貌，裂纹与轴线夹角约为 30°。试分析：

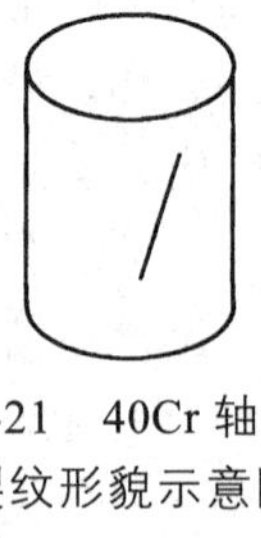

（1）产生裂纹的应力是组织应力还是热应力？

（2）裂纹的启裂位置是在表面？还是在心部？还是在其他位置？

图 2-21　40Cr 轴淬火裂纹形貌示意图

分析：

（1）根据圆柱样品产生残余应力的原理与分布特点可知，在组织应力作用下产生的裂纹应该平行轴线，如果是热应力作用下产生裂纹应该是垂直轴线。现在裂纹形貌与轴线成 30°夹角，说明是在合成应力作用下产生的裂纹，因为与轴线夹角比较小，所以应该是组织应力作用较大。

（2）裂纹的启裂位置应该是最大应力位置。如果裂纹平行于轴线，说明完全在组织应力作用下开裂，最大应力位置在表面，启裂点也应该在圆柱表面。现在裂纹与轴线成30°夹角，说明热应力有影响，在表面抵消部分组织应力，最大应力位置应该向心部移动，所以启裂位置既不在表面、也不会在心部，应该是在距离表面一定位置处。

2.3.2 经过表面技术处理后残余应力

为了提高材料的寿命（尤其是疲劳寿命、耐磨性能、抗腐蚀性能），往往对零部件采用表面技术进行处理，强化表面层。因此，了解经过表面技术处理的零部件残余应力分布，对进行失效分析很有帮助。

1. 经表面淬火工件残余应力分析

表面淬火产生的残余应力分布很复杂，与材料的成分、工件尺寸、硬化层深度、加热速度等因素有关，难以精确地进行理论判断。但是可以根据 2.3.1 节中论述的采用圆柱样品进行整体淬火得出的一些基本规律进行粗略的、但是有意义的分析。

【例 2-4】   40Cr 材料直径为 20 mm 的圆柱杆件采用感应加热淬火，硬化层深度为 1.5 mm，试判断表面残余应力状态。

利用总结出的规律进行分析：将硬化层认为是表面层，其余部分认为是心部。利用 2.3.1 节总结出的方法与规律进行分析。

表 2-4   表面淬火过程中热应力残余应力产生过程与分布特点

位置	冷却初期	冷却后期
表层变形	表层收缩	基本不变
心部变形	基本不变	心部基本不变
表面应力	拉应力	拉应力
心部应力	压应力	压应力

表 2-5   表面淬火过程中组织应力残余应力产生过程与分布特点

位置	冷却初期	冷却后期
表层变形	表层膨胀	基本不变
心部变形	基本不变	心部基本不变
表面应力	压应力	压应力
心部应力	拉应力	拉应力

对表 2-4 和表 2-5 的说明如下：

冷却初期：表面收缩受到心部抵制，热应力的特点是表面拉应力、心部压应力，组织应力与热应力相反，表面压应力、心部拉应力。

冷却后期：因为仅加热圆柱杆的表层，所以不论是热应力还是组织应力，均不存在冷却后期由于心部冷却引起的应力反向问题。

也就是说，对表层而言，热应力产生的残余应力分布特点应该是：表层拉应力，而内层

（或者说心部）是压应力。组织应力产生的残余应力分布特点是：表层压应力，而内层拉应力。合成应力的特点到底是拉应力还是压应力，与样品的直径和硬化层深度有很大关系。

如果样品的直径很大，硬化层深度较浅，可以将表层看成是工件尺寸很小的零件，根据2.3.1节中总结的规律，在样品尺寸很小时合成残余应力的特点是组织应力型的，所以表面残余应力特点应该是压应力型的。这个分析与一般的试验结果是吻合的。随着样品直径的减少，硬化层深度的增加，表面压应力就会不断减少。应注意两个问题：

（1）如何定量判断"样品的直径很大，硬化层深度较浅"。根据一些试验数据，直径为78 mm，硬化层深度为2.6 mm，此时表面轴向残余压应力可以达到800 MPa左右，周向残余压应力可以达到1 000 MPa左右。此时可以认为是"直径很大，硬化层深度较浅"的情况。在具体分析中可以此例作为一个粗略的判据，与实际情况进行比较。

（2）表面淬火零件表面产生压应力，往往是希望得到的。但是在表层与心部间的过渡层产生拉应力，所以要对零部件受力状态进行分析，如果最大受力区域在过渡层，且由于表面淬火又产生拉应力，对工件的寿命就会产生不利影响。

2. 渗碳产生的残余应力分析

渗碳淬火产生的残余应力同样是复杂的，与渗碳层深度、材料成分、渗碳层中含碳量、冷却速度等诸多因素有密切关系。但仍可根据2.3.1节中论述的采用圆柱样品进行整体淬火得出的一些基本规律进行粗略的分析。

热应力产生残余应力的特点应该与圆柱样品进行整体淬火类似，即表面压应力、心部拉应力。对组织应力分析，讨论零件在淬透下的情况。

组织应力产生残余应力的特点应该与圆柱样品进行整体淬火有很大差别。在圆柱样品整体淬火时是表面先发生马氏体相变，而心部后发生相变，从而产生了组织应力分布特点。在渗碳淬火情况下就完全不同。这是因为表层含碳量高而心部含碳量低，造成表层的马氏体开始转变点低于心部，所以心部先发生马氏体相变而表层后发生相变，顺序与整体淬火完全相反，所以组织应力特点也完全反向。利用2.3.1节中表2-3的方法分析组织应力，得到表2-6。

表2-6　渗碳淬火组织应力产生过程与分布特点（淬透情况下）

位置	冷却初期	冷却后期
表层变形	基本不变	表面膨胀
心部变形	心部膨胀	基本不变
表面应力	拉应力	压应力
心部应力	压应力	拉应力

由表2-6可见，组织应力造成残余应力的特点仍然是：表面压应力、心部拉应力。

因此推断出渗碳淬火后合成的残余应力的特点应该是表面压应力、心部拉应力。

渗碳层深度影响规律是：随深度增加，表面残余压应力减小。

样品直径影响规律是：随直径增加，表面残余压应力减小。文献[6]中的试验数据提供了一些具体的定量数据：

（1）直径为11.3 mm的20钢样品，渗碳层为0.2 mm，表面径向残余压应力可达到600 MPa，轴向残余应力可以达到 400 MPa。渗碳层深度达到 0.6 mm，表面径向残余压应力减小到 400 MPa，轴向残余应力为 50 MPa 左右。

（2）渗碳层深度为 0.2 mm 的 20 钢样品，直径为 15 mm，表面径向残余压应力可达到 800 MPa，轴向残余应力可以达到 600 MPa。如果直径减小到 8 mm，表面径向残余压应力与轴向残余应力减小到 100 MPa 左右。

3. 氮化、氮碳共渗、渗金属产生的残余应力

氮化过程中并不伴随马氏体转变，所以产生应力的机理与淬火不同。氮化时仅是表层 0.2 ~ 0.8 mm 范围内组织变化产生应力。产生应力的原因有两点：一是氮化过程中形成氮化层，氮化层的比容比基体材料大；二是氮化层的热膨胀系数比基体材料大。因为氮化后一般是炉冷，所以热膨胀系数的影响是次要的。主要分析表层组织变化产生的应力。

在分析表面淬火残余应力时，可知由于表面变为马氏体比容增加，发生体积膨胀，所以产生残余应力。而氮化时也是由于表面比容增加造成残余应力，因此氮化表面残余应力分布规律应与表面淬火有类似之处。

同时知道对工件进行氮化处理，工件在冷却过程中不发生相变。组织变化应力是在氮化过程中产生的，可以用类似模型分析，结果见表2-7。

表 2-7　氮化过程中残余应力产生过程与分布特点

位置	氮化初期 （氮化层尚未形成或形成极少）	氮化后期 （氮化层形成）
表层变形	基本不变	表面膨胀
心部变形	基本不变	基本不变
表面应力	基本为零	压应力
心部应力	基本为零	拉应力

因此，氮化后表面一般是压应力。文献[6]提供了定量的数据：

34CrAl6 钢直径为 20 mm 的圆柱样品，氮化后残余压应力可以达到 800 MPa 左右。

根据这样的思路可以分析氮碳共渗、渗金属产生的残余应力问题。

氮碳共渗后表面得到是氮碳化合物，如 Fe_3N 等。根据晶体结构可以计算出 Fe_3N 比容为 $0.146 \text{ cm}^3/\text{g}$；钢基体的比容约为 $0.128 \text{ cm}^3/\text{g}$，可见化合物层的比容高于钢基体，所以表面产生压应力。实际测试结果见表2-8。

表 2-8　不同材料经过氮碳共渗后弯曲疲劳强度与残余应力数据

工艺	渗层深度/mm	弯曲疲劳/MPa	表面压应力/MPa	材料
盐浴硫氮碳共渗	0.22	555	− 341	（45 钢）
气体氮碳共渗	0.22	540		（45 钢）
离子渗氮	0.20	452	− 244	（45 钢）
气体渗氮	0.43	595	− 78	（45 钢）
没有处理		400		（45 钢）

工艺	渗层深度/mm	弯曲疲劳/MPa	表面压应力/MPa	材料
盐浴硫氮碳共渗	0.18	186	−243	（QT600-3）
气体氮碳共渗	0.16	184	−243	（QT600-3）
离子渗氮	0.15	176	−122	（QT600-3）
气体渗氮		112		（QT600-3）
没有处理		112		（QT600-3）
离子渗氮	0.45	725	−122	25Cr2MoV
没有处理		526		25Cr2MoV

渗金属后往往通过反应扩散得到化合物层，可以根据化合物层的晶体结构计算其比容，从而判断表面的应力状态。

【例2-5】 T10钢渗钒后表面残余应力分析。

T10钢渗钒后表面得到化合物层形貌，见图2-22[7]。

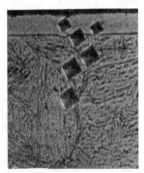

（a）化合物层金相组织照片　　（b）化合物层TEM明场像　　（c）化合物层TEM暗场像

图2-22　T10钢渗钒化合物层金相组织照片

渗钒获得的化合物层可能是VC或V_8C_7等化合物。设定化合物为VC，根据钢的晶体学参数与VC的晶体学参数计算比容如下：

对于钢：相结构主要是铁素体，为体心立方结构，点阵常数0.286 nm，一个晶胞内有2个铁原子。铁原子的质量为$55.8 \times 1.66 \times 10^{-24}$ g。

计算出钢的比容为0.126 cm^3/g，与实际测定值基本一致。

对于VC：根据X光衍射卡片查出：立方晶系，点阵常数0.43 nm，一个点阵内有4个化学式。每个化学式的质量为$(50.9 + 12) \times 1.66 \times 10^{-24}$ g。

计算出VC的比容为0.190 cm^3/g。

由于VC的比容高于钢，所以钢进行渗钒处理后，如果表面转变为VC化合物层，工件表面就应该产生压应力。由于VC的比容高于氮化时的化合物，所以获得的压应力可能高于氮化。气体氮碳共渗测定的压应力是 −243 MPa，所以估算渗钒后表面的压应力高于此值。

4. 电镀产生的残余应力

关于残余应力产生的原因目前没有明确的结论。一般简单地认为，由于溶液中急速产生电析出，同时将基体金属与电镀金属的比容差看成残余应力产生的原因。提出三种假说[6]：

（1）过剩能假说：电镀时金属原子在电析出过程中处在高能状态，使金属晶格发生膨胀，因此在下一个阶段如产生收缩就会产生拉伸残余应力。也有另一种说法，电镀刚完成时金属表面 1 nm 范围的薄层内温度可以达到数百摄氏度，与周围邻近部分存在极大的温度梯度。由于受到周围的急冷，类似表面淬火中的热应力，依据 2.3.1 节中热应力模型与分析方法，结果见表 2-9。

表 2-9　依据过剩能理论电镀层残余应力产生过程与分布特点

位置	电镀初期 （镀层尚未形成）	电镀后期 （电镀层已形成）
表层变形	基本不变	表层收缩
心部变形	基本不变	心部基本不变
表面应力	基本为零	拉应力
心部应力	基本为零	压应力

因此，依据过剩能理论，电镀后表面电镀层应该是拉应力。该结论虽然与许多情况符合，但是也存在表面压应力情况。

（2）氢假说：在电析出中金属晶格内吸收了氢晶格发生膨胀。在随后阶段由于原子状态的氢要发生扩散，结果将产生残余拉应力。该假说同样无法解释为什么有时产生残余压应力。

（3）吸附假说：有试验证明，镀镍时应力受电镀时吸附物质影响很大，随着镀层内氢、氧含量的增加，应力值增加。因此认为电镀过程中初期发生水的吸附与吸收，后期水又扩散出去，所以产生残余拉应力。

由于残余应力产生的原因没有明确的结论，只能针对各种电镀具体情况分析残余应力的值。

（1）镀铬：当镀层薄时产生很高的拉伸残余应力，厚度增加应力值下降，电镀温度上升应力增加。

（2）镀镍：一般也产生拉应力，低电流密度与低温情况下应力增加。

（3）镀铜：应力值是镀液成分与电流密度的函数。当基体是铜时产生压应力，是其他金属时，产生拉应力。在镀液中增加铅时拉应力几乎成倍增加，而添加硫氢酸钾时则变成压应力。当有锌等杂质存在时，产生压应力。

（4）镀锌、镉、铅：一般产生压缩残余应力，但是酸性镀锌液产生拉应力，并且随电流密度增加而增加。但用硫酸盐镀液时，产生压缩残余应力。

表 2-10 是对不同电镀时残余应力具体数值[6]，可供进行失效分析时参考。

表 2-10　电镀层中具有代表性的残余应力值

金属	电镀溶液	应力值/MPa
铬	铬酸-硫酸 50 ℃	106
	铬酸-硫酸 65 ℃	254
	铬酸-硫酸 85 ℃	430

金属	电镀溶液	应力值/MPa
镍	光亮镀镍用液纯净	106
	光亮镀镍用液 + 杂质	224
	光亮镀镍用液 + 糖精	18
铜	酒石酸钾钠-氰化物 + 硫氰酸钾	−27
	酒石酸钾钠-氰化物	60
钴	硫酸盐	310～620
铑	硫酸盐	310～620
锌	酸性镀液	−56～12
镉	氰化物	−8
铅	过氯酸盐	−30

5. 化学镀产生的残余应力

化学镀产生残余应力的原因有两种。一种是因为化学镀层与基体材料的热膨胀系数不同所引起的。因为化学镀的温度一般在 90 ℃ 左右，当将样品从化学镀槽中冷却到室温时，表面镀层与心部基体材料由于热胀冷缩不会同时发生，同时镀层与基体的热膨胀系数不同，因此产生应力。其规律是热膨胀系数大的一方产生压应力，而膨胀系数小的一方产生拉应力。

试验得出的规律是当样品从镀槽中取出，化学镀镍层要收缩 10% 左右。

另一种原因是，化学镀层的形成也是晶粒形核与长大的过程。开始形成一些岛状的颗粒，这些粒子在其间填充上新的粒子之前被表面应力拉在一起形成拉应力。当表面被新的镀层覆盖或进行热处理时，会发生原子重排而改变原子间距从而产生应力。表 2-11 数据列出了化学镀层应力定量数据。

表 2-11　化学镀层中残余应力与工艺条件关系

镀液组成	pH	温度/℃	含磷量/%	热处理前应力/MPa	热处理后应力/MPa
	5.0	82	6.9	26.5	78.4
	5.0	88	7.0	58.8	71.5
	4.9	94	7.2	7.8	64.7
$NiSO_2 \cdot 6H_2O$　0.8 mol/L	4.5	93	8.1	12.7	67.6
$H_2C_3H_5O_3$　0.36 mol/L	4.5	93	8.4	43.7	139.1
$NaH_2PO_2 \cdot H_2O$　0.23 mol/L	4.0	97	10.7	−53.9	29.4
	4.0	94	11.6	−88.2	0.0
	4.0	93	12.2	−72.5	−7.8
	4.0	91	12.4	−105.6	−26.5

镀液组成	pH	温度/°C	含磷量/%	热处理前应力/MPa	热处理后应力/MPa
$NiCl_2 \cdot 7H_2O$　0.126 mol/L $NH_4 \cdot C_2H_3O$　0.5 mol/L $NaH_2PO_2 \cdot H_2O$　0.095 mol/L	4.5	95	8.0	3.5	65
$NiSO_2 \cdot 6H_2O$　0.057 mol/L $HC_3H_6O_2$　0.14 mol/L MoO_3　0.015 mol/L $NaH_2PO_2 \cdot H_2O$　0.17 mol/L	5.4	90	8.5	6.0	

从表 2-11 中的数据可以看到下面残余应力的某些重要影响因素：

（1）镀液的成分与 pH 值对残余应力有重要影响。

（2）尤其应注意的是，对于许多加工工艺产生的残余应力，采用热处理方法一般均能减小残余应力，但是对化学镀经过热处理并非完全如此。这是因为化学镀产生的镀层是低温形成的，热处理温度一般均高于化学镀温度，所以会使原子发生重排。如果原子间距缩短，则产生拉应力，总之热处理一般是提高拉应力而减小压应力，因此为减小化学镀的残余应力应根据基体材料的种类确定是否可以采用热处理方法以减小残余应力值。

6. 热喷涂产生的残余应力[8]

残余应力的产生主要是在涂层制造过程中的加热和冲击能量作用的结果以及基体与喷涂材料之间物理、力学性能差异造成的，分成热应力与淬火应力两种。

热应力是由于温度变化材料发生热胀冷缩，由于基体与涂层材料热膨胀系数不同从而产生残余应力。对单层涂层的热应力可以近似采用式（2-19）计算。

$$\sigma_{th} = E_c (\alpha_s - \alpha_c) \Delta t \qquad (2-19)$$

式中，E_c 是涂层的弹性模量；α_c 和 α_s 分别是涂层与基体的热膨胀系数；Δt 是涂层冷却过程中的温度差（$\Delta t<0$）。该公式的建立基于许多的假设，存在较大的误差，但是可以用来进行定性分析。

从式（2-19）可看到，当 $\alpha_s>\alpha_c$ 时，$\sigma_{th}<0$，表明产生压应力。其物理解释是：在冷却过程中涂层的收缩比基体材料少，在涂层与基体结合牢固情况下两者必须等应变，所以涂层产生压应力，反之涂层产生拉应力。

淬火应力是由于单个喷涂颗粒快速冷却到基体温度，颗粒要收缩从而产生的应力。喷涂过程中最大淬火应力可以表示为

$$\sigma_0 = E_0 \alpha_d \Delta t' \qquad (2-20)$$

式中，α_d 是沉积物的热膨胀系数，近似等于室温下涂层材料的热膨胀系数；E_0 为涂层材料的弹性模量；$\Delta t'$ 为涂层材料熔点与基体温度的差值。可见淬火应力均是拉应力。材料的性能、基体的温度、涂层的厚度均会影响分布。在固化过程中因为可能发生塑性变形、蠕变甚至微裂纹等现象，因此淬火应力会被部分释放，所以实际应力低于计算值。

残余应力导致的失效形式主要有涂层开裂、翘曲和分层。在实际情况下，许多涂层的失效并不只是一种失效形式。

2.3.3　铸造残余应力

铸件在凝固后的冷却过程中，应力按其形成原因可分为热应力、相变应力和机械阻碍应力三种。

热应力：由于铸铁件和各部分在冷却过程中的冷却速度不同，造成各部分的收缩量不同，但铸件各部分连为一个整体，彼此间互相制约而产生应力。可见，铸造热应力产生原因与热处理过程中的热应力产生原因完全类似，完全可以用分析淬火热应力的模型进行分析。

根据热应力产生的原因，可以推出铸造过程中由于铸件本身结构的影响，各个部位间会产生残余应力。因为铸件形状是复杂的，尺寸薄的部位冷却快，尺寸厚的部位冷却慢，所以在热应力作用下构成铸件内的残余应力。其大小与铸件厚壁部分由塑性状态转变为弹性状态时，厚薄两部分的温度差成正比，即铸件的壁厚差越大，残余热应力也越大。并且认为这种结构尺寸变化会引起额外应力，往往成为铸造残余应力的主要来源。凡能促使铸件同时凝固及减缓冷却速度的因素，都能减小铸件中的残余热应力。

【例 2-6】　一个铸件的形状如图 2-23 所示，分析冷却后由于热应力的作用，在铸件 A 区域与 B 区域产生的残余应力是拉应力？还是压应力？

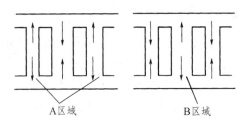

图 2-23　铸件间尺寸不同产生的残余应力

分析：

从铸件的结构可见，铸件的两个外侧 A 区域，受到冷却的面积大，冷却速度一定快。而中间部分 B 区域，受到冷却的面积小，冷却速度要慢。所以 A 区域相当 2.3.1 节分析淬火热应力圆柱模型的表面区域，而 B 区域相当圆柱模型的心部区域。根据淬火热应力残余应力形成规律，可以推测出：冷却到室温后 A 区域受到压应力，B 区域受到拉应力。

相变应力：铸件各部分在冷却过程中发生固态相变的时间和程度不同，使体积和长度的变化也不一样，而各部分之间又互相制约，由此而引起相变应力。对于灰铸铁件来说，当铸件的某一部分冷却到共析温度以下时，奥氏体转变为铁素体及高碳相（石墨或渗碳体）。由于共析石墨化而使铸件某部分产生一定的膨胀，如铸件各部分温度不一致，相变不同时发生，就会产生相变应力。可见，此处的相变应力与淬火组织应力也有类似之处。所不同之处是：在淬火过程中产生膨胀的组织是马氏体，而铸造过程中产生膨胀的组织是石墨。灰铸铁件粗厚部分的石墨化程度比细薄部分更充分些，因此薄部分受拉应力，而厚部分受压应力。

机械阻碍应力：铸铁件冷却到弹性状态后，由于收缩受到机械阻碍而产生机械阻碍应力。

它可表现为拉应力或切应力。当机械阻碍一经消除，应力也随之消失，所以它是一种临时应力。

铸造应力是热应力、相变应力和机械应力三者的代数和。铸铁件不同部位上的三种应力见表2-12。

各种铸铁的铸造应力见表2-13。灰铸铁的铸造应力最小，球墨铸铁最大，蠕墨铸铁的铸造应力在两者之间。

表2-12　铸铁件不同部位上的三种应力

铸件部位	热应力	相变应力		机械阻碍应力	
		由于共析转变	由于石墨化	落砂前	落砂后
薄部分或外层	$-\sigma$	$+\sigma$	$+\sigma$	$+\sigma$	0
厚部分或内层	$+\sigma$	$-\sigma$	$-\sigma$	$+\sigma$	0

注："$+\sigma$"表示拉应力；"$-\sigma$"表示压应力。

表2-13　各种铸铁的铸造应力

铸铁种类	弹性模量 E/MPa	铸造应力 $\sigma_{铸}$/MPa	铸铁种类	弹性模量 E/MPa	铸造应力 $\sigma_{铸}$/MPa
合金铸铁	121 870	106.30	球墨铸铁	175 500	180.0
蠕墨铸铁	148 740	122.0~137.3	灰铸铁	87 510	52.3

减小铸铁件中的铸造应力，可使经机械加工后的铸件具有较好的尺寸稳定性和精度的持久性。主要应设法减小铸铁件在冷却过程中各部分的温度差。实现同时凝固原则；改善铸型和型芯退让性；适当增加铸铁件在型内的冷却时间，以免扩大各部分的温差。

形状比较复杂、尺寸稳定性要求较高的铸铁件应用人工加热时效、振动时效或自然时效的方法来降低铸造应力。最终残余应力的大小，除与时效工艺有关外，在较大程度上取决于铸铁件原始残余应力的大小，即如果铸铁件中原始残余应力很大，即使经过时效处理，铸铁件中也仍有较大的残余应力。因此，减小铸造应力的最根本的办法是应使铸铁件在弹塑性转变的冷却过程中，尽可能少产生应力。

2.3.4　焊接残余应力

焊接残余应力的产生是在焊接过程中，焊接部位局部急速加热到高温，由于表面与内部温度的不均匀而引起的。可见，与淬火过程中热应力产生的原因有类似之处。从原理上分析似乎比淬火情况要简单，但是焊接是将构件彼此之间结合起来，并因为这种结合使整个构件处于束缚状态。焊接结构形状、尺寸等变化及焊接工艺的不同，使焊接应力非常复杂，一般将焊接应力分成焊接残余应力与约束应力两类。

焊接残余应力：是指构件焊接部位附近处在自由状态的部分，由于焊接本身急速加热到高温而产生的残余应力，这种应力是靠本身保持平衡而存在的。

约束应力：是指来自结合部以外的约束而造成的残余应力。

对于焊接残余应力按其发生来源区分有以下三种情况：

（1）直接应力。不均匀加热的结果取决于加热和冷却时的温度梯度而表现出来的应力。它是形成焊接残余应力的主要原因。可见，淬火热应力产生的原因类似，所以分布规律与淬火热应力也应有类似之处，认为这种应力是焊接残余应力的主要部分。

（2）组织应力。由于焊接过程中材料发生相变，组织发生变化而产生的应力。也就是相变造成的比容变化而产生的应力，这与淬火组织应力产生原因类似。认为这种应力在焊接残余应力中起到的作用是较小的。因为焊接一般均采用低碳钢，发生马氏体相变得到的一般是含碳很低的板条马氏体。马氏体比容与含碳量有重要关系，含碳低的马氏体比容相对较小。

（3）间接应力。焊接前加工状况造成的残余应力，如构件经过轧制或拉拔，会产生残余应力。这种应力如果没有消除在焊接构过程中就会叠加到焊接残余应力上去。

由于直接应力是焊接残余应力的主要来源，有必要详细分析。

在焊缝附近是被急速加热到高温状态，此处要发生膨胀，而周围材料温度低于焊缝处，所以膨胀远小于焊缝处，也就是焊缝周围区域对焊缝处膨胀有抵制作用，因此焊缝区域产生很大的热应力，并在结合方向上产生明显塑性变形，而在垂直结合方向上一般也产生压缩塑性变形。

结论：在焊接加热阶段，焊缝区在结合方向上产生压缩热应力，焊缝区实质部分（因热膨胀而分开部分）的长度变短。

如果从这种状况各处一样冷却到室温，必然会使焊缝部分成为拉应力状态。可进行这样的类比，因焊缝部分温度最高，在冷却过程中最后冷却到室温，相当于表面加热淬火过程中工件表面冷却时产生热应力情况（见 2.3.2 节）。

根据上述分析可知：在焊接冷却阶段，焊缝区在结合方向上产生拉应力。

焊接残余应力的产生是由加热和冷却时的热应力及由它造成的塑性变形决定的。从前面分析可以看到，加热与冷却阶段应力方向相反，最后叠加结果应该是何种应力状态呢？因为在加热阶段工件处在高温，变形容易，应力释放多，因此叠加后的残余应力应该是冷却过程中应力状态占主导作用，所以焊缝处一般应是拉应力状态，而在焊缝两侧为压应力状态。这种应力状态可能引起开裂。通过上述分析可得到与热处理过程类似的结论：

焊接变形主要决定于焊接加热阶段（类似淬火冷却初期）的应力状态，焊接裂纹与最后残余应力主要决定焊接冷却阶段（类似淬火冷却后期），焊接残余应力基本上以焊缝为中心对称分布。

表 2-14 所列为焊接残余应力的一些具体数据。

表 2-14　焊接残余应力的一些具体数据

工件形状	材料	焊接方法	焊缝最高拉应力值与位置	最高压应力值与位置	应力为零处距焊缝中心距离/mm
厚度 12 mm 板	低碳钢	电焊不预热	140 MPa 焊缝中心	−140 MPa 距焊缝 50 mm 处	32
厚度 12 mm 板	低碳钢	电焊 200 ℃ 预热	70 MPa 焊缝中心	−120 MPa 距焊缝 50 mm 处	15
T 形结构（高度为 200 mm）	低碳钢	电焊	300 MPa 焊缝中心	−200 MPa 距焊缝 100 mm 处	80
平板	低碳钢	点焊	径向 200 MPa 距中心 10 mm	径向周向 150 MPa 距中心 10 mm	

2.4 断口宏观形貌分析方法

2.4.1 宏观断口分析的目的与意义

断裂的宏观分析一般是指用肉眼或放大镜对宏观断口形貌、断裂位置及裂纹形貌等进行的分析方法。微观分析主要指用扫描电镜分析断口或者用光学显微镜与透射电镜分析微观组织。对于断裂后的零部件而言，断口是材料断裂后的留下的自然表面，提供重要的断裂信息。用放大镜对宏观断口分析进行，有观察面积大、结论可靠的优点，一些情况下甚至根据宏观断口分析就可以初步确定断裂的原因。宏观断口分析在失效分析中占有举足轻重的地位，其分析的准确性直接影响到后续分析工作。本节主要分析拉伸、弯曲、扭转及冲击等断裂后的宏观断口，至于最重要的疲劳断口将在第3章中进行分析。

对宏观断口进行分析的主要目的：

（1）根据宏观断口的形貌可以判断裂纹源的位置与断裂类型。

这对进一步分析及防止失效有重要的意义。例如裂纹源出现在表面，则应强化零件的表面性能；如果裂纹源出现在材料内部，则应强化整体性能。找到裂纹源后才可以有的放矢地对裂纹源处的组织结构作进一步深入分析。根据断口宏观形貌往往可以判断出疲劳断裂、脆性断裂等断裂类型。

（2）通过宏观断口分析，结合零部件实际服役条件及各类典型力学试验条件下的断裂应力与断裂过程确定断裂模式。

在确定断裂模式条件下，进一步判断零部件在实际服役条件下的载荷类型接近哪种或哪几种典型的力学性能试验。虽然实际工件与典型力学性能试验有差别，但是载荷或多或少有类似之处，导致断口有类似之处；断口类似之处越多，实际载荷情况就越接近力学性能试验载荷情况，这就为下一步对失效的零部件进行力学性能试验提供了依据，同时也就明确了应该进一步提高材料的何种性能，也为分析断裂的机理提供了方向。

例如判断出零部件是在疲劳载荷形成的断口，分析断裂原因时可重点分析影响疲劳强度的因素，要求测定零部件实际疲劳强度，如果要求保证寿命，则应该要求进一步提高材料的疲劳强度。

（3）宏观断口的形貌与微观断口形貌存在一定的联系（见2.6节），通过宏观断口分析可以大致估计断口微观形貌，并确定对断口进行微观分析（如利用扫描电镜分析）的区域。

（4）很多情况下根据宏观断口形貌可以粗略判断材料某些性能。

工程上一般讲变形大于5%为韧性材料，小于5%为脆性材料，两者在宏观断口形貌上一般有明显差别。从材料本身性能分析，可根据材料正断抗力与切断屈服强度比值判断韧性材料与脆性材料。如果正断抗力远高于剪切屈服强度，在外加应力没有达到正断抗力时，外加切应力已经达到屈服强度，发生大量塑性变形，材料就表现为韧断。反之，如果正断抗力远低于剪切屈服强度，在外加正应力达到正断抗力时，外加切应力还没有达到屈服强度，材料断裂时，材料没有明显塑性变形，材料就表现为脆断。除材料本身特性外，还与受力时的应力状态有关。

（5）某些情况下可以定性分析载荷大小（拉伸、疲劳等）。

2.4.2 裂纹源与裂纹扩展方向的确定方法[4]

确定断裂零部件的裂纹源在失效分析中占有重要地位。裂纹源的位置往往是根据宏观断口形貌确定的。因为零部件发生断裂往往是在拉伸载荷、交变应力、扭转载荷、冲击载荷或上述几种载荷综合作用下发生的破坏（腐蚀、氧化等破坏除外），所以宏观断口形貌与典型力学性能试验时样品的拉伸断口、疲劳断口、冲击断口、扭转断口均有密切联系。

1. 利用辐射线（或称放射状条纹）判断裂纹源

多数情况下在宏观断口上均可以观察到辐射线。这些辐射线本质是：裂纹裂纹在不同平面上扩展产生的微小塑性变形、断口交割或链接而留下的痕迹，见图 2-24。因此，可以根据辐射线推断裂纹源的位置，这是最常用的方法。

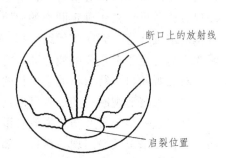

图 2-24　断口上放射线示意图

利用宏观断口判断裂纹源（或启裂点）具体的方法：沿着辐射线返回到它们汇聚成的"聚集区域"就是裂纹源（或启裂点）区域。具体的例子分析如下：

【例 2-7】　T8 钢材料经过淬火＋低温回火的样品，加工成冲击样品进行冲击。断口形貌如图 2-25 所示。试确定样品冲击断口启裂点位置。

分析：材料受到冲击载荷作用，断口呈现出明显的放射线，其汇聚交点区域在右下角顶角处，如图 2-25 所示。可以断定启裂点就在该顶角处。根据启裂点位置可以推测，材料经冲击载荷作用时，在不同部位受到的应力是不相同的，应该是在尖角处受到更大的应力作用，所以在该处首先开裂。因此，对于承受冲击载荷的部件，尖角处存在破坏的危险性，在设计时应该引起足够重视。

图 2-25　冲击样品裂纹源断口形貌照片

2. 纤维区域的中心为裂纹源

2.1 节中已经论述，拉伸过载样品会出现纤维区域。实际断裂的部件很多情况下受到拉伸载荷或以拉伸为主的多种载荷共同作用断裂，因此也会出现纤维区域。根据拉伸过载应力分析可知，纤维区域的中部是应力最大区域，所以纤维区域的中部应该为裂纹源。从图 2-26 中可见辐射线的汇聚区在纤维区域的中心位置。

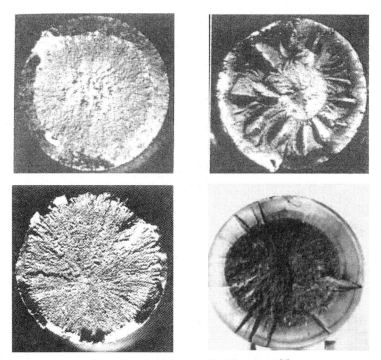

图 2-26　纤维中心区域裂纹源照片[4]

3. 根据剪切唇判断裂纹源

拉伸过载样品在最后断裂区域会出现剪切唇，而剪切唇是最后断裂区域。实际零部件受到拉伸载荷作用也会出现剪切唇，该区域应该是最后断裂区域，根据此区域位置推测裂纹源，断裂应该是由裂纹源指向剪切唇。

4. 裂纹源位于断口平坦区域

零部件的宏观断口往往呈现出平坦区域与凹凸不平区域。凹凸不平区域实质是塑性变形大的区域，应该是应力过载区域。所以凹凸不平区域是裂纹扩展到最后快速失稳扩展形貌特征，而平坦区域是应力较小的开始扩展区域，所以裂纹源应该在断口平坦区域。

【**例 2-8**】　40Cr 钢制备的 M26 螺栓在使用过程中断裂，断口的形貌见图 2-27，试判断裂纹源的位置。

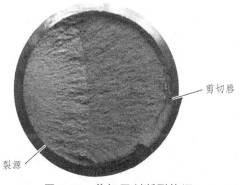

图 2-27　剪切唇判断裂纹源

分析：在断口上不能找到明显的辐射线的汇聚区域。在断口的右侧存在明显的剪切唇，所以应该属于最后断裂区域。在断口左侧存在平坦区域及不明显的辐射线汇聚区域，因此判断出裂纹源的位置如图 2-27 所示。

5. 根据疲劳弧线确定裂纹源

很多疲劳断口可见明显的疲劳弧线，裂纹源位于疲劳弧线半径最小处，具体分析见 3.1 节。

为说明宏观断口分析的重要性，举例如下：

【例 2-9】 根据宏观断口分析并初步判断铁路弹条的断裂原因。

钢轨是依靠弹条、螺旋道钉等多个工务配件固定在轨枕上。弹条是固定钢轨的重要部件，材料采用 60Si2CrVA 经过淬火 + 中温回火后使用。某厂生产的弹条在安装使用一定时间后，约 10% 的弹条发生断裂。断裂弹条典型的宏观断口形貌如图 2-28 所示。

通过仔细观察宏观断裂现象基本可以断定：这件弹条早期断裂的主要原因是弹条在热加工成型过程中存在明显的加工缺陷。依据如下：

图 2-28　断裂弹条的宏观断口照片

（1）图 2-28 中可以清楚地看到辐射线汇聚区域，从而确定断裂开始点位置。在弹条启裂位置处，存在明显的加工缺陷，肉眼可见。在该缺陷上存在很厚的蓝色氧化皮。这种氧化皮并非是服役过程中弹条开裂发生锈蚀的锈斑，而是热加工留下的氧化痕迹。

（2）弹条是在交变应力作用下使用，如果是在服役条件下断裂应该是疲劳断裂，该断口的宏观形貌显然并非疲劳断口形貌（判断疲劳断口见 3.1 节），说明存在引起断裂的异常原因。

根据上面分析确定：弹条在热加工过程中就存在微裂纹，在裂纹处发生氧化。但是存在微裂纹的弹条并没有被发现，运到现场安装。在服役过程中受到交变应力，在交变应力作用下微裂纹处产生很高的应力集中，根据附录 A 提供的应力集中系数图分析，在裂纹处的应力集中系数要超过 4，即裂纹处很高的应力作用，所以微裂纹迅速扩展发生断裂。进一步分析可以认为微裂纹应该出现在淬火过程中。从宏观断口分析得到的结论得到证实。经过改进淬火工艺，断裂现象得到消除。

6. 裂纹扩展方向的确定

裂纹源确定后，一般情况下裂纹扩展的宏观方向即可确定，它是指向裂纹源的反方向。例如断口上可以见到辐射线（放射线），其辐射线的发散方向就是裂纹扩展方向。如果断口上可见纤维区域，纤维区域至剪切唇方向为裂纹扩展方向。

2.4.3　圆柱形与片状样品拉伸过载断裂断口分析

1. 圆柱样品拉伸断口

在 2.1 节中说明了拉伸试验过程中试样的应力状态与断裂过程，这种应力分布状态、断裂过程及材料的性能就决定了拉伸断口形貌。在工程上习惯以拉伸试验断裂时的延伸率小于

5%判定是脆性材料，反之是韧性材料。脆性材料还是韧性材料本质上取决材料的屈服强度 t_T，如果其值很低则为塑性材料。根据破断面的形貌，宏观上可以大致将断裂情况分成三类：

第一类：试样的破断面与拉伸轴成 90°，即断口垂直试样的轴线，并且断口上可以看见明显的剪切唇。这类断口也称为"杯锥状断口"。

第二类：试样的破断面虽然与拉伸轴成 90°，但是断口上观察不到剪切唇。

第三类：试样的破断面与拉伸轴成 45°，即断口面的法线与试样的轴线成 45°角，并且断口上可以看见剪切唇。

以上三类断裂形式与断口形貌见图 2-29 和图 2-30。

（a）断口形貌

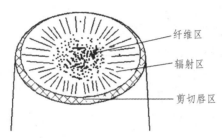

纤维区
辐射区
剪切唇区

（b）断口形貌说明

图 2-29　圆柱形样品第一类拉伸断口

（a）第二类拉伸断裂照片　　　　　（b）第二类拉伸断裂断口形貌

（c）第三类拉伸断裂

图 2-30　圆柱形样品第二、三类拉伸断口

第一类典型的断口形貌由三个区组成，分别称为纤维区、放射区与剪切唇（常称为"断口三要素"）。纤维区一般位于样品中部，呈粗糙状，紧接纤维区是放射区，有放射状条纹。纤维区与放射区交界线标志裂纹由缓慢扩展向快速扩展转换。剪切唇是在断裂最后过程中形

成的,与拉应力方向成 45°。三个区域的形成顺序是:首先形成纤维区域,再形成放射区域,最后形成剪切唇。对于矩形样品,尤其是韧性较差的样品上面三个区域并不明显。形成这种断口特征是由拉伸试验中应力状态决定的。如 2.1 节中所述,拉伸过程中材料受到正应力与切应力,切应力作用下,材料发生塑性变形同时发生加工硬化使材料强化,在整个截面上加工硬化的程度并非均匀。所以使塑性变形也不均匀。宏观表现是出现"缩颈"。在缩颈位置截面积局部减少,形成三向应力状态中心的径向与轴向产生应力最大值,试棒中心产生裂纹,当裂纹接近表面时,残留材料就是一个薄壳变成平面应变条件,导致裂纹扩展由平面破断向斜面过程变化。因为 45°方向的剪应力最大,所以形成剪切唇。在断口上根据确定裂纹启裂点的方法可以看到辐射线均汇聚在样品中部区域。在纤维区域宏观上垂直拉伸载荷,但是微观形貌却是由许多小杯锥组成,每个小杯锥的小斜面大致与外力成 45°,在纤维区域常可以看见微小空洞及锯齿状形貌。说明纤维区是微小裂纹扩展与互相连接的结果,并且在切应力作用下将材料切断形成 45°小斜面。根据拉伸断裂过程可知:

纤维区反映的是裂纹形成前材料变形的情况。纤维区面积大小与粗糙度反映了裂纹形成前材料变形的大小程度,变形越大,该区面积也越大,就越粗糙,对光线漫反射越强,区域也越发灰。材料塑性越高,样品缩颈就越明显,在裂纹形成前材料的各个微区变形就越大,纤维区就越粗糙。同时材料塑性越高,表明裂纹形成后还可以通过变形减缓裂纹的扩展,不致于迅速发生快速扩展,所以纤维区的面积增大。反之材料强度越高,塑性越低,样品缩颈就越不明显,裂纹形成前材料变形就越小,使纤维区域减少,粗糙度降低。

放射区反映的是中心裂纹达到临界尺寸后发生快速低应力撕裂留下的痕迹,是由材料剪切变形造成的。材料强度提高,塑性韧性降低,低应力快速扩展容易撕裂,变形小,放射线也细小,放射区的面积必然增大。

剪切唇反映的是断裂的最后阶段材料在应力集中情况下快速扩展,材料塑性变形量很大表现出来的拉边现象。

第二类断裂过程与第一类基本类似,仅是由于材料本身塑性较低,所以发生很小的塑性变形,因此观察不到明显的剪切唇,并且中部的纤维区域很小,但是断口上仍可以看到辐射线其方向仍指向启裂点。

第三类断裂过程与前两类有所不同。在加载过程中首先在切应力作用下材料发生塑性变形,由于材料本身的切断抗力 t_k 较低 ($t_k/S_{OT}<1/2$; S_{OT} 为材料正断抗力,见 2.1 节),在切应力作用下试样发生断裂。这时启裂点的位置仍用辐射线判断。

在实际失效分析工作中,是利用已知的断口形貌、应力分布、材料性能间的关系,根据断口的形貌反过来推测断实际断裂的零部件应力分布、材料性能等问题,这就为失效原因提供了重要的依据。

采用这种分析方法的一个基本依据是:实际零部件加载状态应该与拉伸试验加载状态接近,同时断口也有类似之处,类似越多推测结论就越接近实际情况。实际零部件的几何形状对断口形貌也有重要影响。

根据断口宏观分析结合加载状态可以推测出下面一些重要结论:

(1)推测出最大拉应力与切应力在零部件中的大致位置。将零部件大致分为纵向(几何尺寸最长方向)、横向方向(几何尺寸居中方向)与厚度方向(几何尺寸最小方向),如果载荷是沿纵向加载,就可以大致判断出最大拉应力垂直纵向、最大切应力大约与纵向成 45°。

根据零部件几何形状与应力集中的影响（见 2.2 节）大致可以推测最大应力的区域。这些区域应该是最容易断裂的位置。

（2）确定裂纹源位置。如果零部件形状是圆柱形，按照设计轴向受到拉伸载荷，但是裂纹源却没有出现在中心区域，有理由怀疑零部件服役过程中受到其他附加应力，或存在残余应力，或材料内部有问题。

（3）断口呈第一类断口说明材料抗剪切屈服强度较低，在外加切应力作用下发生塑性变形，表现出有较好的塑韧性。但是材料的切断抗力 t_k 较高，切断抗力与正断抗力比值大于 1/2，所以在最大拉应力方向断裂。

如果出现第二类断口，则说明材料的塑性较差，表明材料本身 t_s、t_k 均很高，使 $t_s/S_k > 0.5$，因此材料还没有明显塑性变形，即最大外加切应力小于 t_s 时，外加最大正应力就达到材料的正断强度，使材料断裂，所以宏观上表现为 90°脆性断口。

如果出现第三类断口，则说明材料本身切断抗力较低，切断抗力与正断抗力的比值小于 1/2，所以材料失效前必先发生塑性变形，且在切应力作用下形成裂纹。当外加正应力小于材料正断抗力 S_k 时，外加切应力已达到材料切断抗力 t_k，在切应力作用下材料断裂，必表现为 45°塑性的宏观断口。因此，可依据断口形貌推测材料内部性能。

（4）当观察到纤维区的面积与剪切唇的面积减少，纤维区的粗糙度降低，同时放射区的面积增加，粗糙程度也降低，表面显得光亮，表明材料强度较高但是塑性韧性降低。

（5）如果观察到断口上幅射线很细，说明材料韧性差，辐射线越细，韧性越差。

（6）如果观察不到辐射线，初步断定微观断裂机制为沿晶断裂或者解理断裂（见 2.5 节）。

实际零部件在拉伸载荷作用下断裂的断口与拉伸试验中样品断口会有一定的差别，但是只要加载方式类似，其基本的规律就不会发生变化，在实际零部件断口中，往往观察不到剪切唇，要注意观察放射区与纤维区域的比例、断口的光泽、断口的粗糙程度，从而判断断裂的性质是脆断还是韧断。

同样地，材料由于热处理工艺不同、拉伸试验温度不同，断口形貌会发生变化，见图 2-31。

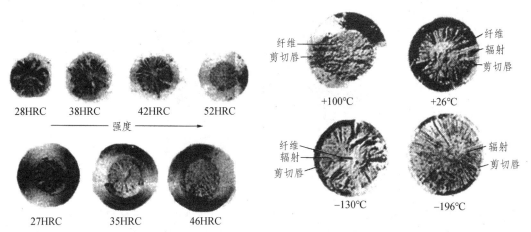

（a）不同热处理工艺硬度不同样品拉伸断口宏观形貌　　（b）不同拉伸温度断口宏观形貌

图 2-31　同种材料不同热处理工艺及不同试验温度宏观断口形貌变化照片[4]

由图 2-31 可见，变化规律与总结出的结论吻合。

2. 片状样品拉伸断口

片状拉伸样品断口形貌与圆柱形样品断口形貌有所不同，主要原因是片状样品在拉伸时处于平面应力状态。对于韧性材料，由于切断抗力比正断抗力弱得多，在最大剪应力作用下断裂。因为最大剪应力与轴线约成45°角，所以断口面往往与拉伸轴成45°，见图2-32。

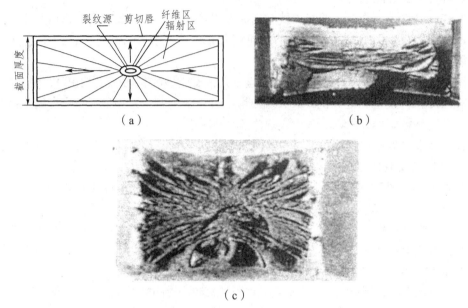

（a）　　　　　　　　　　　　（b）

（c）

图2-32　片状样品45°破断面照片与示意图[4]

断口也分成三个区域，但是心部的纤维区域变成椭圆形，表明裂纹也是从心部开始形成的。放射区域变成人字形花样，如图2-32所示。人字花样的尖端指向裂纹源。最后的破断区域仍为剪切唇。实际片状断裂零部件的断口人字花样有时并不完全是直线状，呈弯曲状。人字花样的顶点是裂纹源。根据人字花样确定裂纹源位置。

【**例 2-10**】　Al-5%Cu 合金拉伸断口 45°加入 10%的 Al_2O_3 纤维制成 Al-5%Cu 基的复合材料，强度大幅度上升。拉伸断口成 90°，试根据断口形貌变化分析断裂机制差别（见图2-33）。

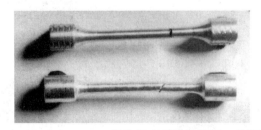

图2-33　Al-5%Cu 与 Al-5%Cu 基的复合材料拉伸断口破断面形貌照片

根据 2.1 节中分析可知，Al-5%Cu 合金拉伸断口成 45°，表明材料切断抗力 t_k 较低，是在剪切应力作用下断裂的。因为拉伸试验时 45°斜面上的切应力最大，且与轴向拉应力的比值是 1/2，所以推知材料的切断抗力与正断抗力之间的比值小于 1/2。加入纤维之后拉伸断口破断面发生从 45°变换到 90°变化，说明断裂机制发生变化，断裂是在正断应力作用下发生的。推知纤维的加入大幅度提高材料的切断抗力，所以使复合材料的拉伸强度提高。

2.4.4 圆柱样品扭转过载断裂断口分析

2.1 节中论述了圆柱样品在纯扭转情况下的应力状态。最大正应力与轴线成 45°，最大切应力与轴成 90°，最大切应力与最大正应力比值为 0.8。因为这个比值高于拉伸载荷下最大切应力与最大正应力比值 0.5，所以更容易在切应力作用下断裂。

与拉伸断口有类似之处，由于材料性能不同可以分成韧性断裂与脆性断裂，即断裂面与试样轴线可以成 45° 与 90° 两种角度，实质上反映出不同材料有不同的正断抗力与切断抗力的大小。

韧性扭转断裂：断口与轴线成 90°。图 2-34 是 Al-4%Cu 合金样品扭转断裂断口照片。众所周知，该合金有良好的韧性，实质上材料的屈服强度与切断抗力均很低，所以在外载荷引起的切应力作用下发生韧性断裂。因为最大剪应力与轴线垂直，导致断口与轴线垂直，断口常表现出"漩涡"状。

（a）断裂面垂直轴线切断断口

（b）断口宏观照片（断口非常平坦）

（c）下断口激光共聚焦照片可见断口上
变形条纹（100×）

（d）下断口激光共聚焦照片可清楚看见断口上
变形条纹（500×）

图 2-34　铝合金样品扭转断裂断口照片

由于扭转载荷下断口往往非常平滑，宏观上难以观察到明显的辐射线。在共聚焦显微镜下可以观察到断口上变形条纹，这些条纹均呈现沿着圆柱体成圆弧状形态，即所谓的"漩涡状"。根据扭转载荷样品的受力状态不难分析，裂纹源应该在圆柱表面。扭转载荷下圆柱样品沿周向切应力最大，所以当裂纹在表面形成后沿圆周方向扩展，当最外层形成圆周裂纹后，在次外层又形成裂纹逐步向圆心扩展，裂纹扩展留下的痕迹成为圆弧状形态，这就是"漩涡状"痕迹的来源。因此，断口上的"漩涡状"形貌就表明裂纹源在表面。

脆性扭转断裂：断口与轴线成 45°。脆性材料正断抗力非常低，且低于切断抗力，在最大拉应力作用下断裂。承受扭转载荷的轴件，由于最大拉应力在与轴线成 45°的平面上，所以断口平面与轴线成 45°。铸铁材料属于脆性材料，在扭转载荷作用下断裂，其断口一般与轴线成 45°，而拉伸载荷作用下断裂断口与轴线垂直。因此，可以根据扭转断口特点判断材料断裂方式，进一步推断材料的正断抗力与切断抗力的相对大小值。

2.4.5 弯曲过载断裂断口

由于试样承受弯曲载荷与拉伸载荷有类似之处，所以断口形貌也有类似之处。由于试样一侧受拉、另一侧受压，所以断裂从拉伸一侧向相对的另一侧进行。与拉伸断裂类似断口也可以分成脆性断口与韧性断口两类，见图 2-35。

（a）车轴弯曲冲击过载宏观断口照片[4]

（b）车轴弯曲过载宏观断口照片[4]

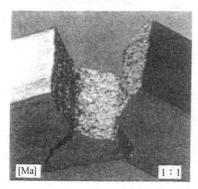

（c）弯曲过载脆性断口照片

图 2-35　弯曲过载脆性断口与韧性断口[4]

脆性断口由于没有发生显著塑性变形，断口上没有明显的辐射线，因此难以确认裂纹源的位置，但根据受力状态裂纹源应该在受拉一侧表面。断口形貌与拉伸过载脆性断口类似。

对于弯曲过载的韧性断裂断口，裂纹在拉伸一侧形成后横向扩展直到断裂，在裂纹扩展过程中发生显著塑性变形，直到裂纹扩展到另一侧很薄区域，类似变成平面应力状态拉伸形成剪切唇。根据上述分析，弯曲过载韧性断口形貌与拉伸断裂韧性断口最显著的不同之处是：裂纹源在表面，剪切唇仅在一侧出现，剪切唇相对位置的外表面常常是裂纹源位置。剪切唇部分区域越大，说明承受的弯曲应力也越大。一些韧性断裂的断口上可以观察到辐射线，见图 2-35，根据辐射线可以确定裂纹源位置，见图 2-36。

图 2-36　弯曲断裂断口存在明显辐射线照片[4]

与拉伸断口分析类似，在失效分析中根据断口形貌推测对失效原因分析有用的结论，弯曲过载断口的重要应用是：在一些情况下设计人员是按照拉伸载荷对零部件进行设计，但是在实际服役过程中由于各种因素影响，产生附加应力造成弯曲载荷。这时根据拉伸断口与弯曲断口明显不同很容易判断出零部件的断裂模式。

【例 2-11】　某公司为大型设备设计使用的螺栓，在设计时根据服役条件分析，认为螺栓受到的是拉伸应力，所以按照材料强度指标进行设计。采用 42CrMo 材料制造，经过调质处理。但是在使用过程中出现断裂情况，断口形貌见图 2-37。试分析断裂模式。

分析：由图 2-37 可见，断口并非拉伸过载断口，属于典型的弯曲断裂断口。说明在实际服役条件下螺栓受到的是弯曲载荷（也可能是弯曲交变载荷）。根据辐射线与剪切唇的位置可以判断出裂纹源的位置是在螺栓的根部。由图 2-37 还可见，剪切唇部分所占据的面积相当大，说明在服役过程中，螺栓受到较大的弯曲应力作用。

图 2-37　断裂螺栓宏观断口形貌照片

2.4.6　剪切过载断裂断口

工程中纯剪切断裂情况并不多见。剪切试验断口用途与实际零部件对比，服役条件下是否承受了剪切载荷。图 2-38 是 34CrNiMo 钢 Φ10 mm 圆棒调质处理后，剪切过载后样品断裂情况与断口宏观形貌照片。材料抗拉强度为 450 ~ 520 MPa，屈服强度为 250 ~ 300 MPa，剪切强度为 350 ~ 420 MPa。

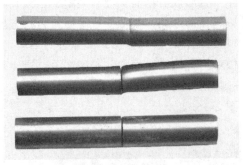

（a）剪切过载断裂样品宏观形貌

（b）剪切断口宏观形貌

（c）剪切断口宏观形貌（心部裂纹长）

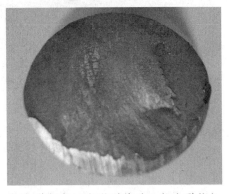

（d）剪切断口宏观形貌（心部小裂纹）

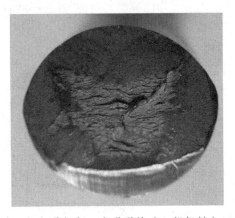

（e）剪切断口宏观形貌（心部粗糙）

（f）剪切断口宏观形貌（严重变形开裂）

图 2-38　34CrNiMo 钢纯剪切断裂断口形貌

剪切断裂样品断裂宏观形貌的特点是：断面平直且垂直轴线，与扭转断裂的样品的断裂形式有类似之处，见图 2-38（a）。有些样品在断裂位置可看到变形明显，有些样品则观察不到变形迹象。剪切断口与扭转断口的不同之处是：在剪切断口上不能观察到扭转断口上的漩涡状辐射线。其断口宏观形貌的特征是：断口边缘有一个发亮的区域，该区域是在材料开始受到剪切力作用时，发生大量塑性变形留下的痕迹，见图 2-38（a）。发亮区域应该在断裂样品表面形成一个"圆周区域"，两节断裂样品表面各自留下一部分。与发亮区域相连接区域可以看见与剪切应力方向基本一致的条纹线（类似辐射线）。这些线也应该是材料发生塑性变形留下的痕迹。在实际零部件断口分析中可以根据条纹线方向判断服役条件下受到的剪切应力方向。

在剪切断口中部区域，往往出现裂纹，该裂纹方向与剪切应力基本垂直，不同样品裂纹长短、深度及形貌有明显不同，见图 2-38（c）~（f）。断口中心区域出现裂纹，说明剪切断裂过程与拉伸断裂过程有类似之处，剪切断裂过程中，在中心区域也应受到三向应力作用。

2.4.7　冲击过载断裂断口

冲击试样断口形貌与说明见图 2-39。

（a）50CrVA 淬火 + 回火
（常温冲击，冲击功 34 J）

（b）50CrVA 淬火 + 回火
（−20 ℃冲击，冲击功 15 J）

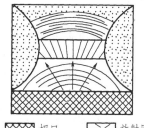

▨ 切口　　⬦ 放射区
⦾ 纤维区　∴ 剪切唇
→ 裂纹扩展方向

（c）50CrVA（粗晶粒钢）淬火 + 回火（−40 ℃冲击，冲击功 4.5 J）

图 2-39　冲击试样断口形貌照片与说明

冲击试样断口也可以分成纤维区域、放射区域与剪切唇。裂纹是从切口表面开裂的。如果材料的韧性好，断口上纤维区域与剪切唇所占的面积就较大，如果放射区域增加了，但是还存在剪切唇与纤维区域，说明材料虽然含有一定韧性，但是韧性变差了。如果出现结晶状断口[见图 2-39（c）]，则说明材料基本是脆性的。

如果工件的断口出现结晶状断口形貌，提示材料韧性太低，这种材料不适合在此环境下服役，或者是材料本身的质量出现问题及工作环境出现变化（如环境温度过低等）。

上面各种载荷下宏观断口分析结论可以用于失效分析之中：

（1）将零部件断裂后的断口与典型力学试验断口对比，对确定断裂模式提供直接的依据。

（2）根据宏观断口形貌可以将断裂分成韧性断裂、脆性断裂、疲劳断裂（断口形貌分析见 3.1 节）三种主要类型及应力和环境综合作用断裂类型（综合作用断裂包括应力腐蚀开裂、液体金属致脆、间隙元素脆化、腐蚀疲劳和持久断裂等）。确定断裂类型对于改进设计和预防失效的发生有重要的作用。

例如断裂属于脆性断裂，为避免发生类似事故，从材料角度考虑应设法提高材料的韧性。从受力角度分析，很可能是由于垂直断口平面的应力作用引起断裂，应该进一步分析该应力方向是否属于正常服役应力方向。如果并非正常服役应力方向，就要进一步考虑是否有附加应力作用、残余应力的影响等问题。

如果判断出断裂属于韧性断裂，说明材料的韧性较好。发生断裂很可能是强度不够等问题，因此应该进一步测定材料的强度与服役条件下的应力进行对比分析，找到失效的原因。

如果确定出是疲劳断裂，如何进一步提高材料的疲劳强度就是需要重点考虑的问题，而不应该将提高韧性放在首位。

如果发现零部件的断口形貌与冲击断口类似，说明在服役过程中受到一定的冲击载荷作用，需要进一步分析这种载荷是否正常。

除拉伸过载断裂外，其余过载断裂的裂纹源均在零部件表面（疲劳断裂与磨损断裂也是如此），所以采用表面技术强化表面是提高零部件寿命的重要手段。

断口的宏观形貌与材料的性能有密切联系，附录 B 根据文献资料[9]列出了工程中常用材料力学性能与物理性能数据。

2.5 断口微观形貌分析方法

对断口形貌的细节进行分析，最好的手段是扫描电镜（SEM），其核心问题是对观察到的图像进行合理解释。对于人眼睛的功能而言，实际就是一个感应光强度的传感器，在扫描电子显微镜下观察到的图像，实际均是由不同形状的黑区与白区组成的图案。由于黑区域白区的成像原理不同，所以观察到的黑区与白区有物理本质的区别。因此，为了能够正确地分析观察到的组织，需要掌握其成像原理。

本节将依据扫描电镜的成像原理，阐述常用两种成像方式——二次电子像与背散射电子像的物理本质，对典型断口微观形貌进行分析。

2.5.1 分析目的

进一步分析断裂机制常采用 SEM 分析微观断裂机制，采用 SEM 方法的目的是：

（1）观察裂纹源附近的形貌是否有特殊之处（如夹杂物等）。

（2）观察断口上是否有微裂纹。

（3）判断微观断裂机制（观察疲劳条纹，判断韧性断裂与脆性断裂、解理断裂、韧窝断裂等）。

（4）疲劳定量分析。

（5）在光学显微镜分辨率不够时，有时可用观察样品微观组织形貌。

2.5.2 扫描电镜成像原理与典型用途

图像仍为不同形状的黑区＋白区，意义又不相同，扫描线圈，两者同步扫描。

扫描电镜（见图 2-40）是利用聚焦的电子束对样品表面进行扫描，与样品表面互相作用激发出各种信号（主要是背散射电子与二次电子），这些信号通过后续的同步检测、放大后作用在荧光屏上。

荧光屏表面有荧光体材料，这种材料受电子作用后会发光，作用电子越多，强度越高。

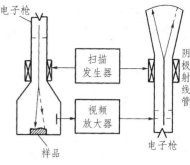

图 2-40 扫描电镜成像原理

1. 二次电子成像原理

二次电子：在单电子激发过程中，被入射电子轰击出来的核外电子称为二次电子。二次电子的信号主要来源于样品表面 5～10 nm 深度范围。

二次电子强度规律——二次电子产生的数量（即强度）与原子序数没有明显关系，但是对于微区小平面相对于入射电子束的角度却十分敏感，见图 2-41。

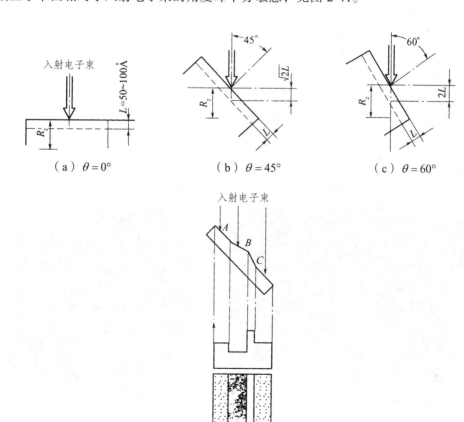

（a）$\theta = 0°$　　　（b）$\theta = 45°$　　　（c）$\theta = 60°$

（d）衬度与二次电子产额的关系

图 2-41 二次电子产额与衬度原理

试验表明：在入射电子束强度一定的条件下，二次电子的强度随样品倾斜角度 θ 的增加而增加。

二次电子的产额正比 $1/\cos\theta$，因此样品表面尖棱处、小粒子处产生的二次电子强度非常高，据此对扫描电镜的二次电子成像中的黑区与白区给出解释：

（1）利用二次电子成像的 SEM 图像中的白区对应样品尖角区、小粒子区等。

（2）利用二次电子成像的 SEM 图像中的黑区对应样品凹区。

（3）凹区与尖角区越多，黑白越分明，衬度也就越大。

断裂样品的断口，微观上分析就是由许多凹凸不平的区域组成，所以特别适合扫描电镜分析。配合能谱可以对微小区域进行成分测定，因此它成为失效分析的主要手段。

2. 背散射电子成像原理

背散射电子——被固体样品原子反射回来的一部分入射电子，所以也称为反射电子。

背散射电子的强度规律——当入射电子能量在 10 ~ 40KeV 范围内，背散射电子强度随材料原子序数 Z 的增大而增大，形成一种"成分衬度"。

可见背散射电子的强度规律与二次电子完全不同，所以形成的黑区与白区的物理意义也不同。根据上述原理可有以下结论：

背散射电子像中，黑区是平均原子序数小的区域，白区是平均原子序数大的区域。

应该说明的是：很多情况下是二次电子与背散射电子是同时存在的。

因为光镜极限分辨率为 200 nm，扫描电镜分辨率为 10 ~ 30 nm。因此，如果样品是基体中析出细小的合金化合物，如果合金化合物尺寸非常细小，在光学显微镜下难以观察清楚，当化合物成分与基体有很大差别时，在扫描电镜下观察可以获得良好效果。

【例 2-12】 圆管形轴承圈采用 G20CrNi2MoA 材料制造。工艺如下：

锻造→正火→粗加工→渗碳 + 淬火 + 回火→磨削

在生产过程中出现裂纹，为分析裂纹产生原因，需要对组织进行观察，但是在金相显微镜下观察不清楚内部细节，在扫描电镜下观察，发现存在沿晶界析出的碳化物，见图 2-42。

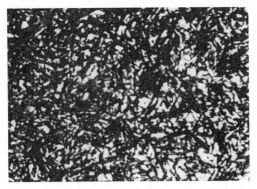 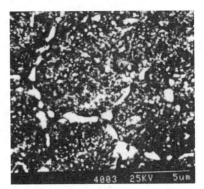

（a）渗层金相组织照片（500×）　　　（b）渗层组织扫描电镜照片

图 2-42　渗碳组织光学显微镜与扫描电镜照片

根据扫描电镜下组织观察，认为裂纹的形成与渗碳过程中碳化物沿晶界析出有关。

扫描分辨率高于光学显微镜，同时具有电镜景深大的特点，所以除可以清楚观察一些微观组织外，还能显示出微观组织的三维立体形态，利用软件可以精确测量颗粒的大小，见例 2-13 与图 2-43。

【例 2-13】 某企业生产铁路车辆轴承内圈，采用的材料为 G20GrNi2Mo2，处理的工艺如下：

下料→锻造→锻造后缓冷（相当退火）→机加工→渗碳（930 ℃；30 h 降温到 870 ℃；3 h；油冷）→低温回火→800 ℃45 min 淬火→低温回火（170 ℃ 4 h）→磨削→140 ℃ 5 h 去应力→精磨→磷化

要求磷化膜厚度为 3 ~ 5 mm。轴承是通过挤压安装在车轴上进行使用的。为防止轴承使用过程中松动，标准挤压力要达到 88.2 ~ 247 kN。生产中发现不同厂家生产的轴承内圈挤压力不稳定，显然与磷化膜组织有关，但是在光学显微镜下，无法观察出磷化膜的形貌，需采用扫描电镜进行观察。

图 2-43 两个厂家生产的轴承内圈表面磷化层形貌照片

由图 2-43 可见，不同厂家磷化层的形貌有很大差别，这种差别会影响到轴承内圈表面的摩擦系数有差别，因此确认磷化工艺是影响挤压力不稳定的一个重要因素。

2.5.3 典型断口微观形貌

1. 解理断裂的断口形貌

典型形貌见图 2-44。

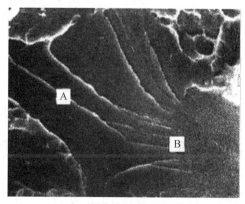 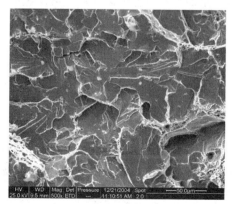

（a）解理台阶　　　　　　　　　　　　　　（b）河流花样

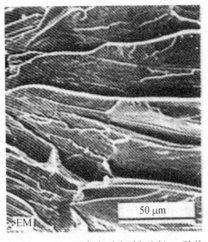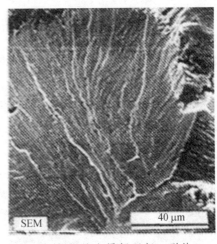

（c）-196℃冲击破坏解理断口形貌　　　　（d）焊缝金属解理断口形貌

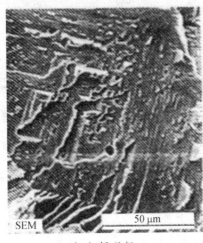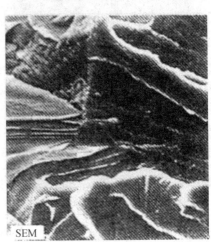

（e）解理断口　　　　　　　　　（f）解理断口

图 2-44　解理断口典型形貌 SEM 照片

解理断口形貌的典型形貌是河流花样与解理台阶，还可能出现舌状花样、鱼骨状花样等，见图 2-44。解理断裂发生的条件是，在一个平面上分解的正应力超过平面连接在一起的结合力，这些平面就会发生分离，产生解理断裂。解理台阶从理论上说在单个晶粒内解理断口应该是一个晶体学平面，但是实际上是一簇相互平行（具有相同晶面指数）、位于不同高度的平面。在解理裂纹扩展过程中，众多的台阶汇合就形成河流花样。解理断裂与材料的晶体结构有密切关系，面心立方金属及合金一般不发生解理断裂。一般发生在体心立方金属及合金{100}面及密排六方金属及合金{0001}基面。

如果在扫描电镜下观察到解理断口，提供关于材料失效的信息总结如下：

（1）说明材料发生的断裂是一种脆性断裂机制。但是并不能说明材料断裂时没有塑性变形，有些材料虽然微观断裂机制是脆性断裂，但是还是有一定的塑性变形。但是从预防失效的角度考虑，一般说提高材料韧性是必要的。

（2）裂纹应该在材料的内部一些特殊的晶面首先形成。

（3）断口上可以判断裂纹扩展的局部方向。河流花样是由解理台阶汇聚而成。仔细观察可以看到，河流由许多间距较宽"支流"组成，然后向局部小区域汇聚，称为汇入"主河流"。支流的发源处是裂纹的发源处，支流向主河流汇聚的方向是裂纹扩展方向。这点与宏观断口根据裂纹源判断裂纹扩展方向正好相反，见图 2-45。

（a）宏观断口裂纹源　　　　　　　　（b）河流花样裂纹发源处

图 2-45　宏观断口裂纹源与解理裂纹发源处判据对比

（4）结合材料性能测定，如果材料的韧性较好，出现解理断口，从材料本身考虑，提示是否零部件在脆性转变温度以下工作，也可怀疑是否材料本身的晶粒尺寸过大。

（5）从零部件服役条件考虑，可以怀疑是否零部件处于三向应力状态服役，或者零部件服役前就存在原始裂纹，即使受到单向拉应力也会在裂纹尖端产生三向应力状态（见 2.2 节）。

2. 韧性断裂韧窝状断口形貌

材料发生延性断裂，其主要断口微观形貌见图 2-46。

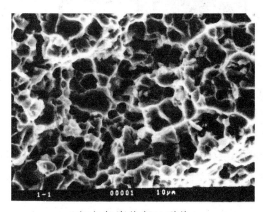
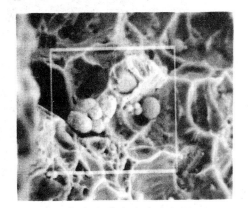

（a）韧窝状断口形貌　　　　　　　　（b）韧窝内存在夹杂物

图 2-46　延性断裂韧窝状断口形貌照片

韧窝是韧性断裂的微观特征，但是不能据此就判断出断裂属于韧性断裂。因为工程上所说的脆性断裂或韧性断裂，一般指断裂前是否发生可观察到的塑性变形（通常以 5% 为界限）。

很多情况下即使宏观上属于脆性断裂，但是断口微观形貌仍可以观察到韧窝。韧窝常出现于夹杂物或二相粒子处，见图2-46（b）。因为它们与基体间结合力较弱，在外力作用下容易界面破裂而形成韧窝。观察到韧窝断口形貌，给出下面关于零部件失效的信息：

（1）断裂机理是按照微孔聚合机制进行的。结合材料性能测定结果，如果是韧性断裂，一般说为预防失效提高材料的强度或断裂韧性应该是必要的。

（2）根据韧窝的形貌可以判断应力方向。如果韧窝是等轴的，说明工件基本上是在垂直于断面正应力作用下发生断裂的。如果韧窝有一定方向性，说明有平行于破断面的应力作用于工件。

（3）韧窝的深浅程度，表明材料强度的差别。材料的强度高，韧窝就浅。

3．混合机制的准解理断口形貌

在一些材料中，在材料内部首先沿晶面发生解理断裂，当材料内部形成大量微小解理裂纹后，在外力作用下就会发生小裂纹连接与扩展，在小裂纹彼此连接的边界处，就有可能通过塑性变形及微孔聚集机制使相连接的材料断裂。因此，断口的微观形貌既有解理断裂的特征又有韧窝断裂的特征，形成准解理断口形貌，见图2-47。

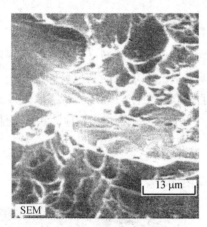 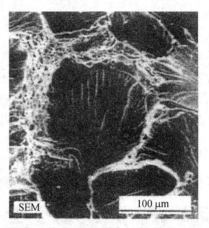

（a）1040热轧钢　　　　　（b）钢拉伸试样于0℃断裂

图2-47　准解理断裂断口微观形貌照片[4]

准解理断裂的样品与纯解理断裂样品不同，常常可以看到剪切唇。因此在SEM下，试样中部区域准解理断裂，而边缘是韧窝状断口形貌。

观察到准解理形貌，提供了下面对失效原因分析有用的信息：

（1）观察到准解理断口，一般认为材料断裂属于脆性断裂机制，常常在回火马氏体中出现。

（2）裂纹应该首先在材料内部形成，并且可能是在内部先形成许多微小的裂纹，然后连接成主裂纹。

（3）准解理的扩展途径比解理不连续的多，常常在局部区域形成裂纹并进行局部扩展。表明材料内部微观组织既有脆性断裂区域，又有韧性断裂区域，因此组织均匀性对断裂有一定影响。

（4）如果材料韧性较好，出现准解理断口，从材料角度分析，可能服役温度达到材料韧脆转变温度。从外部应力条件分析，零部件可能在三向应力下服役或存在内部原始裂纹。

4. 沿晶断裂断口形貌

多晶体金属或合金，在断裂过程中裂纹沿晶界扩展，造成晶粒界面分离称为沿晶断裂。按照断裂的形貌，可分成沿晶脆性断裂与沿晶韧性断裂。沿晶韧性断裂是在晶界上颗粒上形成裂纹，然后裂纹沿晶界上颗粒界面进行分离，在晶界的颗粒上，在晶界的颗粒上依据微孔聚合断裂机制发生断裂。这类断裂韧性断裂机理是不同的。微观断口上的特征是：既可以看到韧窝状微孔，也可以看见晶界。

沿晶脆性断裂晶界上一般无二相颗粒，完全沿晶界分离，分离面光滑，无塑性变形的痕迹。两种断口形貌见图 2-48。

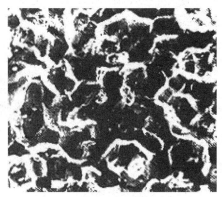

（a）韧性沿晶断口[10]

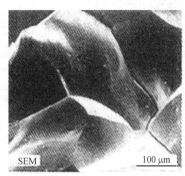 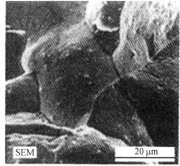

（b）脆性沿晶断口[4]

图 2-48　沿晶断裂断口微观形貌

观察到沿晶断口形貌，对失效原因提供了以下有用的信息：

（1）如果观察到沿晶韧性断裂形貌，说明材料微观组织晶界上有大量二相颗粒，它们对断裂有一定影响。

（2）如果观察到沿晶脆性断口形貌，说明晶界的键和力被严重弱化，被弱化的晶界成为裂纹扩展的途径。因此，要根据成分、加工工艺等多方面原因分析弱化的原因。可能的原因有氢脆、应力腐蚀、蠕变断裂、钢的回火脆性、过烧引起晶粒粗大、由于硫元素过多引起热脆、晶界有微量元素偏聚等。

（3）观察到沿晶脆性断口，还应该考虑外加应力的影响。因为在三向应力作用下，材料容易引起脆化，再加上材料内部晶界上原因引起沿晶断裂。

（4）疲劳断裂机制也可能出现沿晶断裂断口，此时裂纹在交变应力作用下沿晶界开展。也说明晶界可能存在上述问题。

疲劳断裂是最常见的断裂形式，其断口的微观形貌分析尤为重要，此方面内容见 3.1 节。

根据前几节内容的分析得知，不同的分析方法有各自独特的作用：

宏观断口分析可以判断断裂模式、裂纹源及初步断裂原因。力学性能测定达到定量了解材料力学性能及判断脆性断裂与韧性断裂的目的。微观断口的主功能是判断微观断裂机制。在失效分析中必须综合利用这些典型分析方法。鉴于微观断口分析在决定微观断裂机制方面有不可替代的作用，举两例说明如下：

【例 2-14】 图 2-49 是车钩钢试样拉伸断口的扫描电镜照片，从图中可以看到垂直断口表面的二次裂纹。试分析为什么会产生二次裂纹，以及二次裂纹区域给出何种启示。

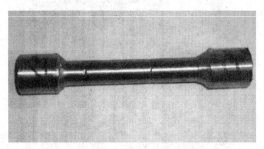

（a）拉伸断裂的宏观照片

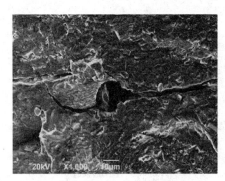

（b）断口上的二次裂纹

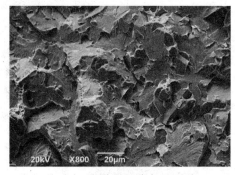

（c）二次裂纹区域断口形貌

图 2-49　拉伸样品断口表面的二次裂纹照片

分析：从宏观断裂现象可见，主裂纹是垂直拉伸轴的，而断口上的二次裂纹显然是受到与拉伸应力垂直的应力作用下形成的。如 2.2 节中分析，在单向拉伸情况下，如果试样内部出现裂纹，就会产生三向应力。由图 2-49 可见，在二次裂纹区域均是解理断裂形貌，表明该区域是因为三向应力作用出现脆性断裂。

根据上述分析推断：试样在受平行轴向载荷作用时，首先在二次裂纹出现的区域产生微裂纹，在随后拉伸过程中引发三向应力。因此推断二次裂纹区域应该是主裂纹初始区域。从图 2-49 中还可看到，在二次裂纹处有一个近似圆形的孔，推测该处是夹杂物脱落留下的坑。由此推断：由于此处有夹杂，所以在该区域首先形成了初始主裂纹。

【例 2-15】　为了提高铝合金的强度，采用 Al_2O_3 纤维增强铝基体制备成复合材料。采用两种铝合金基体：Al-5.3%Cu 与 Al-5.5%Mg。加入纤维的体积分数均是 10%。纤维在基体中分布状态如图 2-50（a）所示。对拉伸试样的断口微观形貌进行观察，结果见图 2-50（b）、（c）。根据微观形貌，分析不同基体铝合金复合材料断裂机理有何不同。

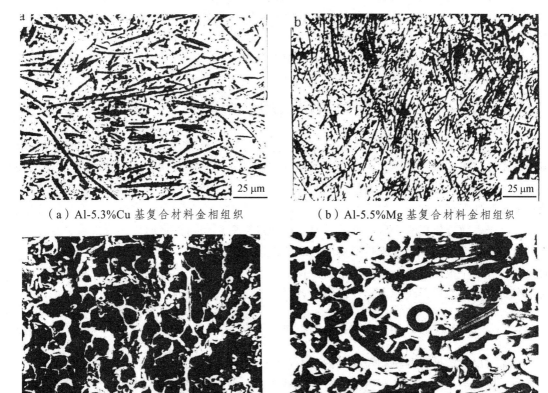

（a）Al-5.3%Cu 基复合材料金相组织 　　　（b）Al-5.5%Mg 基复合材料金相组织

（c）Al-5.5%Mg 基复合材料拉伸断口形貌 　　（d）Al-5.3%Cu 基复合材料拉伸断口形貌

图 2-50　Al$_2$O$_3$ 纤维增强铝基复合材料纤维分布与拉伸断口照片

　　由图 2-50（d）、（c）可见，不同铝合金基体的断口形貌明显不同。在 Al-5.3%Cu 基体复合材料拉伸断口上，可以看到一定长度的纤维形貌及韧窝状断口，在韧窝内部，可以看到纤维露头。而在 Al-5.5%Mg 基体复合材料断口上看到的是韧窝状断口形貌，韧窝内部有纤维露头。显然两种复合材料的断裂机理是不同的。

　　由图 2-50（a）可见，纤维在拉伸方向呈二维分布，即纤维长度方向与拉伸轴成一定的角度。所以在拉应力作用下，纤维既受到平行纤维轴的拉应力，也受到垂直纤维轴的拉应力。

　　Al-5.3%Cu 基体复合材料拉伸断口上观察到一定长度的纤维，说明在垂直纤维轴拉应力作用下，一部分纤维与基体发生界面断裂，所以将纤维暴露在断口上。另一部分纤维没有发生沿界面断裂，而是通过界面将外力传给纤维，使纤维发生断裂，在纤维断裂前基体发生塑性变形，所以看到纤维露头韧窝形貌。而 Al-5.5%Mg 基复合材料断口上韧窝状断口内部有纤维露头，说明虽然受到垂直纤维轴的应力作用，但是并没有发生界面断裂，所以看不到一定长度纤维形貌。韧窝内有纤维露头，说明在受到拉伸时，基体将外力通过界面传递给纤维，使纤维本身受力，在平行纤维轴应力作用下纤维发生断裂。因此得到结论：Al-5.3%Cu 基体复合材料断裂机理是沿纤维界面断裂 + 纤维断裂机理，而 Al-5.5%Mg 基复合材料的断裂机理是纯纤维断裂的韧窝断裂机理。

进一步可以得到推论：

（1）与 Cu 元素比较，Mg 加入基体中可以提高界面的结合强度。

（2）纤维加入 Al-5.3%Cu 中抗拉强度提高，说明虽然发生界面断裂，但是界面断裂强度仍然高于基体强度。

通过观察断口微观形貌可以了解复合材料的断裂机理。

2.6 断口宏观形貌与断口微观形貌间的关系

对断口进行宏观观察，有观察区域大、迅速方便等优点。很多情况下，可以确定裂纹源、断裂模式等，但是难以观察到断裂细节，有时难以准确判断微观断裂机制。采用 SEM 对断口进行微观观察，可以看清断裂的细节，可以较准确地判断断裂机制，但是有观察区域小、受到试验条件限制等缺点。如果明确两者间的关系，根据宏观断口形貌推测微观形貌及断裂机理，对于失效分析极有帮助。这就需要掌握断口微观形貌与宏观形貌间的联系。

本节将典型断口的微观断口形貌与宏观断口形貌进行比较，说明宏观断口与微观断口间的关系，有助于根据宏观断口特征推测微观形貌，有助于建立断裂模式与微观断裂机制的联系，有助于建立断口形貌与力学性能间的关系。

2.6.1 韧性材料拉伸断裂宏观与微观断口

前面已论述韧性材料典型拉伸过载断裂形成典型的杯锥状断口，宏观形貌特征是中部纤维区域、辐射线区域与剪切唇区域。每个区域的断口微观形貌如何？微观断裂机制如何？将宏观断口的每个区域在 SEM 下观察得到微观形貌，见图 2-51 和图 2-52。

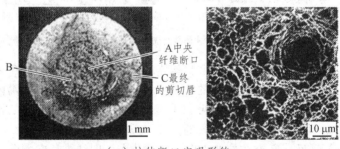

（a）拉伸断口宏观形貌

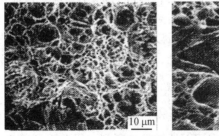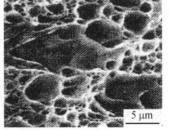

（b）剪切唇区微观形貌图

图 2-51 淬火 + 回火 10B21 钢拉伸断口宏观与微观形貌照片
（HRC43；屈服强度 1 230 MPa；断面收缩率 56%）[4]

放射区

剪切唇

纤维区

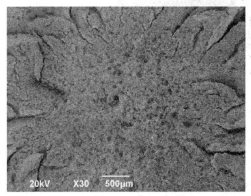

（a）纤维区低倍形貌

（b）纤维区微观形貌

（c）纤维区微观形貌

（d）剪切唇低倍形貌

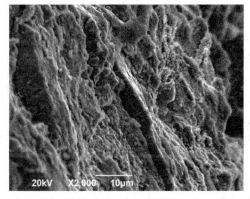
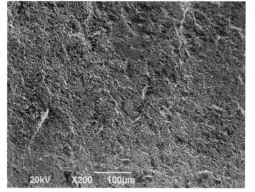

（e）剪切唇微观形貌

（f）辐射区微观形貌

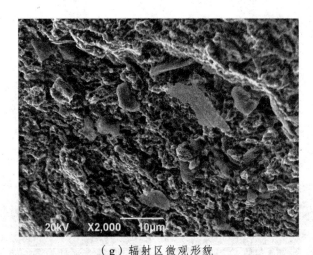
（g）辐射区微观形貌

图 2-52　淬火 + 回火 45 钢拉伸断口宏观与微观形貌照片
（屈服强度 450 ~ 550 MPa；断面收缩率 58%）

对照图 2-51 宏观断口与微观断口形貌可知：纤维区域的微观形貌是韧窝状断口。根据力学分析与宏观断口分析已经明确，裂纹源处于纤维区域，结合微观断口形貌可知，断裂的微观机制属于微孔聚合机制。在辐射区域仍然是韧窝状断口形貌，说明扩展过程中材料微观上发生较大塑性变形。在最后的剪切唇区域，仍然是韧窝状形貌，但是韧窝尺寸变大且有方向性，表明最后断裂区域的应力增加，且有方向性（与拉伸轴成 45°方向）。

对比图 2-51 与图 2-52 的宏观断口形貌，两者有明显的差别。图 2-52 宏观断口中纤维区域面积较小，辐射线比图 2-51 宏观断口的辐射线粗糙得多，剪切唇区域也很小。似乎微观断裂形貌与微观断裂机理应该有大的区别，但图 2-52 中显示三个区域的微观断口形貌却与图 2-51 有非常类似之处，即在三个区域仍然均是韧窝状断口形貌。说明微观的断裂机制仍为微孔聚合机制。两者微观形貌的区别在于：图 2-52 中的韧窝要小得多，大量白色凸起区域表明发生大量的塑性变形。

对比两种断口后得到启示：图 2-52 中的 45 钢的屈服极限低于图 2-51 中的 10B21 钢，说明前者容易发生塑性变形。宏观断口纤维区小、辐射线粗糙，表明塑性变形严重，正是材料容易发生塑性变形的宏观反应，与力学性能数据完全相符。微观形貌观察到的韧窝小、大量白色凸起区域，同样从微观形貌说明材料容易发生塑性变形。这样就在宏观断口形貌、微观断口形貌、微观断裂机理及力学性能数据间建立了联系。

通过对比宏观与微观断口形貌的关系，在失效分析中可有以下用途：

（1）如果在断裂零部件观察到上述类似宏观断口，即存在纤维区、辐射线区域、剪切唇，不论形貌有何不同，可以推知三个区域大致均是韧窝状微观形貌。

（2）根据宏观断口纤维区域、辐射线、剪切唇形貌特征进一步推测力学性能、微观形貌的差别。钢的屈服强度高，断口上辐射线细小，微观形貌的韧窝就较大且清晰。

（3）观察到上述类似的宏观断口，大致可知其断裂机制属于微孔聚合机制，从材料角度分析，为预防断裂应该提高强度。

另外应说明的是，在图 2-52 的断口上某些区域可见一些夹杂物，见图 2-52（c）、（g），但力学性能测定结果表明，材料的拉伸性能并没有发生明显变化。说明有时材料内部虽然存在夹杂物，并不一定会影响到断裂机理及力学性能值，关键在于夹杂物的数量、夹杂物所处的位置及服役条件。如果零部件受到交变载荷，且夹杂物处于最大应力位置，这些夹杂物就很可能降低零部件的疲劳性能。因此，不能将断口上观察到的异常情况均武断地认为一定是零部件失效的原因。

2.6.2 脆性材料拉伸断裂宏观与微观断口（螺旋道钉断裂断口）

脆性材料拉伸断口宏观与微观形貌关系见图 2-53 和图 2-54。

图 2-53 1008（含碳 0.08%）钢 – 196 ℃ 拉伸断口宏观与微观形貌[4]

图 2-54 粗晶粒铁拉伸断口宏观与微观形貌照片[4]

图 2-53 与图 2-54 拉伸的宏观断口形貌与图 2-51 与图 2-52 明显不同，属于脆性断口。在断口上是一个区域，并且由许多发亮区域组成。微观形貌照片可见，具有解理断裂与沿晶断裂的特征。同样在宏观断口形貌、微观断口形貌与性能间建立联系，从宏观断口形貌获得信息：

（1）如果断裂零部件观察到上述宏观断口形貌，可以推知微观断口形貌应该有解理断裂或沿晶断裂的特征。宏观断口上发亮的区域是解理断裂或沿晶断裂的反映。

（2）如果断裂零部件具有上述宏观断口形貌，推知材料韧性极低，从材料角度分析，为预防断裂应该提高韧性。

2.6.3 韧性材料扭转断裂宏观与微观断口

4340 钢（类似国内 40CrNi2Mo）淬火 + 回火后扭转断裂的断口宏观与微观断口形貌见图 2-55。

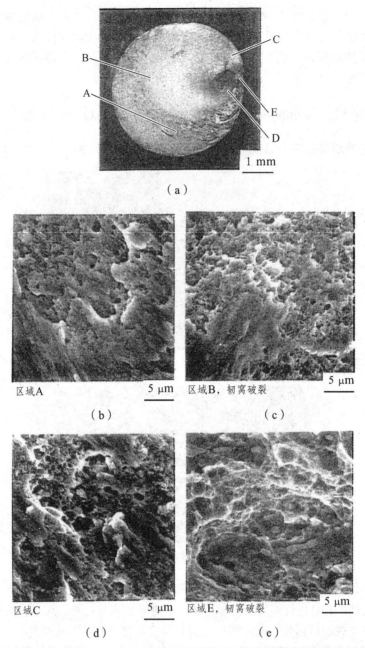

图 2-55　4340 钢淬火 + 426 ℃ 回火后扭转断裂宏观与微观断口形貌照片[4]

圆柱件受到扭矩作用，最大正应力位于与圆柱体轴线成 45°的平面，最大切应力位于与圆柱轴线成 90°的平面。由于材料本身韧性较好，在受扭时发生塑性变形，裂纹源在表面[见图 2-56（a），图中 E 处为裂纹源]。

对比微观形貌可见，裂源处是韧窝断口形貌，说明断裂是微孔聚合机制。在裂源附近的 C、D 区域，仍然是韧窝形貌，但是韧窝有方向性。这是因为切应力有方向性。最后断裂 B 区域同样是有方向性塑性变形形貌。实际断裂的零部件如果观察到图 2-55 的宏观断口形貌，可以推知微观断裂机制应该是微孔聚合机制。从材料角度考虑，为预防断裂应该提高强度。

2.6.4 冲击断裂宏观与微观断口

4340 钢（类似国内 40CrNi2Mo）常温与低温冲击断裂样品的断口形貌见图 2-56 与图 2-57。

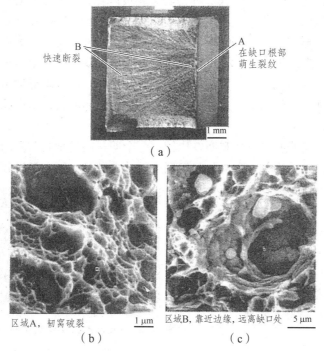

图 2-56　4340 钢室温 21 ℃ V 形缺口样品冲击断口宏观与微观形貌照片（冲击功 66 J）[4]

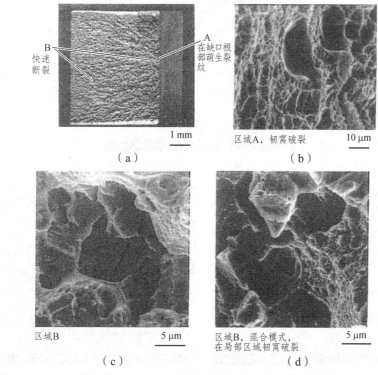

图 2-57　4340 钢室温 –40 ℃ V 形缺口样品冲击断口宏观与微观形貌照片[4]

从宏观形貌照片可以看到，不论低温冲击还是常温冲击，裂纹源均在缺口根部表面处。常温冲击样品在裂纹源区域与裂纹扩展区域，微观形貌均是韧窝状形貌，说明断裂机制属于微孔聚合机制。当温度降低到 – 40 ℃，冲击功大幅度降低，说明处于脆性转变温度之下，这时在裂纹源处仍然是韧窝状断口，说明裂纹形成仍然是微孔聚合机制，但是在裂纹扩展区域，微观断口形貌发生明显变化，形成解理与微孔聚合混合断裂机制。因为裂纹形成后快速扩展时，裂纹尖端处于三向应力状态，容易脆性断裂。对比宏观与微观断口形貌得到以下信息：

（1）冲击功可认为是裂纹的启裂功与裂纹扩展功之和。温度降低冲击功下降的原因是裂纹扩展功降低。扩展功降低的原因是：裂纹扩展时微观机制变化，从微孔聚合机制转变为解理 + 微孔聚合混合机制。

（2）常温冲击的宏观断口与微观断口比较，一个明显的区别是常温断口的剪切唇面积较大。如果韧性材料制备的零部件，失效时发现类似冲击断口，且剪切唇较小，可以怀疑处于低温服役或内部有微裂纹。同时可以推测裂纹扩展机制是混合机制。

采用 50CrVA 材料制备成冲击试验样品；处理工艺 860 ℃ × 30 min 油冷 + 470 ℃ × 60 min 回火，空冷冲击功 21 J。冲击断口宏观形貌见图 2-58。对裂纹源与裂纹扩展区域进行微观形貌观察，结果见图 2-59。

图 2-58　50CrVA 材料淬火 + 回火冲击试样断口照片

（a）断口 SEM 低倍形貌

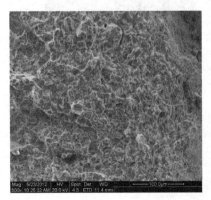

（b）裂纹源处 A 区域微观形貌

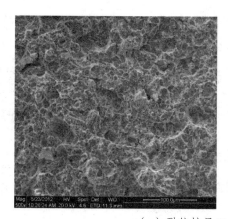
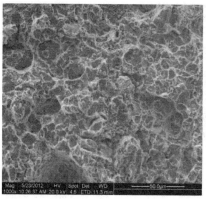

（c）裂纹扩展 B 区域微观形貌

图 2-59　50CrVA 材料淬火 + 回火冲击试样断口微观形貌照片

对比图 2-57、图 2-58、图 2-59 可以看到，由于材料成分不同，处理工艺不同，冲击韧性产生差别，导致断口微观形貌有明显差别。

2.6.5　弯曲载荷作用下断裂断口宏观形貌与微观形貌

35CrMo 材料制备的螺栓，在弯曲应力作用下发生断裂。断口的宏观形貌见图 2-60。

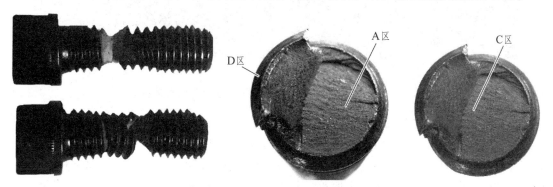

图 2-60　螺栓受到弯曲应力作用断口宏观形貌照片

不同区域微观形貌见图 2-61。

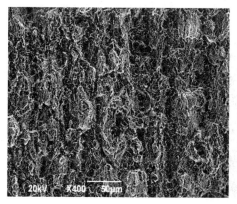
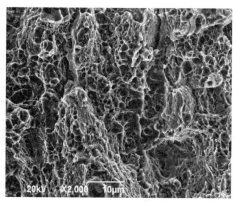

（a）A 区断口微观形貌

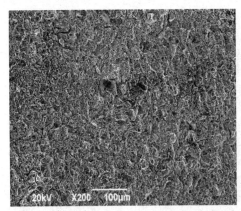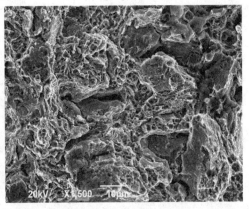

（b）C区裂纹扩展区微观形貌

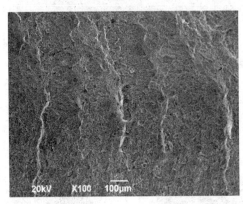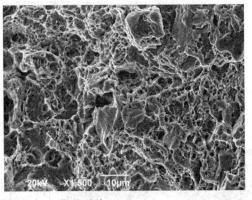

（c）D区（最后断裂区）断口微观形貌

图 2-61　螺栓受到弯曲应力作用不同区域断口微观形貌照片

由图 2-61 可见，裂纹源处出现大量韧窝，表明裂纹的出现属于韧性断裂机制。裂纹扩展区域出现解理断口形貌，同时看到垂直于断口的裂纹。说明在裂纹扩展区域出现三向应力状态，导致断裂机制发生变化。在最后断裂区域仍然可以看到解理断口形貌。同时断口局部区域，观察到疲劳条纹，表明螺栓在服役过程中受到一定交变载荷作用。

2.6.6　剪切断裂宏观断口形貌与微观断口形貌

42CrMo 调质处理螺栓受剪切力断裂后断口宏观形貌与微观形貌见图 2-62。

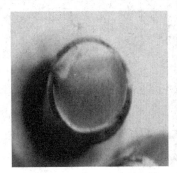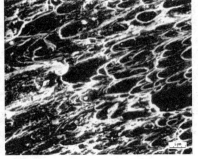

图 2-62　42CrMo 调质处理螺栓受剪切力断裂断口形貌照片

在 2.1 节中已经论述，轴类零件受到纯剪切应力，其断裂的断口应该是平行剪应力方向，并且与轴线垂直并且断口是平直的。但是在断口的微观形貌表明，在剪切力作用下，韧性材料的韧窝被拉长，其长度方向就是受剪切力方向。反之，根据断口韧窝被拉长的形貌也可以判断零部件在断裂前是否受到剪切力的作用，并且判断剪切力方向。

疲劳断裂宏观与微观断口形貌关系尤其重要，见 3.1 节。

2.7　金相组织分析方法

对金属材料零部件进行失效分析过程中，对材料采用金相显微镜分析组织是非常关键的一步，使用的频率达到 90% 以上。这是因为依据材料学科最基本的原理：材料的组织结构对材料性能有决定性影响。所以一旦材料发生失效，往往怀疑内部组织结构出现问题。因此，在失效分析中不可避免地要采用光学显微镜、扫描电子显微镜或透射电子显微镜对材料微观组织进行分析。分析的关键是对获得的图像进行合理分析解释，获得失效零部件材料内部正确的组织与结构，为失效原因提供最重要的依据。

光学显微镜是最常用到的材料内部组织分析设备，在失效分析中一般是必不可少的基本技能。从某种意义讲，金相组织分析是最重要的组织分析。但是对初步涉及失效分析领域的技术人员而言，对于金相组织分析往往感到十分困难。在许多相关教材中，对如何正确进行金相组织分析并未进行详细阐述。

对于眼睛的功能而言，不论是在光学显微镜下观察到的图像，还是在各类电子显微镜下观察到的图像，实际均是由不同形状的黑区与白区组成的图案。由于各种设备成像原理不同，所以观察到的黑区与白区有物理本质的区别。因此，为了能够正确地分析观察到的组织，需要掌握各种设备的成像原理。本节将依据阿贝成像原理，较详细地阐述如何利用原理对金相组织进行合理的分析与判断。

2.7.1　分析目的

采用金相显微镜对失效零件进行分析可以说是失效分析中最重要的方法。分析的目的有以下几点：

（1）判断零件的显微组织是否达到标准要求。

（2）判断裂纹的类型与裂纹起始位置，如是否为淬火裂纹、是否为锻造裂纹、裂纹是否沿晶界扩展、有无脱碳层、裂纹走向分析等。

（3）分析材料内部夹杂物级别、测定晶粒度等。

采用金相显微镜进行分析，要求分析人员掌握组织判断技能。该技能的培养一方面与大量实践有关，同时与对光学显微镜的原理掌握程度也有密切的关系。

2.7.2　阿贝原理

光学显微镜结构较为复杂，但是均采用凸透镜放大成像，存在两种成像原理。一种就是几何成像原理。根据光的折射原理，可以通过简单的作图方法确定凸透镜放大成像的尺寸与位置。作图时遵循以下两条原则：

（1）从物点射出的平行于主轴的光线，经过透镜后必穿过透镜的背焦点。

（2）从物点射出的穿过透镜中心的光线不发生折射。

根据上述原则作图如图 2-63 所示。

根据这样的成像原理，可以看到物体经过透镜后就放大了。同时自然可以推出一个结论：如果多加凸透镜镜片，再将图像进一步放大，似乎可实现采用多加镜片的方法实现"无限放大"。但是实践表明这种推论并不正确。

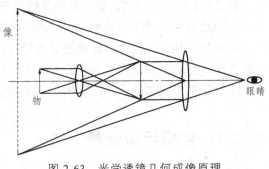

图 2-63　光学透镜几何成像原理

这是因为上述的几何成像原理对一些宏观的物体成像是合理的，如拍人物照等。但是因为材料的显微组织很细小，上述的几何成像原理就不能适用。

1873 年阿贝在蔡司光学公司任职期间，根据波动光学理论，提出了一个相干成像的新原理，这就是阿贝成像原理。下面以珠光体组织成像为例说明该原理。典型的片状珠光体组织如图 2-64 所示。

在实际的组织观察前要进行下面一系列的工作。首先要磨制金相样品，经过抛光后进行腐蚀。由于铁素体与渗碳体的电极电位不同，所以样品经过腐蚀后表面呈现出高低不平。然后再放到显微镜下进行观察。将样品的表面理想化，如图 2-65 所示。

图 2-64　珠光体组织的光学显微镜图片

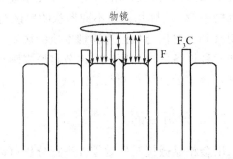

图 2-65　珠光体组织经过腐蚀后的表面形貌

将这样表面形貌的样品放在显微镜下观察，入射的光照射到表面后，反射出来的光经透镜成像，模型见图 2-66（图 2-65 组织旋转 90°，d 表示珠光体的片间距）。

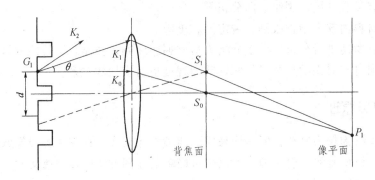

图 2-66　说明阿贝成像原理的示意图

如果珠光体的片间距的 d 值远大于光线波长的情况下，几何成像原理可以适用。但是 d 值很小时，从两个渗碳体片间反射出来的光，就类似物理光学中的光从光栅中传播出来。根据光的波动原理，平行光通过光栅必然要发生衍射，分解成沿各个不同方向传播的光。物点 G_1 发出的 $K = 0，1，2\cdots$ 的同方向平行光发生干涉现象，有些加强，有些减弱。

满足衍射公式 $d\sin\theta = K\lambda$，同方向的平行光衍射加强，在背焦面上形成衍射斑点。式中 d 为光栅常数，在这里就是代表珠光体的片间距，θ 为衍射角，λ 为入射光的波长。同一物点 G_1 可以形成多个斑点，它们又作为波源发出次波传播，又产生相互干涉形成像点 P_1。因此，物点是经过两次衍射干涉形成像点的。物点在背焦面上首先要形成多个衍射斑点 $S_0，S_1，S_2\cdots$ 每个斑点发出的次波仅代表图像的一部分。

根据这样的成像原理，推出物点与像点完全一致的必要条件是：物镜背焦面上必须得到物点发出的所有的衍射斑点（图 2-66 中背焦面上不能得到 K_2 衍射斑点）。

为了得到所有的衍射斑点，从图 2-66 中可以看到，衍射角 θ 应该尽量小，根据衍射公式可以有：

$$\sin\theta = K\lambda/d \qquad\qquad (2\text{-}21)$$

从式（2-21）中可以看到，如果要求 θ 小，就应该 $d \gg \lambda$，此时衍射角基本为零，衍射线基本平行于光轴，背焦面上可以得到所有的斑点，物与像才可以得到很好的对应。在上述的分析中 d 值代表珠光体的片间距，一般情况下可以代表金相组织的细化程度。d 越小代表材料的组织也越细，这样衍射角 θ 就变得很大，由于物镜孔径有限，所以背焦面上一定要失去一些衍射斑点，就会使物与图像有较大的差别，也就是所谓的"组织分辨不清"。由于衍射斑发出的次波减少，图像的亮度降低。

根据上述原理可以得到提高分辨率的最有效的方法是：采用波长较短的光。一般显微镜上有滤波片，可以滤掉一些波长的光而采用紫光。但是由于显微镜是用可见光作为光源，所以分辨率最高是 200 nm。电子显微镜之所以会有很高的分辨率，其主要原因是采用电子束作为"光源"，而电子波长仅有 0.001 nm。

2.7.3 利用阿贝原理分析金相组织

人的眼睛可以看成是用来测定光的强度传感器。材料在显微镜下的图形是多种多样的，能够准确地分辨出各种金相组织并非易事。不同的组织是否有共性的东西存在？答案应该是肯定的。我们认为实际上显微镜下看到的任何组织均可以用一句话概括，这就是：在光学显微镜下看到的材料的金相组织，本质上都是由不同形状的黑区与白区组成的图案。根据阿贝成像原理可以得出结论：

黑区一般是由两种以上细小的相构成的组织，或者是一些特殊的组织，如孔洞、晶界等。由于组成相细小，式（2-21）中的 d 值就很小，造成背焦面上失去的衍射斑点多，发出的二次波源减少，导致图像较暗，构成黑色区域。

白区一般是由单相构成的组织。背焦面上失去的衍射斑点较少，发出的二次波的波源较多，所以图形的亮度较高。这就是黑区与白区的来源。进一步分析可得出：光学显微镜下看到的黑区组织一般情况下是物与像有很大差别的组织，一般情况下是细小的组织（有时采用腐蚀剂不同情况有差别)。根据材料的成分与处理工艺可以判断出组织组成相，同时可以粗略地估算出组织细小的程度(应该说明的是，有时金相组织中黑区和白区与腐蚀剂有关)。

下面举例说明金相组织分析过程与方法。

【例 2-16】 图 2-67 是 45 钢淬火后的回火组织，经过 4%硝酸酒精腐蚀，采用黄绿光成像的 500 倍照片。利用阿贝原理对其组织进行分析。

图 2-67　45 钢淬火后金相组织

对图 2-67 图像进行仔细分析，可以将金相组织大致分成两类不同区域：

第一类：形状不规则的白色区域，该区域所占面积较大，在白色区域中隐约可以看到黑色或者浅灰色的小点。

第二类：形状不规则的黑色区域，该区域所占面积少一些，内部隐约可以看到一些白色小点。

根据阿贝原理对黑色区域分析如下：黑色区域一定是两种以上的相组成的组织，由于不同相间的距离太小，所以成黑色区域。不同相间距离可以根据显微镜分辨率的公式(2-22)进行估算：

$$d = 0.5\lambda / N \cdot A \qquad (2-22)$$

式中，d 代表显微镜能分辨出的两个物点间的距离；λ 代表光的波长；$N \cdot A$ 代表物镜的数值孔径。400 倍的照片的物镜的 $N \cdot A$ 为 0.65。黄绿光的波长是 550 nm。求出 d 大约为 420 nm。也就是说，如果两个相间的距离大于 420 nm，在显微镜下应该可以看清楚组织组成相。但是现在只能看到一片黑色区域，说明两个不同相间的距离小于 420 nm。所以对于黑色区域可以有初步结论：由两种以上细小的相组成的组织。

根据阿贝原理对于白色区域分析如下：白色区域中可以观察到黑色小点，说明也是由两种相组成的。由于不同相间距离较大，背焦面上失去的衍射斑点相对较少，所以图形的亮度较高，不同相间距离应该大于 420 nm。对于白色区域也可以得到初步结论：由两种以上较粗大的相组成的组织。

白色与黑色区域由何种相组成？只能结合材料成分与具体热处理工艺进行理论分析。根据已知的材料成分与处理工艺，可以进一步分析如下：钢淬火后得到的是马氏体组织，回火时要从马氏体中析出碳化物。白色区域原来是马氏体组织，从中析出的碳化物数量较少，不同相间距离较大，因此表现为白色区域，可能还存在少量残余奥氏体。而黑色区域原来也应是马氏体组织，但是由于碳化物析出量较多，不同相间距离很小所以表现为黑色。根据热处理组织与性能关系可以进一步得到，白色区域的硬度应该高于黑色区域。

【例2-17】　图2-68是一种高合金轧辊钢铸造后淬火并回火的金相组织照片。该钢成分为：2.0%C，6%W，5%Mo，5%V，6%Cr，试分析其组织。

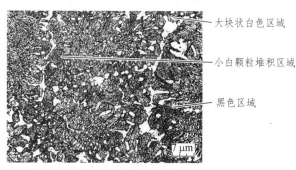

图 2-68　轧辊钢淬火后回火组织照片

可以将图2-68中组织分成三类不同形态的区域。第一类是大块状形状不规则的白色区域，根据阿贝原理它应该是一种单相组织。在钢中的单相组织主要有先共析组织（如铁素体、魏氏组织等），奥氏体、淬火马氏体与碳化物等。此钢的淬透性很好，所以淬火回火后的组织中不会有铁素体等存在。根据形态可以判断，此白色物也不会是奥氏体与淬火马氏体。因为奥氏体与淬火马氏体一般不会是长条状。同时看到一些白色条块状组织尺寸很大，所以应该是液态成型时产生的。根据此分析这些大块不规则的白色区域应是钢在铸造过程中形成的碳化物。

第二类是黑色区域，仔细观察上面存在一些很小的白点状组织。根据阿贝成像原理该区域应是多相组织，根据工艺可以判断出是回火后组织，即是从马氏体中析出细小碳化物组织。由于回火过程中析出的碳化物非常细小，所以背焦面上失去的衍射斑点相对多，所以图形的亮度低，表现出黑色区域。根据马氏体相变原理，该区域也可能存在少量残余奥氏体。

第三类是基体上分布许多小白颗粒区域。仔细观察基体中有些黑色区域。这些黑色区域的组织情况与第二种黑色区域应该一致。仔细分析白色区域又可以分成两种情况。一种是细小颗粒状的形貌，与第一种白色区域分析类似，它们应是碳化物。这些碳化物可能是液态下共晶反应产物，也可能凝固过程中从高温固态奥氏体中析出。不论是何种碳化物在随后淬火加热过程中可能发生一定的溶解，所以尺寸比较小呈颗粒状。另一种形貌是不规则小白块状形态，上面隐约可以看到分布一些小的黑点。这不应是碳化物。结合工艺分析可以初步判断是回火不充分的马氏体组织。

根据上述分析可知该钢由于合金元素较多，处理工艺较复杂在光学显微镜下有不同形貌的区域。但是利用阿贝原理并结合材料成分与工艺进行分析，就对轧辊钢热处理后的组织有比较清楚的认识。

从上面例题可见，正确进行金相组织分析需要三个条件：

（1）需要掌握基本原理（阿贝成像原理）。

（2）需要掌握材料的加工处理与相变过程，了解应该获得的相结构。

（3）需要积累实践经验。

2.8 实际案例分析

2.8.1 案例1——车辆铆钉非正常拉伸断裂原因分析

1. 概　述

某车辆厂为铁路生产特种铆钉，材料采用45Mn2，形状如图2-65所示。厂方采用以下工艺制作：

下料→拉拔到一定尺寸→头部加热进行热墩成型→拉细→冷滚丝→840 ℃ 加热淬火（网带炉加热2 h）→530 ℃回火（2 h）→发黑→产品

按标准规定产品出厂前要进行检验：硬度控制在 HRC25 ~ 35 范围，对实物螺栓进行拉伸实验，要求在一定的拉力下，螺栓在图2-69所示缺口处断裂。

图 2-69　螺栓形状

2009 年 4—7 月从钢厂订购一批钢材，在检验过程中发现问题：一些螺栓拉伸实验时，断裂位置并非在缺口处，而是从螺纹等处发生断裂，所占比例达到 7%左右。厂方开始怀疑是原材料问题，对原材料进行了反复分析，确认成分与冶金质量不存在问题。经过与厂方技术人员探讨，认为原因可能出现在以下几个方面：

（1）由于原材料中夹杂物的影响发生不正常断裂；

（2）热处理出现问题，组织不正常；

（3）冷加工出现问题。

厂方要求确认出现问题的原因。

2. 试验方法

厂方提供了3件非正常断裂的螺栓，首先认真分析宏观断口，从断口附件截取样品进行金相组织与夹杂物分布分析。

3. 试验结果与分析

1）宏观断口分析

宏观断口形貌见图2-70。从图2-70中可以看到，断裂从螺纹处开始，然后扩展到缺陷处。值得注意的是：在螺纹断面上均存在黑色的颜色，显然是在发黑处理时产生的。

2）金相组织分析

对3件样品均进行微观组织分析，发现组织基本类似，典型的组织照片见图2-71。

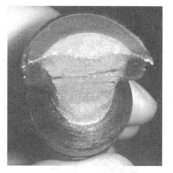

（a）样品1断口 　　　　　（b）样品2断口 　　　　　（c）样品3断口

图2-70　拉伸非正常断口的宏观照片

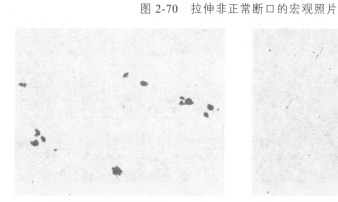

（a）材料中存在夹杂物（500×）　　　　　（b）材料中存在硫化物夹杂（500×）

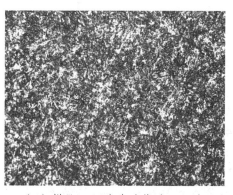

（c）样品1回火索氏体（500×）　　　　　（d）样品2回火索氏体（500×）

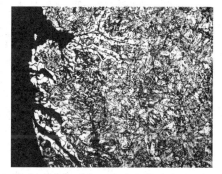

冷加工螺纹时
二次裂纹

冷加工螺纹时微小
裂纹，在加热淬火
时产生的脱碳层

（e）螺栓边缘有半脱碳层（100×）　　　　　（f）螺纹处微小裂纹两边的大量脱碳（500×）

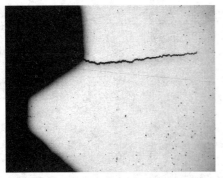

（g）螺纹底部处裂纹未蚀（500×）　（h）螺纹底部处裂纹螺纹尖角处有半脱碳（500×）

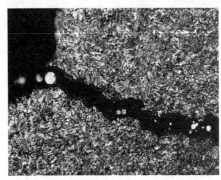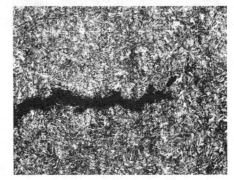

（i）螺栓根部粗大裂纹裂纹源处（500×）　（j）螺栓根部粗大裂纹裂纹尖端处（500×）

图 2-71　非正常断口样品金相组织照片

从图 2-71 中可以看到：样品中存在一定的夹杂物，基体组织是回火索氏体组织，没有发现粗大的组织及非正常组织。值得注意的是：在 3 件样品中均发现较多的微裂纹。其中一件样品的微裂纹是非常粗大的，用放大镜观察就可以看到。这些微裂纹均分布在螺纹的根部，见图 2-71（g）、（h），并且还可以观察到微小的二次裂纹，见图 2-71（f）。粗大微裂纹两侧没有观察到脱碳层，但是在二次裂纹两侧观察到了明显的脱碳层。这些微裂纹是如何形成？它们与不正常断口有什么关系？下面将进行深入的分析。

4. 分析讨论

1）非正常拉伸断口的形成过程

3 个非正常断口的断裂过程基本类似，仅就图 2-70（a）所示的断口形貌进行分析。在拉伸前该螺栓螺纹处存在多个微裂纹，这些裂纹是在发黑前形成的，因此发黑时裂纹处也将变黑。这些裂纹有些尺寸长，有些尺寸短。在那些长的裂纹处，拉伸时产生应力集中形成破断的启裂点，随着拉力的增加启裂点裂纹扩展，形成断裂面，见图 2-70（a）。在拉力作用下，随启裂裂纹扩展，螺栓承载的截面积减少，由于螺栓缺口处截面积小，也存在应力集中，所以当裂纹扩展到一定程度，从缺口处撕裂，形成如图 2-70（a）所示断口。

因此可以得到结论：非正常断口的形成是螺栓在拉伸前螺纹根部存在裂纹。

2）螺纹根部的裂纹是如何形成的？夹杂物是否有影响？

这些裂纹形成的原因是：在冷挤压螺栓时，在螺纹根部就形成许多微小裂纹，这些裂纹长短形态各不相同，在淬火时一些较长的微裂纹在淬火应力作用下，就扩展形成更长更宽的裂纹，由于它们是在淬火过程中形成，所以在这些长裂纹两侧观察不到明显脱碳层。这些淬火中形成的裂纹也是有长有短，那些特长的裂纹就成为拉伸时开裂的启裂点。也有一些小的挤压裂纹，在热处理时没有扩展，所以观察到明显的脱碳层，见图 2-71（f）。由于在长裂纹及二次裂纹中均没有观察到夹杂物的存在，所以材料中虽然存在夹杂物，它们也不是裂纹产生的主要原因。

因此可以得到结论：螺栓根部长的裂纹是淬火中形成的，在冷挤压螺栓时螺纹根部就形成微裂纹，这些微裂纹淬火时成为根部淬火裂纹形成的关键原因。

3）非正常断口形成原因分析与建议

据了解厂方原来是采用热挤压制造螺栓，当时从来没有出现过拉伸断口不正常的情况。后来将热挤压成型螺栓改变为冷挤压成型螺栓，就出现了问题。这就更进一步证实上述金相分析结果。

冷挤压螺纹光洁度好、外观美观，对于不经过热处理的螺栓有一定强化作用。但是由于冷挤压存在加工硬化作用，容易出现微裂纹。由于随后采用调质处理，所以冷加工造成的强化影响就不存在。通过分析得到以下结论：

在冷挤压螺纹时可能是由于工艺、刀具、螺纹形状等多方面原因（再加上螺栓材料是45Mn，并非低碳钢制），所以在挤压螺纹时造成根部存在一定数量的微裂纹。这些微裂纹中较长的，在随后淬火过程中形成更长的裂纹存在螺纹的根部，在随后的发黑过程中断面呈黑色。拉伸时这些裂纹成为启裂点，在拉力作用下扩展直至断裂，造成非正常拉伸断口。

建议：

（1）对正常断裂螺栓也不能排除在螺纹根部存在微裂纹，建议最好不使用或慎重使用。

（2）对螺纹冷成型工艺应该进行改进（例如螺纹根部均采用圆弧过渡）且螺纹冷加工成型后应该加强检测，判断在螺纹根部是否存在微裂纹，然后再进行热处理。

后续厂方说明，冷加工后在根部就发现裂纹，证明我们分析合理，已全部停工。

2.8.2 案例 2——绝缘铁帽半拉力试验断裂原因分析

1. 案　例

某企业购买玻璃绝缘子铁帽产品，依据规定出厂前必须进行半拉力试验。铁帽形状及半拉力试验受力状态见图 2-72。

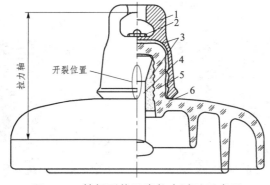

图 2-72　铁帽形状及半拉力试验受力图

铁帽材料为 QT450，生产方介绍铁帽制备工艺流程如下：

制作干芯→铸造毛坯→清砂→清理浇口→平浇口、修毛刺→钻孔、整形→探伤→酸洗→热浸锌→铁帽内部添加水泥（铝酸盐水泥，70 ℃加水养护）→产品

据技术人员介绍，半拉力实验时拉力方向为铁帽的轴向，见图 2-72。在 2017 年 7 月初提供一批约 1 万件产品中，有 1 件在进行半拉力试验时，在载荷为 278 kN 时就发生断裂。

购买方要求对断裂原因进行分析，采用以下试验分析方法：

（1）对断裂铁帽进行宏观断裂现象分析；

（2）从断裂铁帽上截取样品进行金相组织分析并对石墨进行评级；

（3）采用扫描电镜对断口进行分析。

2. 试验结果与分析

1）断裂铁帽外观形貌与断口宏观形貌

公司提供了 1 件断裂的铁帽，宏观断裂情况见图 2-73。

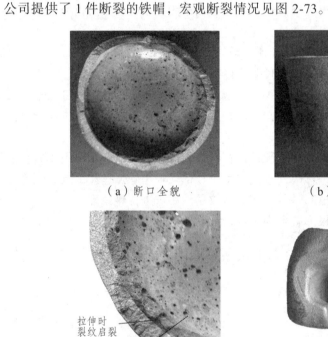

（a）断口全貌

（b）断口侧面形貌

（c）锈蚀严重区域（锈蚀线）

（d）断口另一侧面

（e）正常断口形貌

（f）异常断口形貌（发蓝＋浅黄）

（g）断口剥落区域侧面裂纹　　（h）断口剥落及截取金相样品位置

图 2-73　断裂铁帽断口宏观形貌照片

对断裂现象及断口宏观形貌分析如下：

（1）断口面大致垂直于铁帽轴线方向（铁帽轴线与拉力轴方向平行），说明铁帽的断裂模式是在平行铁帽轴线拉应力作用下发生断裂。断裂发生在距离铁帽顶端 75~80 mm 位置处，基本处于铁帽圆弧过渡区域。

（2）断口不同位置的形貌有明显不同。在断口一侧呈现白色形貌，断口面基本垂直拉力轴有金属光泽，光线下可见一些晶状小颗粒。此形貌断口属于正常拉伸断裂的断口形貌。而在另一侧断口发灰，局部呈现蓝色及黄色，断口面与拉伸轴成一定角度。显然不是在正常拉力作用下得到的断口，属于异常断口。

（3）在异常断口区域的某些局部位置，可明显观察到锈蚀痕迹，见图 2-73（c）。在正常断口区域却没有观察到明显锈蚀现象。从铁帽断裂到进行分析之间时间仅 4 天左右，断口不应该发生严重锈蚀。值得注意的是图 2-73（c）所示的锈蚀线，恰好位于正常断口区与异常断口区交界位置。在锈蚀线尖端位置为裂纹源。由此推断：锈蚀现象很可能是在铁帽断裂前就发生了。

（4）在异常断口局部区域，可见多处剥落掉块状形貌，在断口一个剥落严重位置的侧面，可观察到微裂纹存在，见图 2-73（g）、（h）。

（5）对铁帽承受拉力进行粗略计算：

断裂位置的直径约为 202 mm，厚度约为 7.0 mm；总面积 = 202 × 3.14 × 7.0 = 443 996 mm²；Q450 材料抗拉强度为 450 MPa；铁帽断裂位置可承受载荷 = 450 × 443 996 = 1 998 kN。

可见，在正常情况下铁帽要施加 1 998 kN 的载荷才会断裂，但本件铁帽仅施加 278 kN 就发生断裂，表明在材料内部存在重大缺陷。

2）金相组织分析与球铁评级结果

对铁帽材料进行金相组织分析，结果见图 2-74。

金相分析表明：

材料基本组织由铁素体 + 石墨构成。石墨分布很不均匀，见图 2-74（e）。组织中存在很多颗粒状非球形小石墨及石墨周围一些网状渗碳体。甚至用肉眼就可见金相样品上存在不同区域，有明显界限。用显微镜提供软件对石墨进行评级，结果见表 2-15。

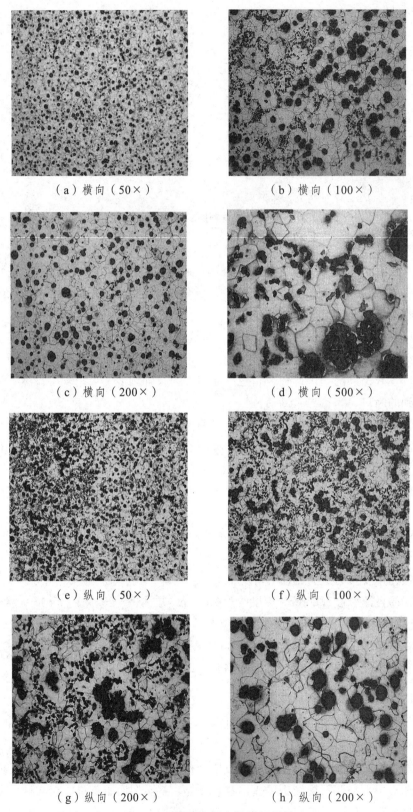

（a）横向（50×）　　　　　　　（b）横向（100×）

（c）横向（200×）　　　　　　　（d）横向（500×）

（e）纵向（50×）　　　　　　　（f）纵向（100×）

（g）纵向（200×）　　　　　　　（h）纵向（200×）

图 2-74　断裂铁帽金相组织照片

表 2-15 球墨铸铁评级结果

纵向		横向	
球化率	3 级	球化率	3 级
石墨大小评级	5 级	石墨大小评级	7 级

从表 2-15 中可以得出结论：

石墨球化率较低，为 3 级，石墨大小评级为 5 ~ 7 级。

3）SEM 断口分析结果

采用扫描电镜对断口微观形貌进行分析，结果见图 2-75 ~ 图 2-80。

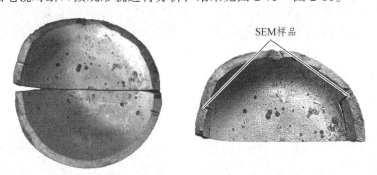

图 2-75 SEM 分析取样位置

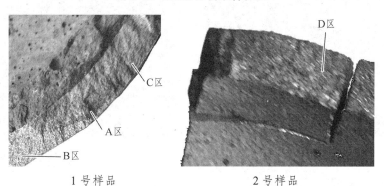

1 号样品   2 号样品

图 2-76 SEM 对断口微观形貌分析的位置

 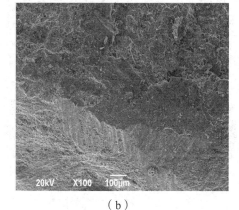

（a）   （b）

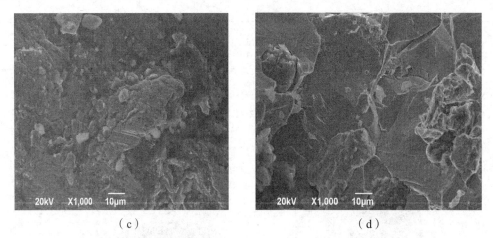

（c）　　　　　　　　　　　　　（d）

图 2-77　断裂铁帽断口 1 号样品 A 区微观形貌 SEM 照片

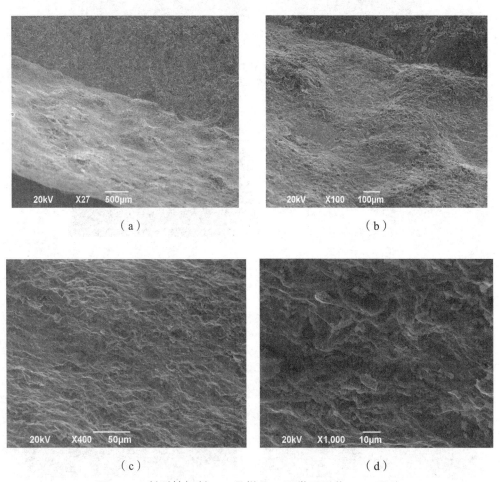

（a）　　　　　　　　　　　　　（b）

（c）　　　　　　　　　　　　　（d）

图 2-78　断裂铁帽断口 1 号样品 B 区微观形貌 SEM 照片

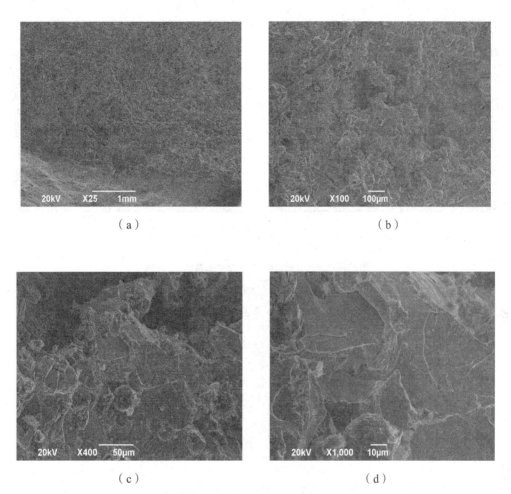

（a）

（b）

（c）

（d）

图 2-79　断裂铁帽断口 1 号样品 C 区微观形貌 SEM 照片

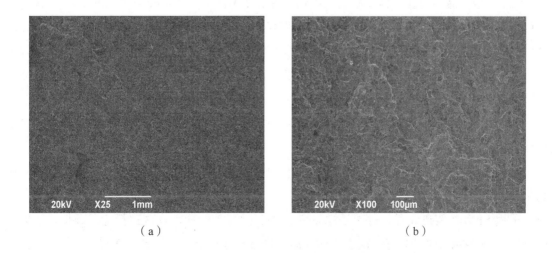

（a）

（b）

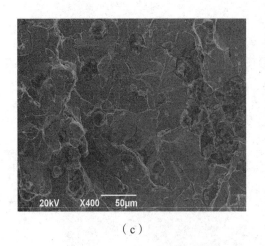
（c）

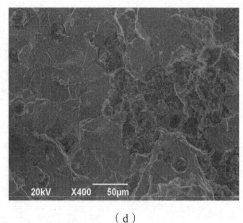
（d）

（e）

图 2-80　断裂铁帽断口 2 号样品 D 区微观形貌 SEM 照片

由图 2-75～图 2-80 可见：

（1）1 号样品中包含了异常断裂区中锈蚀区域（A 区）及正常断裂区域（B 区）。在低倍下可以看到两个区域形貌明显不同。异常断裂区域表面有许多颗粒物是腐蚀留下的痕迹，并出现解理脆断形貌特征，见图 2-77（d）。而正常断裂区域可见塑性变形留下的特征，见图 2-78。

（2）1 号样品也包含了异常断裂区域中没有锈蚀的区域（C 区），其形貌与锈蚀区域及正常断裂区域均有所不同，呈现解理脆性断裂特征，见图 2-79。

（3）2 号样品的正常断裂区域也呈现出解理脆性断裂特征。脆断应该与石墨周围网状渗碳体有一定关系。

不同区域断口微观形貌不同，说明不同区域断裂机理有重大差别，进一步说明断裂并非均是拉伸应力作用下产生的。

采用 SEM 的能谱装置，对 1 号样品 A 区、C 区及 2 号样品 D 区进行能谱分析，结果见图 2-81～图 2-84，同时对与铁帽连接的水泥也进行成分测定，结果见图 2-85。

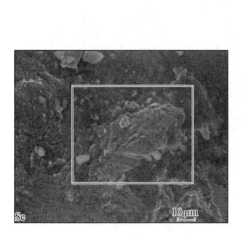
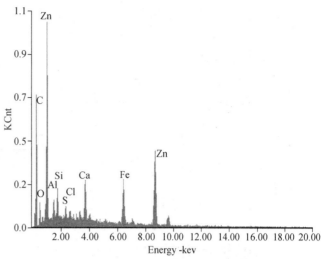

元素	Wt%	At%
CK	49.88	79.07
OK	04.26	05.07
AlK	01.58	01.12
SiK	01.66	01.13
SK	00.51	00.30
ClK	00.40	00.21
CaK	03.00	01.43
FeK	07.99	02.73
ZnK	30.70	08.94
Matrix	Correction	ZAF

图 2-81　断裂铁帽断口 1 号样品 A 区锈蚀严重区域能谱分析结果

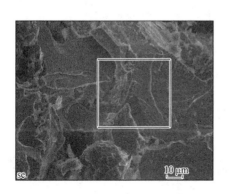

元素	Wt%	At%
CK	03.01	12.20
ZnL	01.69	01.26
SiK	04.07	07.05
FeK	91.23	79.49
Matrix	Correction	ZAF

图 2-82　断裂铁帽断口 1 号样品 C 区域能谱分析结果

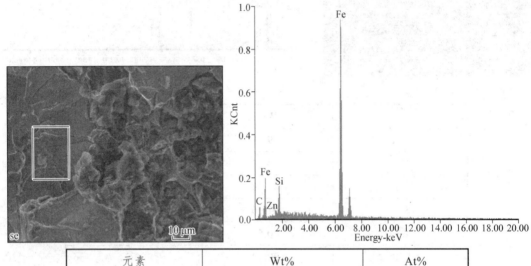

元素	Wt%	At%
CK	13.08	40.02
ZnL	00.31	00.17
SiK	04.33	05.67
FeK	82.28	54.14
Matrix	Correction	ZAF

图 2-83　断裂铁帽断口 2 号样品 D 区域能谱分析结果

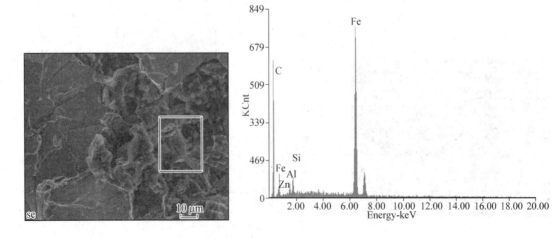

元素	Wt%	At%
CK	04.10	08.73
OK	24.00	38.34
AlK	25.34	24.00
SiK	08.33	07.58
CaK	23.78	15.16
FeK	07.97	03.65
ZnK	06.47	02.53
Matrix	Correction	ZAF

图 2-84 断裂铁帽断口 2 号样品 D 区域能谱分析结果（石墨聚集区域成分）

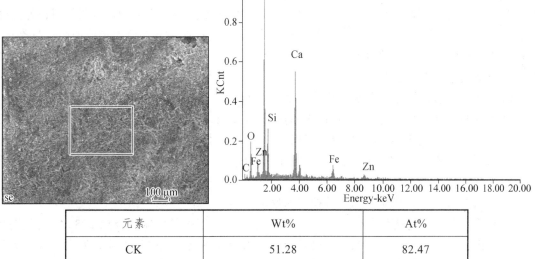

元素	Wt%	At%
CK	51.28	82.47
ZnL	00.44	00.13
AlK	00.69	00.49
SiK	01.30	00.89
FeK	46.29	16.01
Matrix	Correction	ZAF

图 2-85 断裂铁帽中水泥成分的能谱分析结果
（因为测定面是与铁帽接触的面，铁帽上的 Zn、Fe 黏附在水泥表面）

根据能谱分析可以获得以下结论：

（1）在 1 号样品 A 区（锈蚀严重区域）测出大量 Zn 及 Cl，见图 2-81，表明在热浸锌过程中有 Zn 渗入铁帽内部，Cl 是热浸锌前用盐酸酸洗铁帽过程中残留下来的。

（2）在 1 号样品 C 区域测出的主要成分是 Fe、C、Si，这是铸铁本身固有元素，见图 2-82。

（3）在 2 号样品中不同形貌区域测定出的成分主要也是 Fe、C、Si，有些区域也存在少量 Zn。说明在正常断裂区域某些部位也存在一些微小裂纹，只是由于裂纹微小没有对拉伸断口形貌产生重要影响。

（4）在 1 号样品 C 区域还测出 Ca、Al 等元素，见图 2-81，而在水泥成分中存在大量 Al、Ca。因此推知：由于 A 区域微裂纹尺寸较大，在铁帽灌注水泥过程中，导致少量水泥成分进入微裂纹。

3. 断裂原因分析

根据上述试验结果可确认，铁帽半拉力试验时发生断裂的主要原因是：断裂位置材料本身存在显微裂纹，大幅度降低材料强度，导致低应力作用下发生断裂。

依据如下：

（1）异常断裂区断口面不垂直拉力轴，剥落区侧面观察到斜裂纹。

正常拉应力作用下断裂，断口面应基本垂直拉力轴，而异常断裂区域不符合此规律。表明这些区域断裂并非完全受拉应力作用断裂。断口剥落区域侧面观察到斜裂纹，即裂纹也不垂直拉伸轴，见图 2-73（g）。显然该裂纹并非是在拉应力作用下产生的。表明材料拉伸前就存在一些微小原始微裂纹，在拉应力作用下，微小裂纹连接在一起在侧面形成肉眼可见裂纹。有微裂纹存在的材料基体被割裂，导致在此区域发生剥落的脆性断裂现象，同时断口形貌与拉伸断口形貌有重大差别。

（2）在异常断口局部位置观察到严重锈蚀情况。

铁帽从断裂到进行分析之间不过 4 天时间，在空气环境是不会产生严重锈蚀的。其他位置没有锈蚀发生就说明这样的推断是正确的。表明腐蚀应该是在半拉力试验前就发生了。只有在材料内部存在微裂纹且与一些腐蚀介质接触后，才会在半拉力实验前该部位出现严重腐蚀。

（3）断裂载荷与材料应能承受载荷差别巨大。

正常情况下铁帽要施加 1 998 kN 的载荷才会断裂，但本件铁帽仅施加 278 kN 就发生断裂。材料内部的石墨球化率、铁素体晶粒尺寸、夹杂物等会引起强度变化，但不会造成如此大的差别。只有在内部存在微裂纹情况下才会产生如此重大差别。

（4）断口表面存在 Zn、Cl 等元素。

对锈蚀严重的 A 区域进行能谱分析发现，较多 Zn 与 Cl 存在。断裂面是材料内部区域，对于球铁材料内部不可能存在大量 Zn、Cl 元素。唯一的解释就是球铁材料存在微裂纹，在热镀锌时 Zn 原子渗入内部。Cl 原子出现是因为工件在热镀锌前要经过盐酸除锈。在有微裂纹区域酸液渗入内部，导致 Cl 元素残留在断面上。断口存在 Zn、Cl 便充分说明该区域一定是微裂纹存在区域。此区域与宏观断口观察的锈蚀区域对应，说明此位置应该是裂纹源区域。这也就解释了为什么在宏观断口上会出现明显锈蚀。因为酸洗过程中有少量残留液体会存于微裂纹区域，导致该区域很快锈蚀。

断裂过程分析如下：

铁帽在半拉力试验前就存在显微裂纹。根据提供铁帽加工工艺流程可知这些微裂纹应该在铸造过程中产生的。在热镀锌及酸洗过程中 Cl、Zn 进入微裂纹位置，导致微裂纹区域严重锈蚀。该区域也就是开始断裂区域。在进行半拉力试验时，微裂纹处产生应力集中，这些微裂纹在应力作用下迅速扩展成为主裂纹，导致铁帽发生低应力断裂。

4. 结　论

（1）断裂铁帽所用的 QT450 材料金相组织为铁素体 + 球状石墨。样品纵向和横向的球化率均为 3 级，石墨大小评级为横向样品 5 级、纵向样品 7 级，组织中存在一些不规则小石墨颗粒，一些石墨周围存在网状渗碳体。

（2）铁帽进行半拉力试验时发生低应力断裂的主要原因是材料内部存在显微裂纹。

（3）根据厂方提供铁帽加工工艺流程可以推知，这些微裂纹应该是在铸造过程中产生的。

习　题

1. 对钢进行渗硼处理，表面获得硼化物 Fe_2B。查阅其晶体结构数据，分析由于表面组织变化引起的残余应力是压应力还是拉应力？

2. 对钢进行渗钒处理后得到表面的化合物层是 V_8C_7。查出 V_8C_7 是立方点阵、点阵常数 0.83 nm，单位格子内有 4 个化学式。试估计渗钒处理后表面获得的是压应力还是拉应力？

3. 某厂家用 Gr15 材料制作的 M22 螺栓，安装在一台构件疲劳试验机上。在试验过程中螺栓发生断裂。图 2-86 是螺栓断口形貌宏观照片，根据断口形貌判断螺栓的断裂源位置、断裂模式及最大应力的方向。

图 2-86　断裂螺栓断口宏观形貌照片

4. 在第 3 题中某厂家用 Gr15 材料制作的 M22 螺栓，安装在一台构件疲劳试验机上螺栓发生断裂。该厂家为提高螺栓的寿命，更换材料，采用 60Si2Mn 材料进行淬火 + 中温回火 + 氮碳共渗处理，再次安装在设备上使用，寿命得到大幅改善。但螺栓经过长时间服役后断裂。图 2-87 是螺栓断口形貌宏观照片，根据断口形貌判断螺栓的断裂源位置、断裂模式及最大应力的方向。

5. 图 2-88 是采用 Al_2O_3 纤维增强 Al-5.5%Mg 合金复合材料，在 300 ℃ 进行拉伸后的拉伸断口 SEM 照片，加入纤维的体积分数均是 10%。纤维在基体中的分布状态如图 2-50（b）所示。根据微观形貌思考以下问题：

图 2-87　断裂螺栓断口宏观形貌照片

（1）分析 Al-5.5Mg 合金复合材料在 300 ℃ 拉伸，断裂机理是纤维与基体界面脱粘引起断裂？还是由于纤维被拉断引起断裂？

（2）与例 2-15 的分析对比，思考对 Al-5.5%Mg 复合材料进行拉伸，随拉伸温度变化，断裂机理是否会变化？

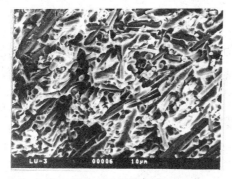
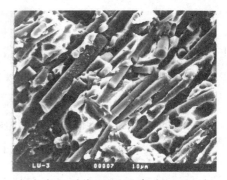

（a）断口形貌 SEM 照片（500×）　　　　（b）断口形貌 SEM 照片（1 000×）

图 2-88　Al-5.5Mg 复合材料 300 °C 拉伸断口微观形貌照片

6. 图 2-89 是 50CrVA 材料经过不同处理后的冲击断口形貌照片（U 形缺口）。根据断口形貌思考以下问题：

（1）哪种工艺处理后冲击韧性较高？简述原因。

（2）判断工艺 1 处理后冲击样品断口上裂纹源的位置并简述原因。

（3）根据工艺 2 处理后冲击样品宏观断口形貌，推测微观断口形貌特征。

（a）工艺 1 处理后冲击断口形貌　　　　（b）工艺 2 处理后冲击断口形貌

图 2-89　50CrVA 材料经过不同处理后的冲击断口形貌照片

7. 图 2-90 是 50 车轴钢（平均含碳量 0.5%）的金相组织照片。热处理工艺如下：加热温度 880 °C，保温 2 h 后空冷。根据照片所示的组织形貌、材料成分及热处理工艺回答：

（1）图中所示的黑区、白区各是单相组织还是多相组织？它们各自由何种相组成？

（2）图中所示的大块的黑色区域可能是由何种相组成？为什么成为大块的黑色区域？

8. 图 2-91 是 60Si2Mn 弹簧钢淬火 + 中温回火后的非正常金相组织照片。根据照片所示的组织形貌、材料成分及热处理工艺回答：

（1）图中所示的黑区、白区各是单相组织还是多相组织？各自由何种相组成？

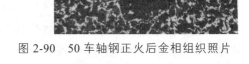

图 2-90　50 车轴钢正火后金相组织照片

（2）判断这种组织的韧性与正常淬火 + 回火组织获得的韧性比较是提高还是降低？为什么？

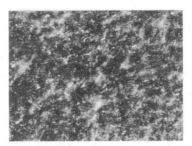

图 2-91　60Si2Mn 弹簧钢淬火回火后金相组织照片

9. 图 2-92 是螺栓在使用过程中断裂的断口宏观形貌与断裂宏观现象图。根据断裂宏观现象与宏观断口图分析：

（1）螺栓在服役过程中所受到的载荷主要是拉伸还是剪切还是扭转？

（2）根据断口图分析裂纹源位置与最后断裂区域，在图中用箭头标出并说明理由。

 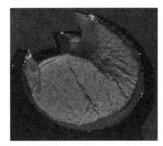

图 2-92　断口的宏观形貌

10. 铁路配件采用铸钢材料制作，该铸钢件在服役状态下受到拉伸载荷作用。安装使用很短时间便发生断裂。断口形貌如图 2-93 所示，试确定启裂点位置，初步判断断裂原因。

11. 图 2-94 是铁路螺栓拉伸断裂后的微观形貌照片。根据照片判断微观断口属于何种类型？如果宏观断口的各个区域微观断口形貌均是如图 2-94 所示，试推测宏观断口形貌特征，并估计螺栓的韧性如何。

 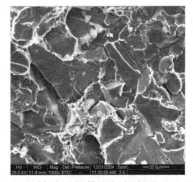

图 2-93　铸钢件断口形貌照片　　　图 2-94　铁路用螺旋道钉拉断后 SEM 照片

扫码查看本章彩图

参考文献

[1]　金属机械性能编写组. 金属机械性能[M]. 北京：机械工业出版社，1982.

[2]　梁治明，丘侃，陆耀洪. 材料力学[M]. 北京：高等教育出版社，1963.

[3]　陈南平，顾守仁，沈万慈. 机械零件失效分析[M]. 北京：清华大学出版社，1988.

[4]　查理 R　布鲁克斯，阿肖克，考霍莱. 工程材料的失效分析[M]. 谢斐娟，孙家骧，译. 北京：机械工业出版社，2003.

[5]　孙盛玉，戴雅康. 热处理裂纹分析图谱[M]. 大连：大连出版社，2004.

[6]　米古茂. 残余应力分析与对策[M]. 朱荆璞. 邵会孟，译. 北京：机械工业出版社，1983.

[7]　吴大兴，杨川，高国庆. 硼砂盐浴中钢件渗钒机理研究[J]. 铁道学报，1988（2）：110-112.

[8]　热喷涂残余应力的来源及失效形式[J]. 金属热处理，2007，1：25-27.

[9]　SEROPE KALPAKJIAN，STEVEN R. Manufacturing Process for Engineering Materials[M]. Schmid，2002.

[10]　张栋. 失效分析[M]. 北京：国防工业出版社，2004.

第 3 章 　 疲劳失效

3.1 　 疲劳断口形成过程与形貌分析

疲劳断裂是工程中最常见到的断裂方式,目前虽然已经有大量研究及经验,但是仍然是主要断裂方式。据统计整个机械零部件失效总数中疲劳断裂占 50% ~ 90%,第 2 章中已经论述断口宏观形貌特征在失效分析中有不可替代的作用。同样在分析疲劳断裂原因过程中,断口宏观形貌分析也是极为关键的一步。

需要说明的是,断口分析固然是判断是否发生疲劳断裂的关键环节,但是判断失效零部件是否是疲劳断裂机制,必须从外加载荷与断口两个方面进行综合分析。有时断口的宏观形貌并非典型的疲劳断口,这并不能说明断裂机制不是疲劳断裂。

3.1.1 　 疲劳断口形成与断口宏观形貌特征[1]

在 2.1 节中已经论述,疲劳断裂是在交变载荷作用下发生的,并有自身的特点。疲劳断口的形成一定与交变载荷有密切联系,以图 3-1 说明交变载荷与疲劳裂纹形成及扩展关系。

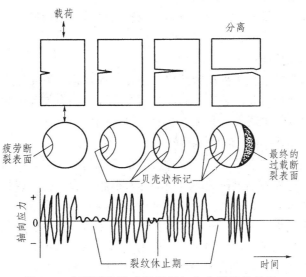

图 3-1 　 疲劳裂纹形成及开展与交变载荷的关系

交变载荷造成不均匀滑移产生裂纹源,虽然所施加的应力小于材料的屈服极限,但是由于裂纹尖端应力集中,每次循环均会产生局部的塑性变形。2.1 节中已论述裂纹扩展过程中会产生辐射线。辐射线的本质是:裂纹在不同平面上扩展产生的微小塑性变形、断口交割或连接而留下的痕迹。所以每次载荷循环就也会留下类似痕迹,形成特殊的形貌。但是疲劳断裂与拉伸过载断裂等过程不同,由于应力低于屈服强度,所以每次循环扩展的距离很小与之对应的疲劳条纹就很小,在宏观下观察是难以看见的。随着裂纹不断扩展,剩余的有效面积不断减少，局部应力不断增加，当应力达到材料的强度极限相当于应力达到强度极限的拉伸试验，所以裂纹快速扩展瞬时断裂。因此最后的瞬时断裂区域与拉伸断口扩展区域类似。所以拉伸过载断口与疲劳断口宏观形貌也有一定的联系。

疲劳断裂断口典型的宏观形貌见图3-2。

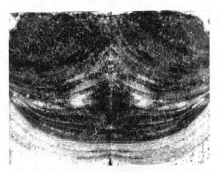 

（a）柴油机水套断口照片　　　　　　　　　　（b）汽车卷簧断口照片

图 3-2　疲劳弧线照片

疲劳断口形成的过程决定了疲劳断口宏观形貌特征，可以分成三个区域：

（1）疲劳源区域。

（2）疲劳裂纹扩展区。该区域是在裂纹扩展过程中，发生微小塑性变形后形成的形貌。

（3）与拉伸过载断裂类似的瞬时断裂区域。

显然与其他过载断裂最不同的特征就是裂纹扩展区域，它构成疲劳断口宏观与微观形貌的基本特征。

疲劳断口宏观形貌特征：

用肉眼或放大镜观察往往可见疲劳弧线（也称海滩标记、贝壳纹等），见图3-2。这是由宏观断口辨认疲劳失效最重要的特征，即如果观察到断口上有如此形貌，基本可以断定是疲劳断裂，同时判断出裂纹扩展方向与弧线垂直。这些肉眼可见的疲劳弧线是如何形成的？一般以拉-压交变载荷为例提出下面几种解释：

（1）弧线是塑性变形留下的痕迹。这种痕迹的获得与裂纹尖端应力状态变化、方向变化密切相关。裂纹扩展过程中不可避免的是应力循环载荷生会变化，或材料组织不均匀、应力松弛等影响发生应力再分配，使裂纹尖端局部区域出现应力大小或应力状态变化，引起裂纹扩展速度与方向发生变化，导致塑性变形不同，因此断口上留下弧线状痕迹。

（2）在交变载荷作用下，疲劳裂纹在表面形成后向另一侧扩展。由于承受的是随时间变化的拉-压交变载荷，在某些时间段载荷变换可能很慢，且裂纹只能在拉应力作用下扩展，所以裂纹前进一定量后有停顿的阶段。在压应力作用下已经断开的表面也可能被压合而产生摩擦而发亮，这就造成疲劳弧线（或由于加载频率的变化，或由零部件间歇使用、裂纹周期性停歇带来的断裂表面的氧化）。

（3）应力循环过程中，裂纹只能在拉应力作用下扩展，在压应力作用下裂纹不扩展。从压应力变换到拉应力，裂纹扩展需要有停顿的时间。如果停顿时间长会产生表面氧化，如果恢复拉应力，裂纹又发展，然后又停止，就会产生新的表面氧化。这个过程不断进行直到断裂，断口上就会因氧化厚度不同而出现贝壳状条纹。

疲劳弧线的形状与材料缺口、疲劳源数量等有密切联系。没有应力集中的疲劳断口上的弧线一般是从裂纹源向扩展方向凸起，如果有缺口存在会使疲劳裂纹沿外缘表面的扩展速率大于疲劳裂纹向内部的扩展速率，使弧线成凹形，多个疲劳源会使弧线由凸向凹转变。

在均匀加载条件下，疲劳断口上难以观察到清晰的疲劳弧线，例如在试验室进行疲劳试验的样品，在设计试验规范时往往采用均匀加载方式，就难以观察到明显的疲劳弧线。

3.1.2　宏观形貌对失效原因提供的信息

1. 根据断口疲劳弧线及断裂面确定裂纹源（疲劳源）与断裂模式

疲劳断裂的裂纹源有以下一些特征：

（1）一般处于零部件的表面。

（2）一般位于疲劳弧线最小半径处或称疲劳弧线最小曲率半径处，见图3-3。有时可能出现几个疲劳源。

（3）裂纹源区域是最早开裂的区域，在该区域裂纹扩展速率较缓慢，裂纹经过反复张开、闭合引起断口表面摩擦，所以一般较平整光滑。

根据这些特征判断疲劳断裂的裂纹源，即疲劳源的位置。

疲劳断裂的断裂模式一定是交变载荷，同时载荷基本垂直断裂面。

前面已论述决定是否疲劳断裂机制的根本原因是交变载荷，由于材料性能等原因，在疲劳断口上有时并不出现明显疲劳弧线，如何确定裂纹源位置？此时就要结合其他过载断裂断口分析方法确定裂纹源。

图 3-3　利用疲劳断口疲劳弧线确定裂纹源[1]

2. 确定断裂机制

宏观断口上的疲劳弧线是确定疲劳断裂的有利证据，是判断是否疲劳断裂的充分证据，但不是必要判据。再次说明断定一个零部件是否疲劳断裂，主要依据零部件是否经受交变载荷断裂，而不能根据断口上是否有疲劳弧线。因为根据上述疲劳弧线的形成机理可知：当疲劳裂纹扩展过程中如果没有中断，就不可能产生氧化现象，如果应力很低，再加上材料本身特性在受压应力作用时，摩擦并不发亮就难以观察到疲劳弧线，见图3-4。

3. 定性判断载荷类型与应力大小

如果是旋转弯曲，裂纹源出现在一侧表面；如果是单向弯曲，裂纹源也出现在一侧，但是如果载荷为反复弯曲，裂纹源可能出现在两侧。

如果应力高，显然最后断裂区域面积就要增加，扩展区域面积就要减少，所以断口形貌与外加载荷有密切联系，见图3-4。

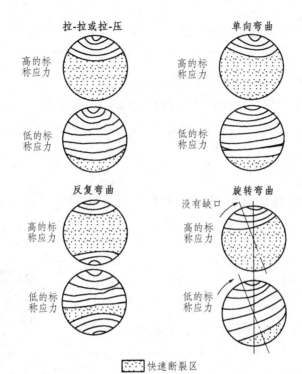

快速断裂区

图 3-4 疲劳断口宏观形貌和载荷类型与应力大小的关系[1]

4. 瞬时断裂区面积、疲劳源数目与疲劳弧线形状反映出载荷大小

断口瞬时断裂区域形成与拉伸过载断裂有类似之处，即当应力超过材料的断裂强度时发生断裂留下的痕迹。因此，瞬时断裂区面积大则说明外加载荷高。同时扩展区域与瞬时断裂区域比例反映了外加应力的大小与应力集中的程度，外加应力小、无明显应力集中，则疲劳扩展区大，否则瞬时断裂区面积大。

疲劳源的数目与位置也反映应力集中与载荷情况。如果疲劳源的数目多，表明应力大或者应力集中严重。如果发现疲劳源出现在工件的对称位置，表明同时存在正向与反向载荷的对称作用。

疲劳弧线的形状也与交变载荷状态有一定联系。如果没有应力集中作用，疲劳弧线多呈凸形，即弧线从裂纹源向扩展方向凸起。如果有缺口存在形成应力集中，会使疲劳裂纹沿外缘表面的扩展速率大于疲劳裂纹向内部的扩展速率，导致弧线成凹形；如果应力很大形成多个疲劳源，会使疲劳弧线由凸向凹转变。

5. 判断材料韧性与脆性

2.1 节中已经论述，材料的韧性高低与拉伸断口形貌有密切关系。由于疲劳断裂断口与拉伸过载断口也有类似之处，所以也可以从疲劳断口分析材料韧性与脆性。

对于塑性材料瞬时断裂区域，有时表现出塑性断口的特征，即表面粗糙不平呈纤维状断口，有时在瞬时断裂区域可看见剪切唇。如果是脆性材料，则表现出结晶状断口。所以可根据瞬时断裂区的形貌可以大致判断材料的塑性与韧性。

应该说明：瞬时断裂区域是材料剩余面积太小难以承受最终载荷而形成断口。瞬时断裂区域总是突然发生，往往没有塑性变形，因此对于韧性较好的材料，有时也难以观察到塑性变形区域。

6. 根据疲劳弧线的清晰程度判断载荷变化程度

疲劳弧线是疲劳断口宏观形貌最明显的特征，也是从断口判断是否发生疲劳断裂的主要依据。但是并非所有疲劳断裂均可以看到明显的疲劳弧线。在实验室对试样进行疲劳试验，断口上就难以观察到疲劳弧线。这是因为，根据疲劳弧线形成的解释（3.1.1 节），裂纹尖端应力变化，或材料内部组织不均匀是引起弧线形成的重要原因。在实验室进行试验一般是均匀加载，试样尺寸较小，材料内部组织相对较均匀，所以疲劳弧线难以呈现于断口。而实际工况条件下服役的构件，载荷一般是变化的，所以往往容易观察到疲劳弧线。这就提示我们在对实际构件进行断口分析时，可以根据疲劳弧线是否清晰，判断服役过程中零部件所承受应力是否是均匀加载交变应力？是否应力发生较大变化？

下面举例说明宏观断口分析规律的应用。

【例 3-1】 42CrMo 调质钢制作螺栓断裂，根据设计要求可知，螺栓服役承受交变载荷作用，断面垂直螺栓轴线，断口形貌见图 3-5。试分析裂纹源在何处，并判断断裂模式。

分析：在断口上没有观察到疲劳弧线，难以根据疲劳弧线最小半径方法确定疲劳源位置。根据疲劳断裂断口形成过程可知，断口上应该存在瞬时断裂区域，本质与拉伸过载断裂一致。拉伸过载断裂典型断口形貌是纤维区、辐射区、剪切唇。根据材料的成分与热处理工艺可知材料是韧性材料，所以应该在瞬时断裂区域出现剪切唇。从断口确实可见剪切唇位置。

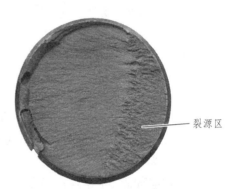

裂源区

图 3-5 42CrMo 调质螺栓断口宏观形貌照片

因为剪切唇最后断裂区域，断面粗糙变形大，所以确定裂纹源位于剪切唇对面边缘区域。

按照设计应该是在垂直断口表面的交变载荷下疲劳断裂，但是由于裂纹源处于螺栓边缘区域，剪切唇也处于另一侧边缘区域，所以判断在实际服役过程中，螺栓除受到垂直断口交变载荷外，还受到一定弯曲载荷作用，与理论设计断裂模式不完全吻合。

【例 3-2】 60Si2Mn 淬火 + 中温回火螺栓断裂。根据设计规范螺栓受到交变载荷，断口形貌见图 3-6，试分析裂纹源在何处，并判断断裂模式。

分析：交变载荷作用下断裂应该为疲劳断裂，应力垂直断裂面。断口上并没有发现典型的疲劳弧线，并非典型的疲劳断口，似乎难以判断疲劳源位置。利用上述规律可以分析如下：

由于螺栓在螺纹的根部一定会产生应力集中，所以根部区域应是裂纹源位置，并且应该是多个疲劳源。在应力

图 3-6 60Si2Mn 螺栓断口形貌

集中作用下，疲劳弧线应该是从疲劳源向外凹，即形成与轴线为中心的圆弧。同时由于试验时加载均匀导致疲劳弧线不明显，在断口上难以观察到疲劳弧线。从断口上明显看到边缘区域明显平滑些，中部区域是拉伸断裂纤维区域。因此，判断裂纹源起源于螺栓整个根部，疲劳弧线变成整个"圆形"，向中部扩展，由于载荷均匀弧线不明显，边缘平滑区域面积最大处，应该是最先形成裂纹源位置。断裂模式基本是在平行螺栓轴线的交变应力作用下断裂。

3.1.3 疲劳断口微观形貌特征及对失效原因提供的信息

对于断口采用 SEM 方法进行观察，可以获得疲劳断口微观形貌典型特征，即在疲劳扩展区域可以看见疲劳条纹，见图 3-7。

疲劳条纹有以下一些典型的特征：

（1）疲劳条纹由相互基本平行的、有一定间距的条纹组成。疲劳条纹的方向与局部裂纹扩展方向垂直，并且沿局部裂纹扩展方向外凸。

（2）由于材料内部显微组织的影响，裂纹扩展过程中可能由原来扩展所在的平面，转移到另外平面上去，导致不同区域的疲劳条纹分布在不同高度、方向不同的平面上。

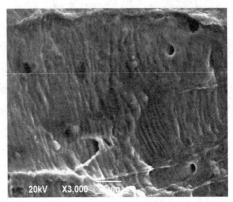

图 3-7　典型疲劳条纹照片

（3）每一个条纹是一次应力循环的结果，但并非每一次应力循环均产生一个条纹。

（4）条纹的间距在很大程度上依赖外载荷水平，一般是应力高疲劳条纹的间距增加。

（5）疲劳条纹可以分成塑性疲劳条纹与脆性疲劳条纹。塑性疲劳条纹间距较规则，条纹较光滑、较清晰，一般出现在韧性好、应力水平高的材料中。脆性疲劳条纹参差不齐、不规则，不容易观察到规则疲劳条纹，断口上常显示出类似解理河流花样的图样。

（6）在疲劳断口（尤其是高应力疲劳断口）经常观察到轮胎压痕，见图 3-8[2]。

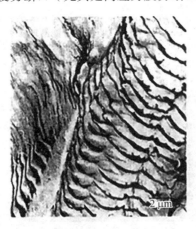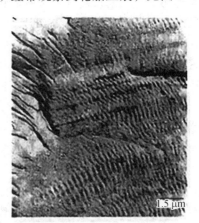

图 3-8　疲劳断口上轮胎压痕

人们认为轮胎压痕是在疲劳循环的闭合过程中一个断口表面的颗粒或凸起，是撞击断口表面留下的痕迹。一般情况下，拉-压疲劳断口比拉-拉疲劳断口更容易产生轮胎压痕。

可见疲劳弧线与疲劳条纹均是在交变载荷作用下形成的，但是不能将它们混为一谈。前者是断口宏观形貌中表现出的典型特征，后者是断口微观形貌表现出的典型特征，疲劳弧线中应该包含多条疲劳条纹。

断口微观形貌同样对疲劳断裂原因提供重要的信息：

1. 确定断裂机制

断口微观形貌分析是确定疲劳断裂机制的重要手段。断口微观形貌发现疲劳条纹是判断发生疲劳断裂最可靠的特征。再次说明：即使断口微观形貌观察不到疲劳条纹，也不能证明断裂不是由疲劳造成的。

2. 根据疲劳条纹、疲劳弧线与轮胎压痕判断应力大小和应力方向

疲劳应力方向一定垂直疲劳断口。恒定应力条件下疲劳条纹的间距基本是均匀的，如果应力发生变化，条纹的间距也发生变化。条纹的方向一致表明应力方向基本一致，条纹方向不一致，表明服役过程中交变应力方向也随时间变化。条纹间距宽，表明应力大或材料强度低韧性好。同时根据条纹与样品的位置关系确定应力方向。

如果疲劳断口上没有疲劳条纹，仅能观察到轮胎压痕，可以初步断定高应力疲劳断裂。

3. 定性获得应力及材料韧脆性相关信息

若疲劳条纹间距是规则的，表示所受到的应力变化也是规则的；如果间距变化是非规则的，表示应力变化也是非规则的。疲劳条纹间距小表示材料韧性较好或受力较小，如果间距较大表示材料较脆或受力较大。

4. 利用疲劳条纹进行定量分析

在获得各方面参数的条件下，可以利用疲劳条纹进行定量分析（见 3.2 节）。

3.1.4 疲劳断口宏观形貌与微观形貌间的关系

疲劳断口宏观形貌的典型特征是疲劳弧线，微观形貌的典型特征是疲劳条纹。很多情况下疲劳条纹的形貌特征由于应力不同、材料韧性差别不同，有多种形貌，并且形貌特征与放大倍数也有一定影响。本节中将通过实例对宏观与微观形貌进行比较，说明虽然是疲劳断机理，但有时并不能观察到明显形貌特征。会出现疲劳弧线明显但难以观察到疲劳条纹；或观察不到疲劳弧线，但是可以清楚看见疲劳条纹的情况。同时将说明断口形貌与材料微观组织间的关系。

【例 3-3】 空压机螺栓宏观断口与微观断口对比分析。

空压机连接螺栓发生疲劳断裂。螺栓采用 40Cr 材料经过调质处理后使用。螺栓受到交变载荷作用，因此一定属于疲劳断裂。宏观断口如图 3-9（a）所示。从图 3-9 中明显看到疲劳弧线，表明断裂属于疲劳断裂机制。从宏观断口可以获得如下对分析失效原因非常有帮助的重要信息：

（1）裂纹源在螺栓根部区域。

（2）扩展区域面积很大、瞬时断裂区域面积很小，表明交变载荷应力不高。

在 SEM 下如果采用 250 倍左右观察，断口形貌的二次电子图像如图 3-9（b）所示，其特征是：由呈灰黑色小块状区域和白色细小线条组成的图案，似乎看不见明显疲劳条纹。采用 400 倍左右观察，断口形貌如图 3-9（c）所示。形貌特征与图 3-9（b）类似，不同之处是由于放大倍数增加白线间距变大。采用 800 倍左右观察，断口形貌如图 3-9（d）所示，可以看到灰黑色区域内部有微小的凹凸不平，并可以看到第二相小颗粒存在。根据二次电子图像成像原理，可知细小白线应该是在螺栓受力时发生变形较大凸起形成的图像。而灰黑色区域是受力时变形小凹下的区域。因为整个视场下观察到的白色线条很细，所占面积很小，说明整个断口表面的变形，从微观角度观察也是很小的。同样表明在螺栓服役条件下，是在不太高的交变应力作用下发生的疲劳断裂，在 SEM 下难以观察到典型的疲劳条纹。

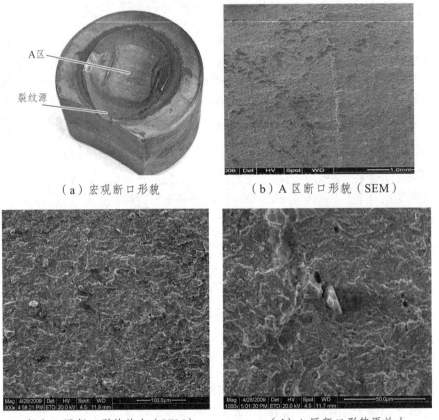

（a）宏观断口形貌　　　　　　　　（b）A 区断口形貌（SEM）

（c）A 区断口形貌放大（SEM）　　　（d）A 区断口形貌再放大

图 3-9　疲劳断裂螺栓的宏观与微观断口形貌对比

【例 3-4】　空压机活塞宏观断口与微观断口对比。

图 3-10 是空压机活塞疲劳断裂宏观与微观形貌对比照片。活塞采用 38CrMoAl 材料制造，调质后使用。在服役条件下受到交变载荷断裂无疑是疲劳断裂，但是宏观与微观断口形貌与图 3-9 不同。

断口宏观形貌的特征是：疲劳扩展区域非常平滑，其中疲劳弧线非常细密，有些区域用肉眼难以观察出来。说明零件服役时受到的外力并不大。在断口上可以观察到剪切唇，确定出最后断裂区域。

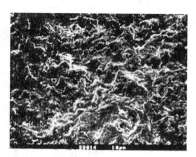

（a）宏观断口照片　　　（b）A区域SEM照片（400×）　　　（c）A区域SEM照片（1 000×）

图 3-10　空压机活塞疲劳断裂宏观断口与SEM下A区形貌对比照片

SEM下400倍观察断口形貌，可以看到典型的疲劳条纹，由波浪状有方向性的条纹构成，条纹方向基本一致，说明所受应力方向基本固定，见图3-10（b）。如果倍数增加，疲劳条纹的形貌又发生变化，见图3-10（c）。

与图3-9比较可知：两种不同的零部件，均采用调质处理工艺，含碳量相近，所受到的交变载荷均是垂直于断口，所受到的应力均不高，但是断口形貌有明显不同。

图3-9中宏观断口上出现典型疲劳弧线，但是微观形貌疲劳条纹不典型。而图3-10却相反，宏观断口上疲劳弧线不典型，但是微观形貌的疲劳条纹很明显。充分说明材料成分影响其微观组织性能，因此会对疲劳断口形貌产生影响。

【例3-5】　机车用柴油机水套宏观与微观断口对比。

柴油机水套采用45钢制造，调质后使用。在服役状态下受到交变载荷作用，断裂属于疲劳断裂，图3-11是柴油机水套的疲劳断口照片。对断口进行宏观观察，可以看到明显的疲劳弧线，表明是疲劳断裂机制。宏观形貌的特征是：观察到多个裂纹源。出现多个疲劳源与腐蚀有密切关系。

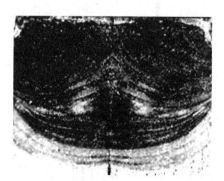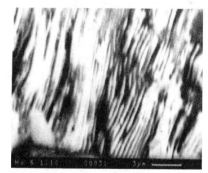

图 3-11　柴油机水套宏观疲劳断口与SEM断口形貌对比

疲劳扩展区域面积很大，说明所受到的应力不高。同时在断口上发现一些腐蚀物质。因此，推测服役过程中受到一定的腐蚀作用，实践证明确实如此。在其断口微观形貌可以清楚地看到典型的疲劳条纹。断口分析提示：为提高寿命应该同时提高疲劳强度与抗腐蚀性能。

【例3-6】　柴油机连杆螺栓宏观与微观断口对比。

图3-12所示为连杆螺栓断裂的宏观断口。螺栓采用42CrMo材料制造，调质后使用。宏观断口上可看到明显疲劳弧线，出现多个台阶、疲劳扩展区域面积不大，说明服役过程中受到高应力作用。但是在SEM下难以观察到典型的疲劳条纹。

图 3-12　柴油机连杆螺栓疲劳断裂宏观断口与 SEM 断口形貌照片

【例 3-7】　10B21 钢轴向疲劳试验断口形貌分析。

断口宏观形貌没有观察到明显的疲劳弧线,根据细小的辐射线确定疲劳裂纹源的位置。根据剪切唇确定最后断裂区域面积。不同区域的微观形貌明显不同。疲劳源处没有观察到明显疲劳条纹。在扩展区域 B 可以观察到疲劳条纹,见图 3-13（e）,但是疲劳条纹不占主导地位。在最后断裂的区域,看到韧窝状形貌,说明断裂微孔聚合机制。

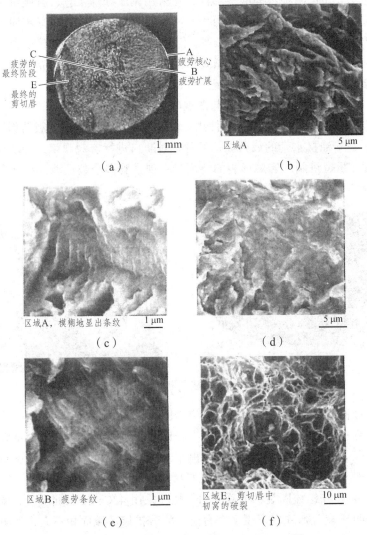

图 3-13　10B21 钢轴向疲劳试验断口照片[1]

【例 3-8】 304 不锈钢轴向疲劳试样断口形貌分析。

304 不锈钢是奥氏体组织的不锈钢，单相组织的材料。此材料韧性很好（断面收缩率达到 80%）。断口宏观形貌难以观察到大量典型疲劳弧线，仅是在很小区域看见模糊的疲劳弧线。但是从断口微观形貌可以观察到明显的疲劳条纹，见图 3-14（b）。在扩展区域与瞬时断裂区域交界处，可以观察到疲劳条纹与韧窝混合形貌，见图 3-14（c）。瞬时断裂区域是韧窝形貌，表明断裂属于微孔聚合机制。

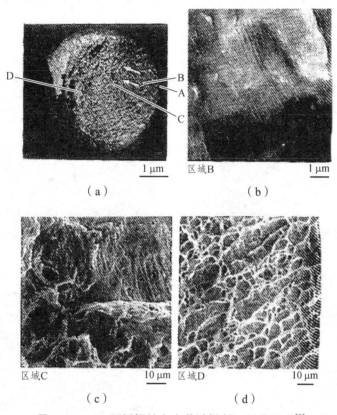

图 3-14　304 不锈钢轴向疲劳试样断口形貌照片[1]

从上面例子可见，这些零部件虽然均是疲劳断裂机理，但是由于受力状态不同、材料本身的性能不同，宏观疲劳断口形貌及微观断口形貌均有明显差异。判断是否发生疲劳断裂，根据宏观断口判断是最简单、容易的方法，这些例子进一步说明了宏观断口分析的重要性。

【例 3-9】 50CrVA 钢构件疲劳断裂断口宏观形貌与微观形貌。

图 3-15 是 50CrVA 构件断裂的断口宏观形貌图，图中标注的 A、B、C、D 区域的断口微观形貌如图 3-16 所示。

从图 3-16 中可见，在疲劳源区域并不能观察到疲劳条纹，在裂纹扩展的 B 区域可以看到明显的疲劳条纹。在距离瞬时断裂区域很近的 C 区，也可以观察到疲劳条纹，并且观察到垂直于疲劳断口的微裂纹，说明在该区域受到三向应力作用，在受到沿厚度方向力的作用下产生微裂纹。

（a）

（b）

图 3-15　构件断口宏观形貌

（a）A 区微观形貌

（c）B 区微观形貌

（d）B 区微观形貌

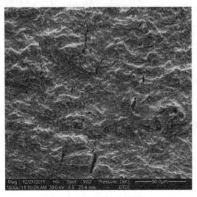
（e）C 区微观形貌

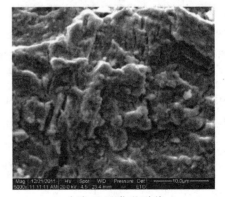
（f）C 区微观形貌

（g）D 区微观形貌　　　　　　　　　　（h）D 区微观形貌

图 3-16　50CrVA 钢构件做疲劳试验后断口在 SEM 下的形貌

【例 3-10】　M12 螺栓弯曲疲劳试验断口宏观形貌与微观形貌。

图 3-17 是螺栓弯曲疲劳断裂断口宏观形貌照片。图 3-18 是图 3-17 标注的裂纹源处断口微观形貌照片。

由图 3-18 可见，裂纹源在螺栓表面螺口根部区域。由于受到弯曲载荷时，最大应力在表面且螺纹根部有应力集中，因此裂纹启裂于螺纹的根部区域。在受力时螺纹根部存在应力集中，因此最大应力在螺纹根部，导致沿螺纹根部断裂，破断面呈螺旋状。

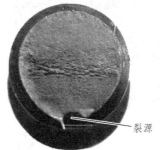

裂源

图 3-17　断口宏观形貌

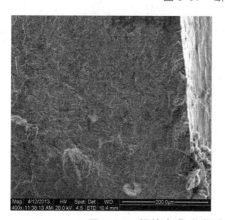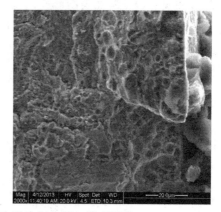

图 3-18　螺栓弯曲疲劳试验裂纹源处断口微观形貌

由于疲劳试验时载荷基本恒定，且材料内部组织较均匀，断口微观形貌上难以观察到典型的疲劳条纹。

【例 3-11】 旋转弯曲疲劳试样断口宏观形貌与断口微观形貌间的关系。

裂源　A区微观形貌

（a）断口宏观形貌照片

（b）断口 A 区微观形貌

图 3-19　旋转疲劳断裂试样断口宏观形貌与微观形貌

由图 3-19 可见：裂纹源在表面形成，裂源附近有一个较平坦缓区域（A 区域）隐约可见疲劳弧线。与之相连的区域，断口宏观形貌上可见明显的放射线。并且旋转疲劳试验中断裂的样品破断面呈螺旋状。形成这种宏观形貌的原因是：在进行旋转疲劳试验时采用圆柱形试样，最大应力在圆柱外表面，因此裂纹源出现在最表面部位。理论上分析由于样品旋转，最大应力是沿圆周分布，导致裂纹从外表面向心部扩展，破断面应该是垂直轴线的。但是因为在加载时，采用压头作用在样品上，由于压头有一定的宽度，所以最大应力分布是沿圆柱轴线一定宽度的范围内，同时样品发生一定弯曲，就不可能保证最大应力沿圆周分布，破断面呈螺旋状形态。

A 区域是裂纹扩展区，微观形貌可见疲劳条纹，同时观察到类似轮胎花样的形貌，说明试验时所受到的载荷较高。

【例 3-12】 60Si2CrVA 材料进行轴向拉-拉低周疲劳试验，断口的宏观与微观形貌关系见图 3-20。

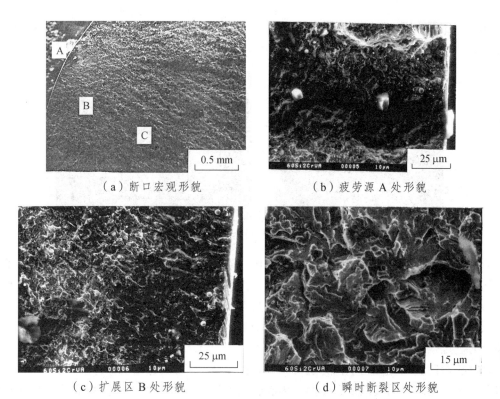

（a）断口宏观形貌	（b）疲劳源 A 处形貌
（c）扩展区 B 处形貌	（d）瞬时断裂区处形貌

图 3-20　60Si2CrVA 钢低周疲劳断口宏观形貌与微观形貌照片[3]

由图 3-20 可见，断口宏观形貌并不能看见明显疲劳弧线。疲劳源处在 SEM 下观察疲劳条纹不明显。在适当的放大倍数下，在疲劳扩展区域可以看到明显的疲劳条纹，条纹的间距较宽，说明应力较高。在瞬时断裂区域微观形貌呈解理断口。

3.2　疲劳断口定量分析

3.2.1　利用宏观断口进行定量分析

疲劳断口定量分析是指根据疲劳断口宏观与微观形貌（裂纹源数目、瞬时断裂区域面积、疲劳扩展区域面积、疲劳弧线与疲劳条纹等）推算疲劳扩展速率及载荷大小。

1. 根据断口估算疲劳应力[4]

如 3.1 节中所述，疲劳断口的宏观形貌由疲劳扩展区域与瞬时断裂区域组成。而瞬时断裂区可以看成，拉伸过载时有效截面积不能继续承受外力而形成的断裂区域。因此，根据瞬时断裂区的面积与材料的强度极限，可以按照式（3-1）大致推算零件疲劳断裂时实际载荷的大小。

$$P = F \times \sigma_b \qquad\qquad (3-1)$$

式中，P 为疲劳断裂时外力值；F 为瞬时断裂区域面积；σ_b 为材料的断裂强度。

【例 3-13】 35CrMo 材料制备的 M12 螺栓发生疲劳断裂，宏观断口形貌见图 3-21。测定材料强度 $\sigma_b = 900$ MPa，根据断口相貌估算服役应力。

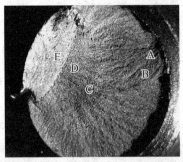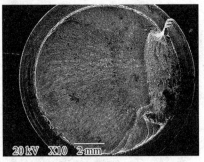

图 3-21　疲劳断裂螺栓断口宏观形貌照片

分析：疲劳裂纹产生后，在交变应力作用下裂纹扩展。随着疲劳过程的进行，扩展区的面积越来越大，螺栓剩余面积越来越小，单位面积上受到的应力就不断增加。一旦达到材料断裂强度就发生瞬时断裂，所以产生瞬时断裂区域，因此瞬时断裂区域面积与材料抗拉强度的乘积，可以粗略被认为是工作状态下螺栓受到的外力，只要能测定出瞬时断裂区域的面积与螺栓的抗拉强度，就可估算螺栓受到的应力。

瞬时断裂区域面积采用下面方法计算：将图 3-21 疲劳断口宏观照片打印，从图 3-21 中可以明显区分出瞬时断裂区域，将照片中瞬时断裂区域部分裁剪下来称其重量，然后再称出整个断口照片的重量，其比值就是瞬时断裂区域占整个面积的比例。根据螺栓的直径就可以计算出瞬时断裂区域的面积，计算结果如下：

根据称重方法测定出瞬时断裂区域占总面积的 14.5%；螺栓直径为 12 mm，总面积为 113.04 mm²，瞬时断裂区面积为 16.5 mm²；根据式（3-1）可求出螺栓工作状态下外力约为 14 838 N。M12 螺栓的内径为 9.7 mm，面积为 73.8 mm²，求出工作应力约为 201 MPa。

2. 估算疲劳裂纹平均扩展速率与总循环次数[2]

疲劳断口上扩展区域与应力循环相对应。可以沿着疲劳裂纹的扩展方向测量疲劳裂纹的总长度，根据总的实际服役时间，利用式（3-2）推算出平均扩展速率。

$$V = l/\tau \qquad\qquad (3-2)$$

式中，V 为疲劳裂纹平均扩展速率；l 为疲劳裂纹的总线长度；T 为零部件实际服役时间。

设服役条件下总的循环次数为 n，每循环一次扩展距离为 μ（个人总结方法），则有

$$\mu = l/n$$

因为微观形貌上疲劳条纹间距代表每次应力循环裂纹扩展距离，可以利用 SEM 照片测定，同时可以从宏观断口上测定出 l，因此推测出总循环次数 $n = l/\mu$。

上述方法简便可行、有一定实用价值，但是方法过于粗糙，较精确地定量分析是利用疲劳断口微观特征疲劳条纹间距推算裂纹疲劳寿命与疲劳载荷大小。

3.2.2　利用微观断口形貌特征（疲劳条纹间距）进行定量分析

疲劳条纹是微观断口形貌的主要特征，它与应力循环对应，其间距对应每一次应力循环

的疲劳裂纹的扩展速率。Paris 在分析了大量疲劳裂纹扩展规律的基础上获得了如图 3-22 所示曲线。

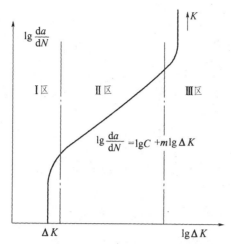

图 3-22　疲劳裂纹扩展速率与应力强度因子关系曲线

图 3-22 中直线段称为第二扩展阶段，可以推出式（3-3），称为 Paris 公式：

$$da/dN = C（\Delta K）^{n} \tag{3-3}$$

式中，C、n 是与材料有关的常数，称为疲劳扩展材料常数，可由实验测定。在式（3-3）中，da/dN 的单位为 mm/循环次数，ΔK 的单位为 $\mathrm{MPa \cdot \sqrt{m}}$。

实验结果表明，Paris 公式中的材料常数 C、n 保持不变，材料微观组织、应力比、平均应力、载荷频率以及载荷波形等的影响都不明显。因此，使得 Paris 公式可以应用于零部件疲劳断裂的定量分析。

1. Paris 公式定量估算疲劳扩展寿命[5-6]

由于一个疲劳条纹间距对应一次循环加载裂纹微观扩展速率，即条纹间距可粗略代表断口上该处的疲劳裂纹扩展速率，并大致认为与宏观疲劳扩展速率一致。通过扫描电镜等微观手段，由疲劳断口测出裂纹第二扩展阶段的疲劳条纹间距，利用从断口上测定的不同裂纹长度处的疲劳条纹间距值可定量分析疲劳扩展寿命。

若令每一载荷循环下的疲劳裂纹扩展量为 μ，则

$$\mu = da/dN \text{ 或 } dN = da/\mu$$

式中，a 为裂纹长度；N 为循环次数。

$$N_{\mathrm{p}} = \int_{a_0}^{a_c} da / \mu \tag{3-4}$$

式中，a_0 为裂纹开始扩展时的尺寸；a_c 为发生瞬断时的裂纹尺寸，又称临界裂纹尺寸。

对于载荷谱加载，式（3-4）依然适用，只是此时 N 为应力循环次数，da 为疲劳弧线间距。

代入式（3-3）中可用疲劳裂纹扩展速率反推疲劳扩展寿命的表达式：

$$\Delta K = \Delta \sigma \times (\pi a)^{1/2} \times Y$$

式中，Y 为与裂纹有关的构件几何形状因子；$\Delta\sigma$ 为最大应力 σ_{max} 和最小应力 σ_{min} 之差，a 为裂纹长度。

对给定构件及恒定交变载荷 $\Delta\sigma$，则有

$$\Delta K = A \times (a)^{1/2}$$

其中，$A = Y \times (\pi)^{1/2} \times \Delta\sigma =$ 常数。

$$\mu = da/dN = C \times A^n \times a^{(n/2)} = C_0 \times a^{(n/2)} \quad (3\text{-}5)$$

其中，$C_0 = C \times A^n$，则有

$$N = \int_{a_0}^{a_c} \frac{d_a}{C_0 a^{\frac{n}{2}}} = \frac{2}{(2-n)C_0} a^{1-\frac{n}{2}} \bigg|_{a_0}^{a_c} \frac{2}{(2-n)C_0} [a_c^{1-\frac{n}{2}} - a_0^{1-\frac{n}{2}}] \quad (3\text{-}6)$$

常数 C_0 和 n 可由如下方法确定，即对式（3-5）取对数：

$$\lg (da/dN) = \lg C_0 + (n/2) \lg a \quad (3\text{-}7)$$

则 $\lg (da/dN)$ 与 $\lg a$ 为直线，截距为 $\lg C_0$，斜率 $n/2$。

在对裂纹长度 a 和裂纹扩展速率 da/dN 取对数并进行曲线拟合时，a 和 da/dN 的量纲要统一。

对于不同裂纹长度 a_i 所对应的 $(da/dN)_i$ 则可按式（3-7）进行拟合或分段拟合，求出 C_0 及 $n/2$。随后可按式（3-6）求得 N。举例说明如下：

【例 3-14】 某大型构件发生疲劳断裂，通过对宏观断口与微观断口分析，求出式（3-5）中的 C_0 与 n 值。

试验步骤：在扫描电镜下拍照不同裂纹长度 a 处对应的疲劳条纹照片（照片见附录 C），根据照片测定疲劳条纹的间距得到 $(da/dN)_i$ 拍摄的照片并求出各自的对数值，测定结果见表 3-1。

表 3-1 测定裂纹长度与裂纹扩展速率

裂纹长度 a/m $\times 10^3$	1.0	2.0	2.5	3.0	4.0	5.0	6.0	7.0	8.0
扩展速率 da/dN $/mm \times 10^3$	0.53	0.62	0.71	0.91	0.97	1.04	1.16	1.38	1.48
$\lg a$	−3.0	−0.903	−1.19	−1.43	−1.81	−2.09	−2.33	−2.53	−2.70
$\lg (da/dN)$	0.81	0.621	0.42	0.12	0.039	−0.0517	−0.193	−0.4179	−0.51

令 $\lg (da/dN) = Y$，$\lg a = X$，$\lg C_0 = b$，$(n/2) = a$，则式（3-7）可变成直线方程 $Y = b + aX$。

利用高等数学知识最小二乘法公式求出 a 与 b 的值[5]。首先列表计算各自系数，再代入最小二乘法公式，求出各自系数，见表 3-2。

表 3-2　最小二乘法系数计算结果

X_i	X_i^2	Y_i	X_iY_i
− 3.0	9.0	0.817	− 2.43
− 0.903	0.815	0.621	− 0.56
− 1.19	1.416	0.42	− 0.499
− 1.43	2.04	0.12	− 0.171
− 1.81	3.27	0.039	− 0.070
− 2.09	4.37	− 0.051	0.106
− 2.33	5.43	− 0.193	0.449
− 2.53	6.40	− 0.417	1.055
− 2.70	7.29	− 0.51	1377
∑ − 17.983	∑ 40.03	∑ 0.835	∑ − 0.744

根据最小二乘法公式求出：$a = 0.103$，$b = 0.27$，根据式（3-7）求出式（3-6）中的 $n = 0.206$，$C_0 = 1.86$。

需要注意的是：当采用不同的单位进行计算分析时，所得到的 C_0 与 n 有很大差别。针对例 3-10，对于裂纹长度 a，采用 μm 为单位，对于扩展速率 da/dN，采用 μm/循环次数为单位，读者可以自己再次进行计算。

求出 n 与 C_0 后可以直接代入（3-6）中求出疲劳寿命值。式（3-6）中 a_c、a_0 的确定：

（1）a_c 是发生瞬时断裂时的裂纹尺寸，大致等于疲劳断口上疲劳源到瞬时断裂区域间的距离，可以从疲劳断口上测定。

（2）利用材料的抗拉强度按照下面方法计算[7]：

因为当净截面上 $\sigma = \sigma_b$ 时零件破坏，随裂纹扩展零件的截面积减少应力值增加。当裂纹扩展达到 a_c 时，净截面上应力 $\sigma = \sigma_b$。但是在疲劳条件下，按照静载计算净截面应力 σ 要乘一个动载荷系数（一般为 1.15）作为外加应力修正值 $\sigma_{修正}$，当外加应力修正值 $\sigma_{修正} = \sigma_b$ 时，可以求出对应的截面积，从而求出 a_c。

（3）a_0 是裂纹开始扩展尺寸，如何确定目前无统一标准。美国空军制定为 1/32 英寸（0.794 mm）对应 a_0。美国惠普公司规定 $a_0 = 0.38$ mm，英国罗罗公司规定 $a_0 = 0.15$ mm[3]。从宏观断口上分析 a_0 对应的值应该是从疲劳源到最早出现疲劳条纹间的距离。因此可以根据具体情况进行确定 a_0。

根据断口疲劳条纹测定结果，取对数之后的数值点有规律地分布在拟合曲线（直线）的两侧，说明裂纹长度和疲劳条纹间距值分别取对数之后有较好的线性相关性。如果取对数之后的数据拟合得到的是折线，见图 3-23，则可以采用分段利用 Paris 公式进行计算的方法[5]。通过对数据拟合的直线获得两个常数，代入相应的公式求疲劳裂纹的扩展寿命。

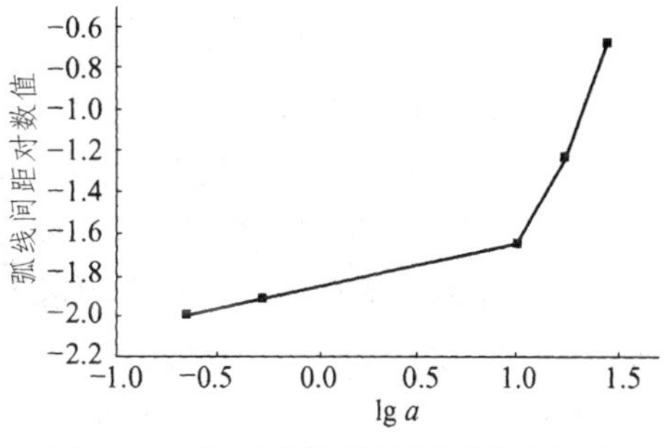

图 3-23　取对数的数据得到的是折线

2. Paris 公式定量估算疲劳应力

在工程应用中，有多零部件承受恒应力幅或近似恒应力幅的载荷。因此可以根据断口测定数据，利用 Paris 公式估算疲劳应力。即使零部件承受的并非恒应力负值，即使是复杂载荷作用，利用 Paris 公式进行断口估算出当量恒应力幅应力也是很有参考价值的。

将 Paris 公式展开：

$$\mathrm{d}a/\mathrm{d}N = c(\Delta K)^n = c(Y\Delta\sigma\sqrt{\pi a})^n \qquad (3-8)$$

式中，Y 是与裂纹有关的形状因子，对于标准试样和一些简单的裂纹形状，已有准确的形状因子表达式[6]，Y 也可用解析式计算求得或由实验测得。式中 c 和 n 可由实验测定。在 c、n 和 Y 已知的条件下，再由疲劳断口的疲劳条纹宽度 S 测得裂纹扩展速率 $\mathrm{d}a/\mathrm{d}N$，就可以根据 Paris 公式反推出疲劳应力变幅 $\Delta\sigma$：

$$\Delta\sigma = \left(\frac{S}{C}\right)^{\frac{1}{n}} \cdot (Y \cdot \sqrt{\pi a})^{-1} \qquad (3-9)$$

对式（3-9）的说明如下：

（1）随着裂纹的扩展，疲劳应力是不断变化的。式（3-9）表明的是：不同裂纹长度位置对应的疲劳应力变幅的值。

（2）S 为疲劳条纹间距。式中的 S 是距离裂纹源某一位置的疲劳条纹间距值。在此位置处也对应一定的裂纹长度 a，是通过测量此处的疲劳条纹间距得到的。

（3）Y 为裂纹形状因子。在确定 Y 的过程中，一般需要结合构件及其细节的形状，构件的受载情况由裂纹尖端的应力强度因子模型来确定，大多数情况下 Y 通过《应力强度因子手册》确定，在《应力强度因子手册》[6]中给出 Y 的形式有图和表，也有公式。由于裂纹在扩展过程中长度不断变化，所以 Y 值也随裂纹长度变化而变化。

（4）C、n 料参数。C 对应着国际单位制（$\mathrm{d}a/\mathrm{d}N$ 的单位为 mm/循环次数，K 的单位为 $\mathrm{MPa}\cdot\sqrt{m}$）。使用相关手册查找 C、n 值时需要注意采用的单位。当在不同的 $\mathrm{d}a/\mathrm{d}N$ 与 ΔK 单位制中转换时，n 值保持不变，但材料常数 C 应视为有量纲的量，它的量纲是（应力强度因子）$^{-n}\times$长度单位。C 的单位与参与拟合的 $\mathrm{d}a/\mathrm{d}N$ 数据及 ΔK 的单位密切相关。

（5）利用疲劳条纹间距反推疲劳应力的关键在于确定上述参数值。在估算疲劳应力时，疲劳条纹间距 S 的单位为 mm，裂纹长度 a 的单位为 m，得出的应力单位为 MPa。

（6）在具体应用中，由于不同的裂纹形状，具有不同的强度因子，所以应用式（3-9）会有一定的修正。

求出疲劳应力变幅 $\Delta\sigma$ 后，可求出最大应力 $\sigma_{max} = \Delta\sigma/(1-R)$，式中 $R = \sigma_{min}/\sigma_{max}$，循环特征参数几种可供参考的确定 R 值的情况如下[5]：

（1）对于脉动循环（实例：齿轮或轴服役条件下的单向弯曲），$R = 0$，$\sigma_{max} = \Delta\sigma$；

（2）对称循环（实例：车轴、曲轴服役条件下弯曲载荷），$R = -1$，$\sigma_{max} = -\sigma_{min}$；

（3）不对称循环（实例：有预紧力的螺栓），$1 > R > -1$，$\sigma_{max} = \sigma_m + \sigma_a$，$\sigma_{min} = \sigma_m - \sigma_a$，$\sigma_m$ 为平均应力，σ_a 为应力幅值；

（4）静载荷，$R = 1$，$\sigma_{max} = \sigma_{min} = \sigma_m$；

（5）叶片离心应力的计算，由于叶片的疲劳扩展属于发动机起动次数为循环的低周疲劳，即 $R=0$，$\sigma_{\max}=\Delta\sigma$；

（6）叶片的振动应力分析，振动破坏为对称循环，$R=-1$，$\sigma_{\max}=\Delta\sigma/2$；

（7）旋转弯曲疲劳的情况：$R=-1$，$\sigma_{\max}=\Delta\sigma/2$。

利用式（3-9）估算疲劳应力时，关键要知道 Y、C、n 的值。前面已经论述，很多情况下 Y 可以查出，通过测定不同裂纹长度处的疲劳条纹间距，可以求出 C_0 与 n 值，并有以下公式：

$$C_0 = C \times Y^n \times \pi^{n/2} \times \Delta\sigma^n \tag{3-10}$$

但果，如果不知道材料的 C 值，就难以通过式（3-9）求出疲劳应力。材料常数 C、n 值一般是通过试验获得的，根据 Paris 公式：

$$da/dN = C(\Delta K)^n$$

可知 $\lg(da/dN)$ 与 $\lg(\Delta K)$ 存在直线关系，通过测定裂纹扩展速率试验的方法，得到 ΔK 和 da/dN，拟合指定数据段中的 $\lg(da/dN)$ – $\lg(\Delta K)$ 数据，根据其斜率与截距获得 C、n 值。C、n 值与材料状态、厚度及使用条件相关，在选用 C、n 值要注意故障件的各条件状态与 C、n 值的试验条件之间是否一致。

在难以进行上述试验条件下，可考虑采用利用材料断裂韧性估算材料的 C 值。

根据疲劳断裂过程可知，随裂纹的不断扩展，裂纹处的应力是逐渐增大的。前面论述 a_c 对应临界裂纹长度，疲劳裂纹的尺寸扩展到 a_c 就要发生瞬时断裂，所以 a_c 代表疲劳扩展区域的大小，这是一个可以测量的值。裂纹达到 a_c 时，裂纹扩展的应力达到最大值 $\sigma_{\max}$，可以推导出 a_c 与 $\sigma_{\max}$ 间的关系。

根据断裂力学理论有以下公式：

$$K_{\mathrm{I}} = \sigma Y(\pi a)^{1/2} \tag{3-11}$$

式中，Y 为裂纹形状因子；a 为裂纹长度；σ 为构件承受的应力；K_{I} 为应力强度因子。

当 $a = a_c$ 时裂纹快速扩展，K_{I} 达到临界值 $K_{\mathrm{I}c}$，称为材料的断裂韧性。这时应力达到最大值 $\sigma_{\max}$，所以有公式：

$$K_{\mathrm{I}c} = \sigma_{\max} Y(\pi a_c)^{1/2} \tag{3-12}$$

如果已经知道材料的断裂韧性 $K_{\mathrm{I}c}$，从断口上可以测定出 a_c 值，在已知 Y 的情况下就可以求出 $\sigma_{\max}$。此处的 $\sigma_{\max}$ 是裂纹扩展距离达到 a_c 时对应的应力值。$K_{\mathrm{I}c}$ 有标准的试验方法可以进行测定，目前对于许多材料 $K_{\mathrm{I}c}$ 是可查到的。同时 $K_{\mathrm{I}c}$ 与材料的冲击韧性也存在一定关系，例如[8]：

$$(K_{\mathrm{I}c}/\sigma_{0.2})^2 = (5/\sigma_{0.2})[\mathrm{CVN} - \sigma_{0.2}/20] \tag{3-13}$$

CVN 是材料 V 形缺口冲击韧性值，式（3-13）适用于屈服强度在 780～1 730 MPa，冲击韧性 CVN 在 22～120 N·m 的钢。因此可以根据测定的强度与冲击韧性值估算出 $K_{\mathrm{I}c}$，再根据式（3-12）可以估算出 $\sigma_{\max}$ 值。近似认为 $\sigma_{\max}$ 是式（3-9）$\Delta\sigma$ 中的最大应力值，在已知载荷类型条件下可以知道最小应力值，因此可利用式（3-10）估算出材料的 C 值。

在 3.2.1 节中论述，可以从宏观断口利用材料的抗拉强度估算出疲劳应力，该应力可近似作为平均应力值。利用 $K_{\mathrm{I}c}$ 估算出最大应力值，从而估算出 R 值。

【例 3-15】 用于飞机发动机中由钛合金材料制备的叶片在使用过程中发生断裂。断口的宏观形貌见图 3-24，从图 3-24 中可见，它属于疲劳断裂且裂纹形貌属于半椭圆裂纹。已知服役过程中既有离心力又有弯曲振动应力。采用纯弯曲应力作用下模型估算不同长度处应力强度因子范围。应力比 $R = -1$。

根据断口分析，测定出某一位置处断口形貌数据：

椭圆裂纹半短轴 $a = 0.28$ mm（沿裂纹扩展方向的裂纹长度）；

椭圆裂纹半长轴 $b = 0.79$ mm；

裂纹扩展速率 $S = 0.15$ μm，形状因子 $Y = 1.1$；

材料常数测定结果（裂纹长度，m；扩展速率，mm）：$C = 4.66 \times 10^{-12}$，$n = 4.66$。

估算服役条件下该位置处的应力值（注：此例选用文献[5]中案例）。

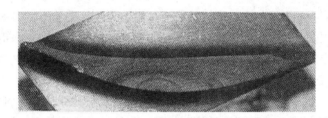

图 3-24 宏观断口及微观断口照片[5]

分析：对于半椭圆表面裂纹，结合应力强度因子与 Paris 公式，式（3-9）修正为

$$(S/C)^{1/n} = [\Delta\sigma \times (3.14 \times a)^{1/2} \times Y]/E(k) \qquad (3\text{-}14)$$

式中，$E(k)$ 为第二类完全椭圆积分 $E(k) = [1 + 1.464(a/b)^{1.65}]^{1/2}$。

将测定的试验数据代入式（3-14），代入时注意裂纹长度 a，单位用 m，裂纹扩展速率 S 的单位用 mm，求出 $\Delta\sigma$ 约为 1 400 MPa。

因为 $R = -1$，$\sigma_{max} = \Delta\sigma/2$，求出 σ_{max} 约为 700 MPa。

【例 3-16】 用于大型装备中的螺栓发生断裂，螺栓材料为 350CrMo，宏观与微观断口的宏观形貌见图 3-25，从图 3-25 中可见属于疲劳断裂，认为裂纹源处裂纹形貌属于圆片状裂纹。已知服役前螺栓施加一个预紧力约 400 MPa，估算工作时最大应力。

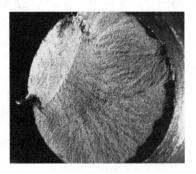 

（a）断口宏观形貌　　　　　　（b）裂纹源处断口微观形貌

图 3-25 断裂螺栓裂纹源处断口形貌

分析：

（1）根据图 3-25 可以测定出 $S = 25\ \mu m = 25 \times 10^{-3}\ mm$；$a = 0.75\ mm$。

（2）认为螺栓服役条件下受到拉-拉载荷，最小载荷就是预紧力 400 MPa。

（3）根据原型表面裂纹特点采用式（3-15）估算最大应力。应力强度因子将式（3-9）修正为

$$(S/C)^{1/n} = [\Delta\sigma \times (3.14 \times a)^{1/2} \times Y]/Q \qquad\qquad （3-15）$$

根据圆形表面裂纹特征，确定 $Y = 1.1$，$Q = 1.55$。

（4）材料参数 C 与 n 无法从实验获得，按照一般低合金钢选取数据[6]：

$$C = 2.0 \times 10^{-12}, \quad n = 3$$

读者可以自己将数据代入式（3-15）中，求出最大工作应力。

3.3 疲劳图在疲劳失效分析中的应用

实际工程中不对称循环应力是常见的，在此应力作用下发生疲劳断裂也是常见的。目前已经明确以下规律：在最大应力相同条件下，应力循环不对称越大（即平均应力越高），则金属所能承受的应力循环次数越多。

原因如下：材料的疲劳损伤（不均匀滑移）是交变应力长期作用完成的。应力循环不对称度越大，表示交变幅度占应力的比例越小，疲劳损伤也越小，因此疲劳寿命越长。

为了表示平均应力 σ_m 和不对称应力循环下的疲劳极限 σ_r 间的关系，以及由对称循环得到的疲劳极限 σ_{-1} 求不对称循环下疲劳极限 σ_r，人们总结出它们之间的关系图，即疲劳图。疲劳图就是利用对称循环条件下测定的疲劳极限 σ_{-1} 及材料的强度值，求不对称应力循环条件下疲劳极限 σ_r 的简便方法，可以节省大量试验工作。常用的疲劳图为 Goodman 图。

Goodman 图是指以屈服极限为限界，以 Goodman 提出的线性经验公式为基础，用直线替代实际疲劳极限应力线后，得到的一种简化疲劳极限线图。这里"简化"是指用直线代替实际疲劳极限应力线；"修正"是指为体现最大应超过材料屈服极限的原则，用屈服极限作为应力限界对实际疲劳极限线图进行的塑性修正。修正的 Goodman 图一般绘制成 Haigh 图形式或 Smith 图形式。Smith 图形式的修正 Goodman 疲劳极限线图，具有形式简单、图示信息量大的特点，能够清晰地显示疲劳极限的上、下应力限界，直观地反映平均应力对疲劳极限的上、下极限应力以及应力幅的影响，因其使用方便而最为广泛应用。

Goodman 疲劳极限线图绘制起来也很方便，其技术关键是测定材料的强度极限 σ_u、屈服极限 σ_{yp} 和对称循环下的疲劳极限 σ_N。测得 σ_u、σ_{yp} 和 σ_N 后，通过简单的几何作图，即可得到修正的 Goodman 疲劳极限线图。

具体绘制方法如下（见图 3-26）：

（1）建立一个直角坐标系，横坐标表示平均应力 σ_m，纵坐标表示疲劳极限的上、下极限应力 σ_{max}、σ_{min}；

（2）作一条过原点平分上述坐标系Ⅰ、Ⅲ象限的斜线 GC，则 GC 与横、纵坐标均成45°角；

（3）假设压缩屈服极限在数值上与拉伸屈服极限相等，在纵坐标上标出强度极限点（σ_u），正、负屈服极限点（σ_{yp}，$-\sigma_{yp}$）和正、负疲劳极限点（σ_N，$-\sigma_N$）；

（4）过点（0，σ_u）作横坐标平行线与斜线 GC 相交，将该交点分别与正、负疲劳极限点，即 A 点和 E 点相连，得斜线 AB 和 ED；

（5）过点（0，σ_{yp}）作横坐标平行线，交斜线 AB 于 B，交斜线 GC 于 C；

（6）过 B 点作纵坐标平行线，交斜线 ED 于 D，连接 CD；半封闭折线 $ABCDE$ 即为修正 Goodman 图平均应力为正的部分；

（7）假设压缩屈服前，负平均应力不影响疲劳极限的应力幅，分别过正、负疲劳极限点，即 A、E 点作与斜线 GC 平行的斜线 AH 和 EF；

（8）过点（0，$-\sigma_{yp}$）作横坐标平行线，交斜线 EF 于 F 点，交斜线 GC 于 G 点；

（9）过 F 点作纵坐标平行线，交斜线 AH 于 H；

（10）连接 G，H 点，则封闭折线 $ABCDEFGHA$ 即为 Smith 图形式修正的 Goodman 疲劳极限线图，如图3-26所示。

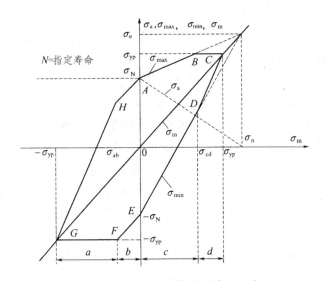

图 3-26　Goodman 曲线的绘制方法

此图有两种用途：

（1）根据计算出的应力值，判断构件是否安全。

（2）利用该图校核在3.2节中估算出的疲劳应力是否合理。

下面举例说明利用疲劳图判断构件是否安全：

【例 3-17】　根据材料力学性能数据制作疲劳图，推测构件是否安全。

50CrVA 材料制作构件，根据材料的性能数据，绘制出疲劳图，见图 3-27。将构件的拉压工况作为两个极限工况，计算疲劳应力幅值和应力均值，然后在 Goodman 曲线中与材料的许用疲劳强度相比，即得出构件是否安全。

$$\left.\begin{array}{l} \sigma_{\mathrm{m}} = \dfrac{\sigma_{\max} + \sigma_{\min}}{2} \\[3mm] \sigma_{\mathrm{a}} = \dfrac{\sigma_{\max} - \sigma_{\min}}{2} \end{array}\right\}$$

对构件采用有限元方法求出在服役状态下构件上各点应力值。各点的应力值分布范围，见图 3-27 曲线中部的阴影区域。从图 3-27 中可见，所有节点的应力都处在 Goodman 曲线内，说明构件能够满足疲劳强度的要求。

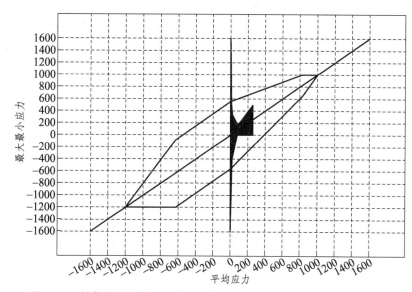

图 3-27　某构件的疲劳图（所有应力值均落在曲线内，构件安全）

在 3.2 节中提出疲劳应力的定量估算，这种估算一般会存在误差。某种零部件发生早期疲劳断裂，采用 3.2 节中方法可以估算出最大应力，如果估算出的最大应力落在 Goodman 曲线内，说明不应该出现早期疲劳断裂，因此有理由怀疑定量估算出的应力值是有问题的。举例说明如下：

【例 3-18】　35CrMo 材料经过调质处理制备的 M12 高强螺栓安装在大型设备中，服役过程中发生疲劳断裂。根据分析获得以下结论：

（1）交变疲劳载荷属于拉-拉交变载荷，最小载荷是螺栓的预紧力，为 400 MPa。

（2）初始裂纹为片状圆形裂纹。

（3）材料的力学性能数据：抗拉强度 σ_{b} 约为 900 MPa，屈服强度 σ_{s} 约为 700 MPa，疲劳强度 σ_{-1} 约为 280 MPa。

（4）疲劳寿命约为 420 循环次数。

（5）从宏观断口可以测出：扩展区长度为 10～11 mm，a_{c} 设为 5.5 mm，初始裂纹约为 1.5 mm，a_0 设为 0.75 mm。

（6）利用 3.2 节中提供的方法求出材料参数 C 约为 1.26×10^{-8}，n 约为 3.2。

（7）断口形貌见图 3-28。

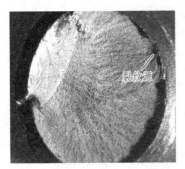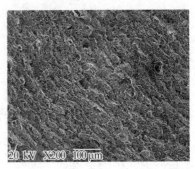

图 3-28　疲劳断裂螺栓裂纹源及扩展区域照片

利用式（3-9）进行疲劳应力的定量估算：

$$\Delta\sigma = \left(\frac{S}{c}\right)^{\frac{1}{n}} \cdot (Y \cdot \sqrt{\pi a})^{-1}$$

利用疲劳图分析估算出疲劳应力值的可靠性。

分析：一些试验数据表明[7]，对于一些结构钢，可以采用 $\theta = 55°$ 方法绘制简化的 Goodman 图，从而得到不对称循环下的疲劳极限。横坐标表示平均应力 σ_m[（最大循环应力 + 最小循环应力）/2]。简化的 Goodman 图具体做法如下：

（1）纵坐标上标明 σ_{-1} 与 $-\sigma_{-1}$，即 $OB = OC = \sigma_{-1}$；

（2）过 B 点取 $\theta = 55°$ 作一条斜线；

（3）在纵坐标上 D 点，数值为屈服极限，过 D 点作一条水平线与 $\theta = 55°$ 斜线交于 P 点；

（4）过原点作一条 45° 斜线与过 D 点水平线交于 A 点；

（5）取 $PQ = PR$ 得到 R 点；

（6）连接 AR 与 RC 就得到简化的 Goodman 图。根据构件的材料力学性能数据绘出疲劳图，见图 3-29。

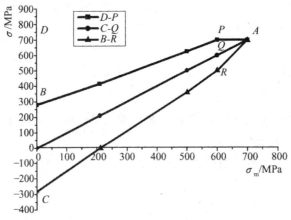

图 3-29　螺栓材料简化的 Goodman 图

根据断口扫描电镜照片求出：$S = 25\ \mu m = 25 \times 10^{-3}\ mm$。

根据断口形貌求出 $a_c = 5.5\ mm = 5.5 \times 10^{-3}\ m$；根据裂纹形貌可知 $Y = 0.708$。

数据代入式（3-9）中，求出 a_c 处对应的 $\Delta\sigma$ 值 89 MPa；求出 $\sigma_{max} = 489$ MPa。

平均应力 $\sigma_m = 444.5$ MPa；从图 3-29 中可见，当横坐标 $\sigma_m = 444.5$ MPa 时，最大应力 489 MPa 处于 Goodman 图内部，也就是说在该最大应力作用下，应力下零部件不应该出现疲劳断裂，但是实际情况是零部件发生了疲劳断裂，因此认为估算出的最大应力值有较大误差。

3.4　利用材料表面技术提高疲劳强度

众所周知，采用表面技术可以大幅度提高材料的疲劳强度，其原因是表面强化层可以直接提高表面强度，抑制疲劳裂纹在表面产生。同时很多表面技术可以使表面获得残余压应力，降低服役过程中表面拉应力作用。工程上常用的表面处理技术对疲劳性能有影响，可以用表面强化系数 β_3 表示。该值可以通过试验测定，一些表面处理技术对疲劳性能提高的影响见表 3-3，该表选用文献[8]中的数据及一些试验数据。

表 3-3　表面强化系数 β_3

强化方法	心部强度 σ_b/MPa	β_3		
		光滑试件	有应力集中的试件	
			$K_\sigma \leq 1.5$ 时	$K_\sigma \geq 1.8 \sim 2$ 时
高频淬火	$600 \sim 800$	$1.5 \sim 1.7$	$1.6 \sim 1.7$	$2.4 \sim 2.8$
	$800 \sim 1\,000$	$1.3 \sim 1.55$	$1.4 \sim 1.5$	$2.1 \sim 2.4$
氮化	$900 \sim 1\,200$	$1.1 \sim 1.25$	$1.5 \sim 1.7$	$1.7 \sim 2.1$
渗碳	$400 \sim 600$	$1.8 \sim 2.0$	3.0	3.5
	$700 \sim 800$	$1.4 \sim 1.5$	2.3	2.7
	$1\,000 \sim 1\,200$	$1.2 \sim 1.3$	2.0	2.3
喷丸	$600 \sim 1\,500$	$1.1 \sim 1.25$	$1.5 \sim 1.6$	$1.7 \sim 2.1$
滚压	$600 \sim 1\,500$	$1.1 \sim 1.3$	$1.3 \sim 1.5$	$1.6 \sim 2.0$

表 3-4 中的数据是实际测定结果。根据测定的数据可知：盐浴软氮化的 β_3 值为 $1.2 \sim 1.35$，多元共渗处理的 β_3 值为 $1.52 \sim 1.74$。图 3-30 是不同材料经过多元共渗处理后渗层的金相组织照片。

表 3-4　45 钢材料不同处理工艺试样旋转疲劳性能对比实验结果（实验设备：纯弯曲疲劳试验机）

材料及处理状态	旋转疲劳极限
45 钢调质状态	$310 \sim 340$
45 钢盐浴软氮化	$410 \sim 420$
45 钢多元共渗	$520 \sim 542$

注：多元共渗工艺：$550 \sim 650$ ℃，2.5 h，在渗入氮、碳的同时渗入其他元素。

（a）45钢经过多元共渗后表面组织照片（化合物层 60 μm，总渗层 0.7 mm）

（b）38CrMoAl 钢经过多元共渗后表面组织照片（化合物层 30 μm，总渗层 0.5 mm）

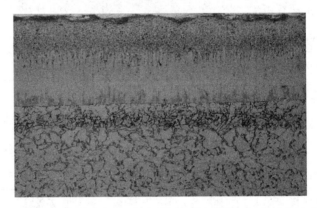

（c）Q235 钢经过多元共渗后表面组织照片（化合物层 70 μm，总渗层 0.8 mm）

图 3-30　多元共渗金相组织照片

　　图 3-31 是对 35CrMo 材料与 50 钢材料的光滑试样，采用多元共渗工艺处理后实际测定旋转疲劳性能数据。根据经验公式可以推算出其他载荷下疲劳性能数据。表 3-5 是不同表面处理工艺处理后样品抗腐蚀性能对比数据。

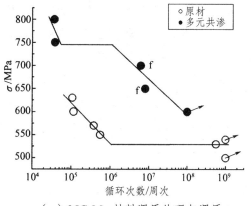

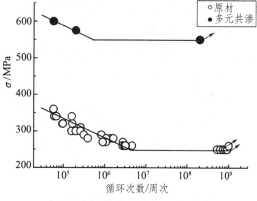

（a）35CrMo 材料调质处理与调质 +
气体多元后旋转疲劳极限测定结果

（b）50 钢材料调质处理与调质 +
气体多元后旋转疲劳极限测定结果

图 3-31　35CrMo 与 50 钢材料旋转疲劳测定结果

表 3-5　不同表面处理工艺处理后样品抗腐蚀性能对比结果
（采用盐雾试验方法对比，选用标准：GB/T 10125）

处理工艺	开始出锈时间/h（9 级）	大量出锈时间/h（5 级以下）	出锈的形式	备注
Q235 原材料	1	3	大面积	试片
电镀锌	12	20	大面积	试片
电镀彩锌	36	48	大面积	试片
锌镍镀	22	48	大面积	试片
锌镍镀 + 钝化	55	72	大面积	试片
热镀锌	15（白锈）	25（白锈）	大面积	外购热镀锌件
热镀锌	420（红锈）	670（红锈）	大面积	外购热镀锌件
电力热镀锌件	24 孔边缘白锈	120 大量白锈		外购电力镀件
电镀铬	15	27	局部	试片
电镀铬镍（1）	10	18	局部	试片
电镀铬镍（2）	72	120	局部	试片
发蓝	5	10	大面积	试片
不锈钢螺 Cr13	20	44	局部	外购螺栓
不锈钢螺栓 1Cr18Ni9Ti	70	200（6 级）	局部	外购螺栓
黄铜	8	24（4 级以下）	全面腐蚀	外购零件
多元共渗 Q235 钢	1 200	2 800	点蚀	试片

在 2.1 节中已经论述，腐蚀对疲劳性能有极大的影响，不同的环境腐蚀程度不同。例如，在沿海区域存在盐雾腐蚀，在工业大气污染严重区域有二氧化硫的腐蚀。所以暴露在大气的零部件表面受到交变载荷，也可能是在腐蚀环境中服役，所以必须要考虑腐蚀对疲劳性能的

影响。同时在工程中有许多零部件异种材料接触，如果接触面受到交变载荷，交界面处发生的电偶腐蚀将对零部件的疲劳寿命产生影响。采用表面技术提高疲劳性能是常用的手段，在选择表面处理工艺时需要考虑腐蚀问题，如果条件允许，应该选用能同时提高疲劳性能与抗腐蚀性能的表面技术。在表 3-5 中列举了各类表面强化处理后的样品抗盐雾腐蚀的性能数据。从表 3-5 中数据可见，软氮化与多元共渗处理后的组织，不但强化表面、表面产生压应力，同时由于表面化合物层的存在，可以大幅度提高抗腐蚀性能。因此，在选择表面处理工艺时，应该尽可能选取这类能够同时提高抗腐蚀及抗疲劳性能的工艺。

3.5 疲劳断裂实际案例

3.5.1 案例 1——柴油机中盘簧断裂原因分析

1. 概　述

某厂为汽车柴油机提供 B48 盘簧配件。据厂方技术人员介绍，生产工艺如下：

60Si2Mn 材料扁钢→退火（硬度 HRC22～23）→校直→下料→冷绕弹簧→淬火处理（盐炉加热温度 880 ℃，15 min）油冷→回火（网带炉 490 ℃，1 h）→电泳漆处理

盘簧成型后进行检测：硬度要求 HRC40～45，扭矩要求 37～41 N·m。

用户反映盘簧出厂后使用过程中出现断裂现象。据技术人员介绍，断裂的比例约 2%，一般是在使用 1～2 年后出现断裂。厂方提供 1 件断裂的弹簧分析断裂原因。

2. 试验方法

（1）宏观断裂现象与断口宏观形貌分析。
（2）从断口附近用线切割方法截取样品，采用金相显微镜观察金相组织。
（3）用扫描电镜观察断口并进一步观察微观组织。

3. 试验结果与分析

宏观断口观察结果见图 3-32 和图 3-33。

图 3-32　弹簧断裂位置与断口处弹簧外表面照片

从图 3-33 中可以看到以下几点：

（1）断口均是典型的疲劳断裂断口，疲劳源均在盘型弹簧片的外侧。盘簧服役条件下受到交变载荷，根据受力状态与宏观断口分析，可以肯定断裂机制属于疲劳断裂。

图 3-33　断口宏观形貌照片

（2）特别值得注意的是：样品疲劳源处油漆已经脱落，表面露出金属色有经过摩擦的痕迹，见图 3-33。

（3）根据疲劳断口的形貌，测定了不同断裂区域的面积，估算服役状态下所受到应力值结果如下：

断口总面积约为 54 mm²，其中辉纹区面积约为 35 mm²，瞬时断裂区面积约为 19 mm²。因为瞬时断裂区是在外加载荷作用下拉断的，所以该面积与材料抗拉强度的乘积应为外力，根据这样思路可以估算出弹簧在工作条件下受力的定量数据。厂方提供 60Si2Mn 材料在上述的处理条件下抗拉强度值在 1 300 ~ 1 600 MPa。因此估算出：盘簧在工作条件下受到的应力为 670 ~ 690 MPa。

扫描电镜断口观察结果见图 3-34。

 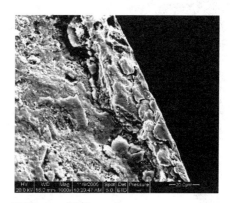

图 3-34　盘簧断口形貌 SEM 照片

从图 3-34 中可以看到：断口处的典型状况是疲劳源处没有夹杂物存在，说明断裂并非原材料内部夹杂物引起，裂纹源处可见到许多微裂纹存在。

金相组织观察结果见图 3-35。

 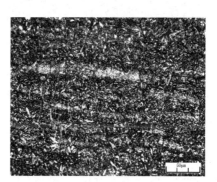

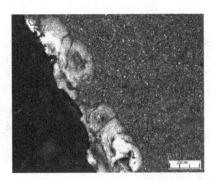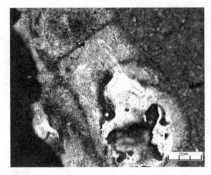

图 3-35　盘簧金相组织照片

从图 3-35 中可以看到：两个样品的基本组织均是回火屈氏体 + 回火索氏体组织，属于正常组织。但是在弹簧片的外侧表面（疲劳源处）出现明显的白带，在白带的内部有明显的微裂纹状组织，测定该白带处的显微硬度值为：$HV0.025 = 500 \sim 520$，表示采用 25g 测定的显微硬度值是 $500 \sim 520$。而在内表面则没有这种组织。基体的显微硬度为 $HV0.025 = 400 \sim 410$。

对盘簧的异常金相组织在扫描电镜下进行观察，结果见图 3-36。

图 3-36　异常组织 SEM 下不同倍数形貌观察照片

从图 3-36 中可以看到：在疲劳源处的表面存在大量的微裂纹。又对没有经过使用的弹簧进行金相组织分析，没有看到外表面有白带或者类似脱碳的组织。

4. 断裂原因分析

盘簧发生疲劳断裂是因为在使用过程中，弹簧片断裂处的外表面发生了剧烈的摩擦，产生了很高的温度（甚至发生熔化），使原来组织发生了变化，同时产生了微裂纹。这样在这些裂纹处产生疲劳裂纹，在外力作用下，裂纹扩展发生断裂。

依据如下：在 2#样品弹簧片的外侧表面（疲劳源处）出现不正常的组织白带，该白带处的显微硬度值为：HV0.05 = 500～520，显然不是原始组织，应该是在使用过程中产生的非正常组织。2#样品弹簧片的外侧表面有明显经过摩擦的痕迹。在没有使用过的弹簧中并没有发现这种组织，在断口附近弹簧片相对的内表面有明显经过摩擦后留下的痕迹，发生摩擦的原因与弹簧的几何尺寸、弹簧工作状况及受到的外力均有关系。

5. 结论与建议

盘簧发生断裂的原因是制造时形状控制不良，使弹簧片间发生摩擦导致表层组织发生变化。建议严格控制加工过程，保证盘簧正确的外形尺寸，同时控制回火温度，将弹簧的硬度值控制在上限。

3.5.2 案例2——柴油机气缸水套失效分析及对策

1. 概　述

207 系列柴油机气缸水套采用 45 钢正火制作而成。据现场调查：某厂生产的水套开裂报废情况频频发生，有些水套寿命仅有 6 000 多千米，给使用单位带来很大的经济损失（某机务段仅此一项每年损失近 30 万元），现场强烈呼吁提高水套寿命。为此需对水套开裂原因进行分析。

2. 试验方法与过程

对宏观断裂情况进行仔细观察。在水套裂纹附近及远离裂纹的其他部位取样，分别对其进行化学成分分析、硫印、酸浸、硬度试验，并用金相显微镜对其微观组织、裂纹走向等进行了分析，用 AMSCAN（4-DV）扫描电镜进行了断口分析。

3. 试验结果与分析

（1）宏观断裂情况观察结果。

对多个开裂的水套进行观察，得到裂纹有以下特征：

① 裂纹一般产生于示功阀孔、喷油嘴孔上方或下方，并沿水套轴线扩展，见图 3-37。

② 裂纹大多数起源于水套内表面，并且有多个裂纹源。

③ 在裂纹附近一般均伴有腐蚀锈坑存在。

（2）成分分析、裂纹走向及宏观断口分析结果。

对断裂水套化学成分进行分析，结果见表 3-6。

表 3-6　断裂水套化学成分分析结果

成分/%	C	Mn	Si	S	P
基体	0.53	0.58	0.26	0.021	0.015
裂纹附近	0.54	0.64	0.26	0.021	0.020

表 3-6 试验结果表明：裂纹处成分、显微组织和远离裂纹的基体相比并无特别之处，在裂纹附近也并没发现特别严重的夹杂、缩孔、疏松等冶金缺陷，显微硬度（大约 $HV_{0.02}190\sim220$）基本相同，但含碳量超过 45 钢上限值。

水套的金相组织见图 3-37，可见组织为珠光体与铁素体的混合组织。对裂纹走向的分析结果见图 3-38。从图 3-38 中可见，裂纹基本上呈直线形，但当用较高倍数观察时可见，大多数裂纹显微形态呈"之"字形，并有分枝特征，且裂纹尾部较尖。观察裂纹金相可见，裂纹多为穿晶扩展，并且裂纹内往往有其他物质存在。

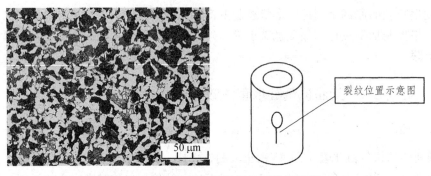

图 3-37 水套的金相组织与形状示意图

宏观断口特征见图 3-39。宏观断口具有以下特征：断口较平坦、无宏观塑性变形，裂纹扩展区前端可见明显的疲劳弧带。断口上裂纹源往往是多个，而且多起源于水套内表面，裂纹源处可看到清晰疲劳弧带，有一层黑色腐蚀物，见图 3-39。

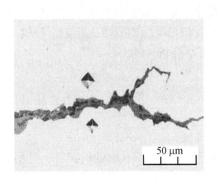

图 3-38 裂纹走向照片

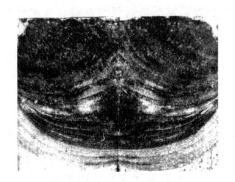

图 3-39 水套宏观断口照片

（3）微观断口特征。

扫描电镜下可观察到微观断口有下列特征：在较低倍数下裂纹前端可见到疲劳弧线，并且可见到许多腐蚀坑。如果放大倍数增大，可见到扩展区前沿由一些平坦区和一些棱组成的所谓凹槽区，见图 3-40，当倍数进一步放大，在微区可见大块扇形花样。由于观察角度不同，扇形花样形貌也可发生变化，这些扇形花样是由于不同平面上裂纹连接在一起的结果。用高倍数观察，扩展区可看到典型疲劳纹；在裂纹源处用较低倍数可观察到所谓"海滩"花样的环绕纹源。在靠近裂纹源附近可见到大量的腐蚀坑，某些地区腐蚀坑已连成线形成所谓的"泥状"花样，见图 3-40。

图 3-40 水套断口的 SEM 照片

（4）水套受力计算。

水套和气缸套配合情况如图 3-41 所示。在图中，a 区是水套与缸套散热筋接触处，压力最大，而 b 区较小。分别计算了 a 区和 b 区处的应力值，并计算了其平均值，水套主要受三种力：

（1）燃爆应力；

（2）装配应力；

（3）热应力。

利用弹性力学、材料力学及传热学理论，分别对以上三种力进行计算，然后叠加，计算结果见表 3-7。

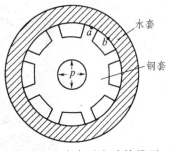

图 3-41　水套受力计算模型

表 3-7　水套各种应力计算一览

应力分量/（kg/m）		散热筋处（a 区）		非散热筋处（b 区）	
		内壁	外壁	内壁	外壁
燃爆力及装配应力所产生应力分量	$P_{\delta r}$	− 0.51	0	− 0.298	0
	$P_{\delta Q}$	3.96	3.51	2.31	1.96
	平均应力 $P_{\delta Q}$	2.85			
由温差造成的热应力	$T_{\delta r}$	0	0	0	0
	$T_{\delta Q}$	− 0.87	0.8	− 0.87	0.8
各种应力分量叠加	δ_r	− 0.51	0	− 0.298	0
	δ_Q	3.1	4.3	1.51	2.8
	平均应力叠加	3.65			
因孔处应力 δ_Q 要乘一个应力集中系数	圆孔处	9.6	13.3	4.7	8.6
	圆孔处平均 $\delta_Q = 11.3$				

注：① δ_Q——表示环向应力；δ_r——表示径向应力。
　　② 圆孔处应力集中系数由文献获得约为 3.1。

从上面计算结果可见，最大应力为环向应力，处于水套处表面的圆孔处（水套示功阀孔或喷油嘴孔），其值约为 130 MPa，水套内壁最大应力约为 100 MPa。为计算应力强度因子 K_I，把水套看成一个承受压力的厚壁圆筒。设内表面有一个浅的表面裂纹 a，利用保角影射和边界设置法相结合可导出其计算公式为

$$K_I = F \cdot \delta_i \sqrt{\pi a}$$

式中，F 为与圆筒内、外半径和裂纹尺寸有关系数；δ_i 为裂纹处环向应力；a 为裂纹沿径向长度。

可以证明当裂纹很浅时（$\alpha \to 0$）$F = 1.21$[2]，由于水套经过精加工，可认为 a 很浅，取 $F = 1.2$，$\alpha \leqslant 0.1$ mm。

$$K_I = 1.12 \delta_i \sqrt{\pi a}$$

用平均应力代公式则求出：

$$K_I = 68.6 \text{ MPa} \cdot \sqrt{\text{mm}}$$

4. 断裂原因分析

活塞在缸套内上下运动完成一个循环，当活塞向上运动到一定位置，使油燃烧产生燃爆压力，气缸内压力达到最大值。由于水套通过热压配合装配在缸套上，所以通过缸套把力传给水套。当活塞向下运动压力值又减少，如此多次循环，所以水套因活塞的周期运动而受交变应力作用，同时水套内壁和冷却水接触。因此水套服役条件是：处在腐蚀性介质中并受到一个交变的载荷作用。

裂纹部位（即示功阀孔、喷油嘴孔处）成分、金相组织无特殊之处，也没有发现严重冶金缺陷。这表明：裂纹并不是由于成分偏析、冶金缺陷或组织不均匀等原因造成的。从裂纹形态可见：裂纹具有"之"字形、分枝、尾部尖锐特征，并且内部有其他腐蚀物。宏观断口表明：有多个裂纹源，扩展区可看到明显疲劳弧带。微观断口可见：裂纹源被海滩花样包围，扩展区有大量扇形花样和疲劳纹，并且裂纹源附近有众多腐蚀坑，这是腐蚀疲劳的典型特征。

计算得知：水套受最大应力 130 MPa，$K_I = 68.8$ MPa$\cdot\sqrt{\text{mm}}$。对于含碳量为 0.5%左右的碳钢，在正火状态下：$\delta_s = 300$ MPa 左右，$K_{IC} = 2\,940$ MPa$\cdot\sqrt{\text{mm}}$，可见水套应不会发生突然脆断。但是在这种状态下碳钢的疲劳极限 $\delta_{-1} = 186$ MPa 左右，并且这个值是光滑小试样且无腐蚀作用下的数值，如果大件再加上腐蚀作用 δ_{-1} 必然还要下降。可见此值已很接近水套所受的最大应力，而水套的服役条件恰好是处在腐蚀介质中受交变载荷作用，所以很易产生疲劳破坏。可以这样认为：腐蚀与应力交替进行，腐蚀导致钢强度降低，因而促进裂纹的产生与发展，裂纹扩展又扩大腐蚀面积，这样相互促进导致水套失效。

5. 结论与建议

根据以上分析可断定：水套失效属于典型的腐蚀疲劳失效。根据失效分析可知：由于 45 钢疲劳强度较低，又不抗腐蚀，所以不适合作为水套材料，要解决此问题根本的方法是更换材料或者采用表面处理方法提高抗疲劳与防腐蚀性能。在不改变材料的情况下提高寿命的总原则是：

（1）通过各种方法防腐蚀；

（2）通过各种途径产生表面压应力来抵消拉应力，根据断裂力学可导出下式：

$$N_C = \frac{1}{C(F\sqrt{\pi})^4(\Delta\sigma)^4 \times a_0}$$

式中，N_C 为交变载荷下循环次数（代表寿命）；C、F 为常数；a_0 为初始裂纹长度；$\Delta\sigma$ 为最大应力与最小应力之差。

可见寿命与 $(\Delta\sigma)^4$ 成反比，这表明应力对寿命的影响如此重大，所以如果能设法用压应力抵消一部分拉应力必会使寿命提高。应该指出的是：对于腐蚀疲劳，必须要产生一个较深的压应力层，才能起到较好效果，所以对有些方法（如喷丸等）虽可提高疲劳失效零件寿命，但对腐蚀疲劳并无太大作用。具体措施有以下几种：

（1）镀金属：用电镀或电刷等方法在水套示功阀孔、喷油嘴孔附近镀一层金属，如 Ni、Cr、Cu、Zn 等。有资料介绍[4]采用镀锌不但能防腐而且能产生一定压应力，对腐蚀有较好效果。

（2）采用多元共渗等方法可同时提高防腐蚀与疲劳性能。

（3）在共析转变温度以下加热淬水：水套加热到 650～700℃ 后淬入水中，这样由于热应力结果，在表层可获得约 10 mm 深度，25 kg/mm² 左右的压应力层，然后经过 100～200℃ 时效处理，其压应力值还会上升。此方法如再配合镀金属，其防腐效果更好。

（4）局部感应热淬火、滚压强化：在水套示功阀孔、喷油嘴孔周转进行局部感应加热淬火，使表面产生压应力，也可用滚压方法对该处进行滚压得到一定深度压应力层来提高寿命。

3.5.3 案例 3——E4G15B 排气凸轮轴台架试验出现裂纹现象的原因分析

1. 概　述

某铸造公司为汽车制造公司生产 E4G16 凸轮轴。凸轮轴所用材料是球墨铸铁，生产工艺如下：

铸造成型→粗加工→凸轮进行感应淬火→低温回火→磨削加工→成品

凸轮轴材料要求达到的技术指标如下：

凸轮基圆：硬度≥45 HRC；深度 2～5 mm；

缓冲段：硬度≥50 HRC；深度 2.5～5 mm；

桃尖：硬度≥50 HRC；深度 2～5 mm；

凸轮表面淬火区域金相组织符合 JB/T 9205 规定 3～6 级要求；

非淬火区域组织金相符合 GB/T 9441 规定球化级别 1～3 级，球化石墨大小 5～8 级。

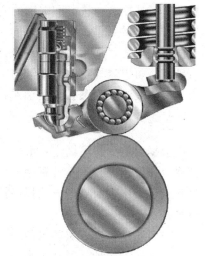

图 3-42　台架试验时工况
（凸轮 2 750 r/min；飞溅润滑条件）

在汽车制造公司对凸轮轴进行 600 h 台架试验后，发现凸轮轴表面出现细小裂纹，同时观察到在进行台阶试验时，凸轮面与滚子接触的交界面处有剥落现象。台架试验时工况见图 3-42。

铸造公司对裂纹情况进行大量前期分析工作，获得主要结论如下：

（1）认为 E4G16 凸轮轴的材料成分、热处理的硬度及硬化层深度均符合技术要求；摩擦副与凸轮之间的接触应力超过了凸轮的接触疲劳强度，从而导致凸轮表面产生了接触疲劳裂纹、沟槽和蚀坑。升程段亚表面硬度降低，认为是台架试验时过热造成。说明台架试验时表面会处于一定温度[1]。

（2）认为 EG16 球铁凸轮轴表面组织烧伤原因是磨削问题及热处理组织过热，并不是球铁的原始组织问题[2]。

（3）E4G15B 在超速试验时升程段剥落严重，而 E4G16 线型要好得多，说明凸轮形状有重要影响[3]。

（4）对比铸造公司材料与西源材料的基体组织，结论是：西源组织铁素体含量为 6%，铸造公司材料的铁素体含量为 11%；其余类似[3]。

为进一步探明裂纹出现原因，要求从材料组织、断裂机理、受力精确计算等方面进行更加深入分析，分析方案如下：

（1）对有裂纹的凸轮轴详细进行宏观分析；

（2）从有裂纹的凸轮轴上截取样品，测定裂纹深度并判断裂纹源；

（3）采用金相与扫描电镜方法，详细分析有裂纹凸轮轴表面组织与硬化层组织的差别，测定显微硬度；

（4）从有裂纹凸轮轴上取样品，采用扫描电镜详细观察剥落区域的形貌；

（5）采用金相与扫描电镜方法分析外厂凸轮轴（认为质量好，无颜色变化，无剥落痕迹）的材料表面组织与硬化层差别，测定显微硬度；

（6）仿照台架试验的应力与转数，测定有裂纹凸轮轴材料摩擦系数并测定外厂质量较好凸轮轴材料的摩擦系数，进行对比分析；

（7）有限元方法计算台架试验时裂纹面应力情况，尤其计算产生裂纹方向的应力；

（8）根据试验结果提出出现裂纹的原因。

2. 试验结果与分析

1）凸轮裂纹与剥落现象宏观分析

400 h 台架试验后凸轮轴整体状况见图 3-43，并对每个凸轮进行编号。

图 3-43　裂纹凸轮轴整体形貌照片及位置编号说明

1号凸轮表面宏观现象见图 3-44。

（a）1号凸轮升程段剥落现象　　　　（b）1号凸轮底部剥落较轻

图 3-44　1号凸轮表面宏观现象照片

1号凸轮表面宏观现象分析如下：

在摩擦位置明显出现颜色变化，且在滚子与凸轮交界处有明显剥落；左侧交界面与右侧交界面剥落情况稍有不同，右侧交界面剥落严重些。"桃子"底部剥落轻；底部左侧交界面处基本无剥落，右侧交界面处有轻微剥落。在凸轮一侧的负曲率处（凹处）没有观察到明显裂纹。

2号凸轮表面宏观现象见图3-45。

（a）2号凸轮升程段裂纹　　　　　　（b）2号凸轮底部剥落情况

图3-45　2号凸轮表面宏观现象照片

2号凸轮表面宏观现象分析如下：

摩擦位置出现明显颜色变化，滚子与凸轮交界处有剥落；同样是左侧与右侧交界面剥落情况稍有不同；"桃子"底部剥落轻；在"桃子"底部左侧交界面基本无剥落，右侧有轻微剥落，与1号凸轮基本一致。在凸轮靠近右侧交界面处有一条明显的白色带，其余凸轮上没有观察到此现象。说明此件凸轮轴台架试验过程中与其他凸轮轴有不同之处，怀疑是否由于其他异物进入摩擦面后形成的磨痕。

在凸轮一侧负曲率处（凹处）明显可见一段裂纹。在裂纹线上靠近左侧一处，可见明显的剥落痕迹。

3号凸轮表面宏观现象见图3-46。

（a）3号凸轮升程段两条断续裂纹　　　　（b）3号凸轮底部剥落情况

图3-46　3号凸轮表面宏观现象照片

3号凸轮表面宏观现象分析如下：

摩擦位置出现明显颜色变化，滚子与凸轮交界处有剥落；左侧与右侧交界面剥落情况基本相同。在"桃子"底部是左侧基本无剥落，而右侧有轻微剥落，与1、2号凸轮有所差别。

在凸轮一侧升程段（凹处）有2条明显裂纹，裂纹是从两侧向中部扩展，中部一段区域还没有裂开。右侧裂纹是从交界剥落处向中扩展。

4 号凸轮表面宏观现象见图 3-47。

（a）4 号凸轮升程段裂纹   （b）4 号凸轮底部情况

图 3-47 4 号凸轮表面宏观现象照片

4 号凸轮表面宏观现象分析如下：

4 号凸轮情况与 3 号凸轮情况类似，也是摩擦位置颜色变化，交界处有剥落；右侧剥落比左侧剥落严重些。在"桃子"底部基本无剥落。在凸轮一侧升程段（凹处）也有一段明显贯穿裂纹。仔细观察在负曲率中部位置，裂纹有交错现象。说明裂纹是从两侧交界面剥落处形成后再向中部扩展而成。说明应力最高位置应该是在交界面处，在此处首先形成裂纹，再向中部扩展，最后形成贯穿裂纹。

5 号凸轮表面宏观现象见图 3-48。

（a）5 号凸轮升程段裂纹   （b）5 号凸轮底部情况

图 3-48 5 号凸轮表面宏观现象照片

5 号凸轮表面宏观现象分析如下：

5 号情况与其他凸轮均有类似之处，也是摩擦位置颜色变化，交界处有剥落，在"桃子"底部基本无剥落。在凸轮一侧升程段（凹处）可见 2 条明显裂纹。这 2 条裂纹存在明显交错现象。左侧有一条较短的裂纹，另一条裂纹基本在凸轮中部。

6 号凸轮表面宏观现象见图 3-49。

（a）6号凸轮升程段裂纹 （b）6号凸轮底部情况

图 3-49　6号凸轮表面宏观现象照片

6号凸轮表面宏观现象分析如下：

6号凸轮也存在摩擦位置颜色变化，交界处有明显剥落，在"桃子"底部基本无剥落。在凸轮一侧升程段（凹处）可见1条明显裂纹。左侧交界面处裂纹较宽，说明该裂纹明显起源于左侧交界面处向右侧扩展。

7号凸轮表面宏观现象见图 3-50。

 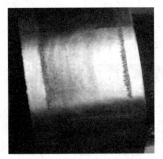

（a）7号凸轮升程段裂纹 （b）7号凸轮升程段砂纸轻磨后出现明显裂纹

（c）7号凸轮底部情况

图 3-50　7号凸轮表面宏观现象照片

7号凸轮表面宏观现象分析如下：

7号凸轮也存在摩擦位置颜色变化，交界处有明显剥落，与其他凸轮不同之处在于，除交界面存在剥落外，在凸轮中部区域也存在一条剥落痕迹。在"桃子"底部基本无剥落。在凸轮一侧升程段（凹处）存在1条断续裂纹，将此面用砂纸轻磨后出现明显裂纹形貌。可以明显观察到裂纹是从左侧开裂的。

8号凸轮表面宏观现象见图3-51。

（a）8号凸轮升程段裂纹　　　　　　（b）8号凸轮升程段砂纸轻磨后出现明显裂纹

（c）8号凸轮底部情况

图3-51　8号凸轮表面宏观现象照片

8号凸轮表面宏观现象分析如下：

8号凸轮也存在摩擦位置颜色变化，交界处有明显剥落，与其他凸轮不同之处在于，在"桃子"底部右侧交界面处也存在剥落现象。在凸轮一侧升程段（凹处）存在两条断续裂纹，一条从左侧交界面处启裂，另一条从右侧界面处启裂，两条裂纹并不相交。

根据宏观现象分析可得以下结论：

（1）所有凸轮均存在摩擦面变颜色的情况，说明在台架试验时材料产生一定温度（可能是由于摩擦发热产生），如果改变润滑条件或降低摩擦系数，这种情况可能会有所改善。

（2）所有凸轮在与滚子交界面处均存在剥落现象，而在凸轮其他位置，剥落现象很少。

根据凸轮受力分析应该属于接触疲劳剥落。在台架试验时,由于交界处受到复杂应力状态,所以交界面位置接触疲劳应力较高。

(3)在2~8号凸轮升程段负曲率面侧均发现裂纹,裂纹走向基本平行于凸轮轴的轴线,说明在垂直轴线的应力作用下开裂。

(4)所有裂纹的位置、走向基本一致,说明2~8号凸轮中产生裂纹的形成断裂模式相同。根据多条裂纹从剥落处启裂特征,认为凸轮的断裂模式是:在交变接触应力作用下首先是材料温度升高,导致颜色发生变化,随着交变次数不断增加形成裂纹。

铸造公司前期研究工作表明:由于磨削作用,负曲率面过热降低强度,导致裂纹形成。这确实是裂纹形成的重要原因之一,必须进行有效控制。但本次试验观察到,没有磨削过热部位也出现裂纹,所以还有其他原因引启裂纹发生。

凸轮中出现的裂纹均出现在凸轮升程段一侧,说明凸轮在台架试验时,两侧受力情况不同,在升程段一侧接触应力较高。

2)凸轮剥落区形貌与裂纹金相观察

(1)剥落区形貌与深度测定。

对1号凸轮截取剥落位置制成金相样品,在共聚焦显微镜下观察形貌并且测定剥落坑深度,见图3-52。

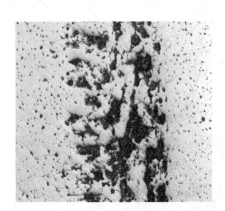
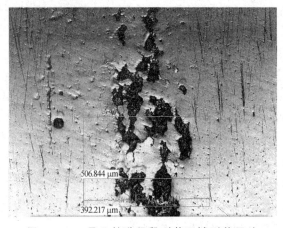

图3-52 1号凸轮升程段剥落区域形貌照片

由图 3-52 可见，剥落坑在交界面位置密集排列，剥落坑深度大部分在 0.09 ~ 0.15 mm 范围。铸造公司提供资料中有裂纹深度照片，见图 3-53。

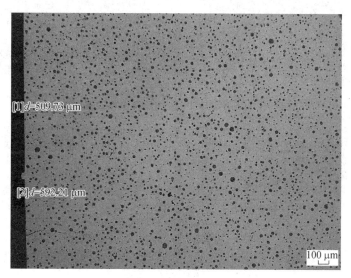

图 3-53　铸造公司提供西源产品裂纹照片

图 3-53 表明裂纹长度约为 0.5 mm，由图 3-53 可见，开始启裂位置深度大约在 0.10 mm，与剥落坑深度测定结果吻合，可认为在距离表面 0.1 ~ 0.15 mm 范围内存在最大应力区。

（2）裂纹金相观察。

对 2 号凸轮采用金相观察裂纹形貌，结果见图 3-54。

图 3-54　2号凸轮裂纹形貌照片（50×）

由图 3-54 可见，裂纹基本呈直线形，说明裂纹是在一定方向（垂直凸轮轴线）应力作用下扩展。

3）凸轮金相组织分析

从带有裂纹的凸轮上截取金相样品进行组织观察。铸造公司还提供了两件经过德国台架试验后的凸轮轴，一件是进气凸轮轴，另一件是排气凸轮轴，对这两件凸轮轴同时截取样品进行组织观察。对截取样品观察位置的说明见图 3-55。

对不同厂家的凸轮分别从横截面与纵界面两个方向观察金相组织。图 3-55 所示的平面是垂直凸轮轴轴线的，称此位向平面为凸轮的横截面。

垂直图 3-55 所示的纸面将凸轮截断获得截断平面，该平面是平行凸轮轴轴线的，称此位向平面为纵截面。

主要观察不同厂家凸轮横截面与纵截面淬火层与心部的金相组织，观察结果见图 3-56 ~ 图 3-67。

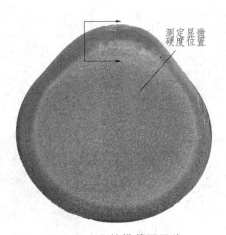

图 3-55　凸轮横截面照片

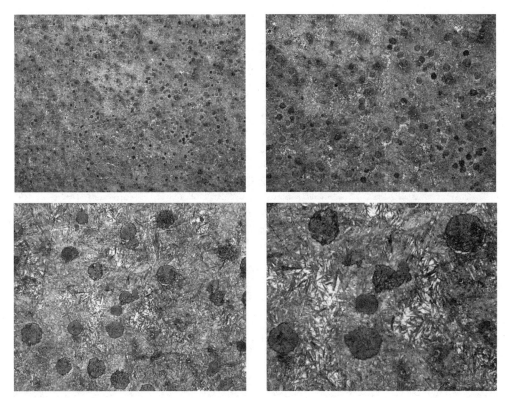

图 3-56　裂纹凸轮轴 2 号凸轮横截面淬火层金相组织照片（100×、200×、500×、1 000×）

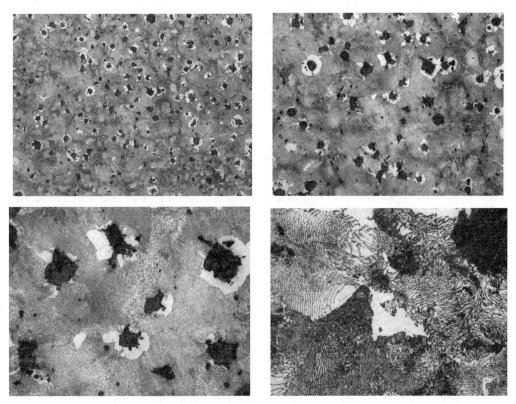

图 3-57　裂纹凸轮轴 2 号凸轮横截面心部金相组织照片（100×、200×、500×、1 000×）

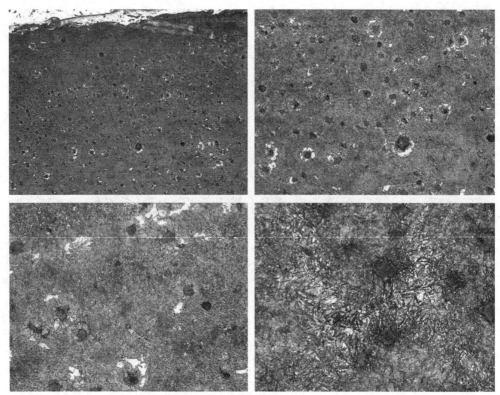

图 3-58　裂纹凸轮轴 2 号凸轮纵截面淬火层金相组织照片（100×、200×、500×、1 000×）

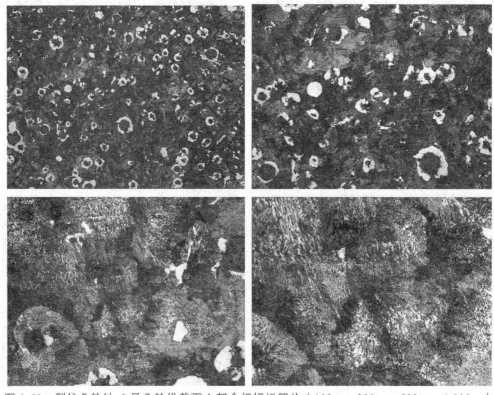

图 3-59　裂纹凸轮轴 2 号凸轮纵截面心部金相组织照片（100×、200×、500×、1 000×）

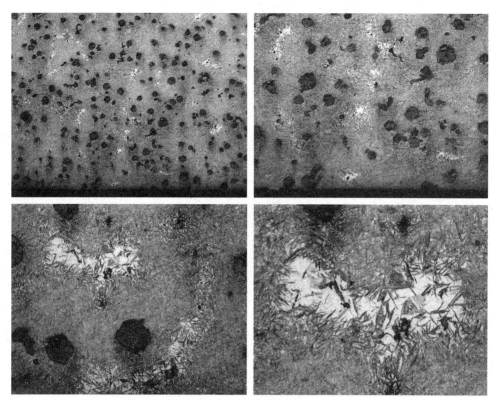

图 3-60　进气凸轮轴 1 号凸轮横截面淬火层金相组织照片（100×、200×、500×、1 000×）

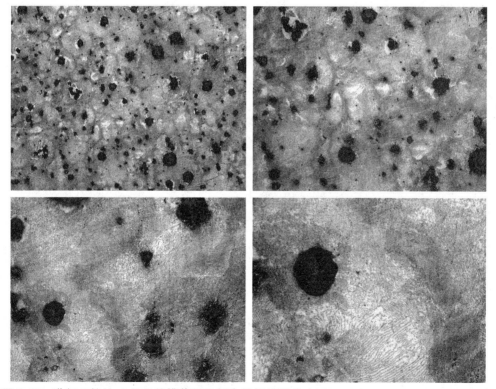

图 3-61　进气凸轮轴 1 号凸轮横截面心部金相组织照片（100×、200×、500×、1 000×）

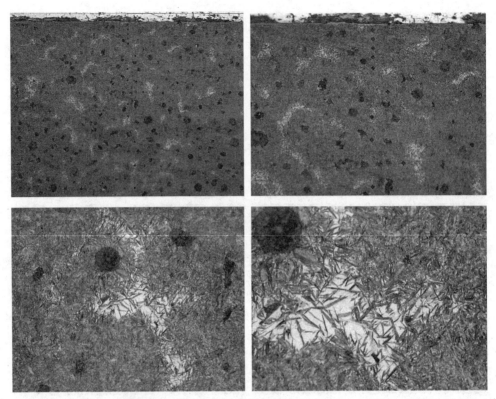

图 3-62　进气凸轮轴 1 号凸轮纵截面淬火层金相组织照片（100×、200×、500×、1 000×）

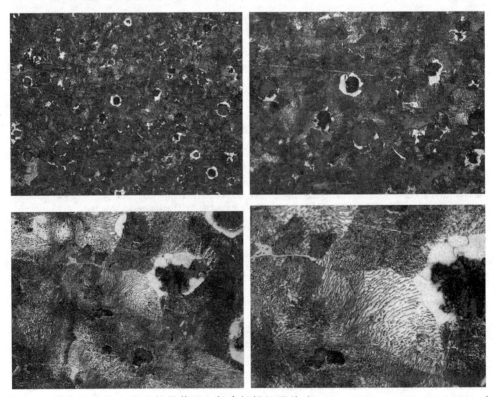

图 3-63　进气凸轮轴 1 号凸轮纵截面心部金相组织照片（100×、200×、500×、1 000×）

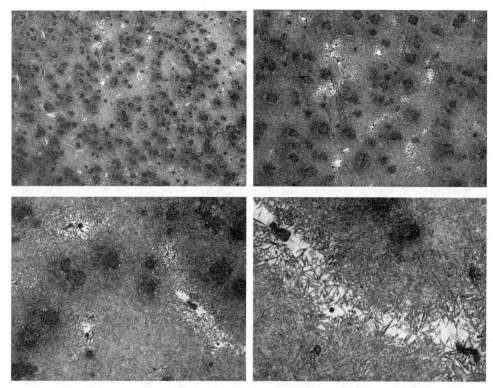

图 3-64　排气凸轮轴 1 号凸轮横截面淬火层金相组织照片（100×、200×、500×、1 000×）

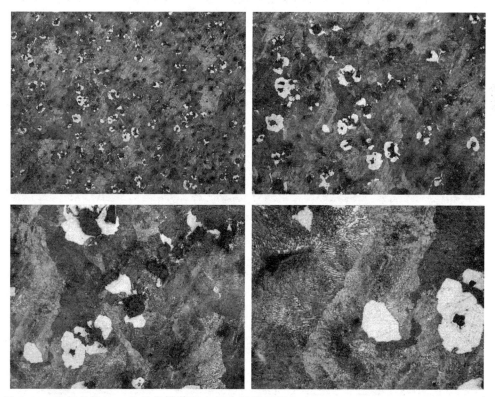

图 3-65　排气凸轮轴 1 号凸轮横截面心部金相组织照片（100×、200×、500×、1 000×）

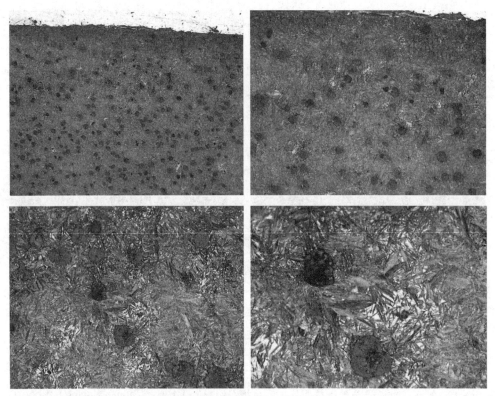

图 3-66　排气凸轮轴 1 号凸轮纵截面淬火层金相组织照片（100×、200×、500×、1 000×）

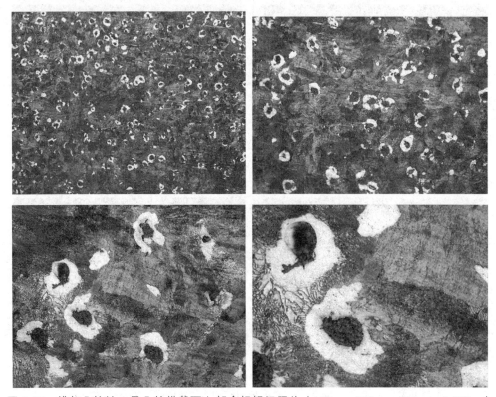

图 3-67　排气凸轮轴 1 号凸轮纵截面心部金相组织照片（100×、200×、500×、1 000×）

根据大量金相组织观察得到以下结论：

（1）不同凸轮（裂纹凸轮、排气凸轮与进气凸轮）虽然生产厂家有所不同，但是其金相组织均类似。淬火层组织均是回火马氏体＋球状石墨，且在一些区域均存在较大马氏体针与残余奥氏体组织。心部组织均是球状石墨＋珠光体组织，在石墨周围存在铁素体组织。

（2）不同凸轮（裂纹凸轮、排气凸轮与进气凸轮）心部组织有些差别。进气凸轮心部组织石墨周围的铁素体量要比裂纹凸轮与排气凸轮略微少些。

（3）相对而言，裂纹凸轮轴淬火层中残余奥氏体＋粗大回火马氏体量是最少的，而进气凸轮轴残余奥氏体＋粗大回火马氏体量组织是最多的（见图3-61中的低倍照片）。

（4）淬火层中奥氏体＋粗大回火马氏体的出现，应该是凸轮轴成分偏析的结果。从理论上分析这种组织对会性能有不利影响，可以考虑采用冷处理方法将残余奥氏体消除。

（5）裂纹凸轮淬火层纵向金相组织中可见一些白色块状组织，有些分布在石墨周围，见图3-58。它们应该是铁素体组织，说明在淬火加热时加热温度偏低或时间不足，造成铁素体残留。

4）凸轮淬火层硬度测定结果

对裂纹凸轮、排气凸轮与进气凸轮淬火层进行显微硬度测定，测定时采用横向样品在出现裂纹位置从表面向心部逐点测定，见图3-55；结果见图3-68。

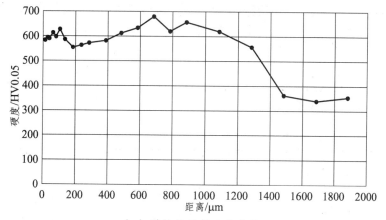

（a）裂纹凸轮轴1号凸轮

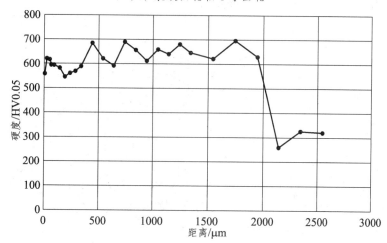

（b）进气凸轮轴1号凸轮

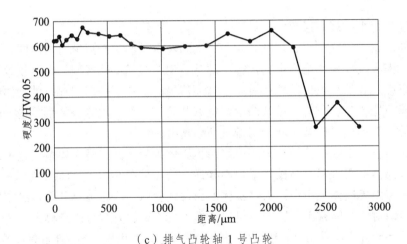

（c）排气凸轮轴 1 号凸轮

图 3-68　不同凸轮轴的凸轮淬火层硬度测定结果

由图 3-68 可见，排气凸轮轴与进气凸轮轴的淬火硬度均满足标准要求（>50HRC）且淬硬层深度也满足标准要求（2～2.5 mm），而裂纹凸轮轴硬化层深度比标准要求稍浅。

同时裂纹凸轮轴与进气凸轮轴淬火层在约 0.2 mm 处有硬度降低现象（仍满足图纸要求），而排气凸轮轴没有类似现象。根据剥落层深度测定结果可知：剥落层深度在 0.1～0.2 mm 范围，所以淬火层在 0.2 mm 范围内硬度应该对性能应该有一定影响。

5）不同试样金相组织评级结果

对裂纹凸轮轴、排气凸轮轴及进气凸轮轴的样品，按照图纸给出标准进行评级，球化级别评定结果见表 3-8 和图 3-69～图 3-71。

表 3-8　不同试样球化级别评定（GB/T 9441—2009）

试样	球化率	球化级别评定	石墨大小评级
进气凸轮轴 1 号凸轮	89.38%	3	5
排气凸轮轴 1 号凸轮	89.16%	3	6
裂纹凸轮轴 2 号凸轮	90.06%	2	6

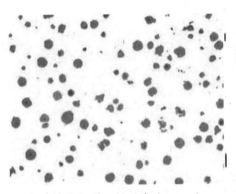

标准球化别 3 级照片（100×）

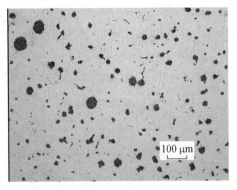

基体组织（100×）

图 3-69　进气凸轮轴 1 号凸轮石墨评级照片

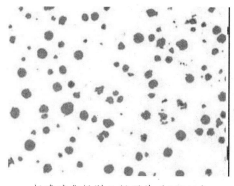
标准球化级别 3 级照片（100×）

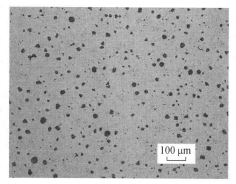
基体组织（100×）

图 3-70　排气凸轮轴 1 号凸轮 石墨评级照片

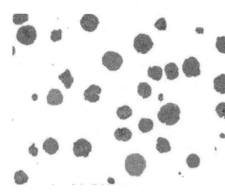
标准球化级别 2 级（100×）

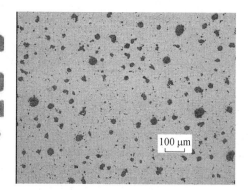
基体组织（100×）

图 3-71　裂纹凸轮轴 2 号凸轮石墨评级照片

感应淬火组织评级结果见表 3-9 和图 3-72。

表 3-9　不同试样感应淬火组织评级（JB/T 9205—2008）

样品	淬火组织级别
进气凸轮轴 1 号凸轮	3
排气凸轮轴 1 号凸轮	3
裂纹凸轮轴 2 号凸轮	4

进气凸轮轴 1 号凸轮淬火层组织（1 000×）

排气轴 1 号凸轮淬火层组织（1 000×）

裂纹凸轮轴 2 号凸轮淬火层（1 000×）

图 3-72 不同试样淬火组织评级照片

表 3-10 列出了硬化层显微组织分级说明。

表 3-10 硬化层显微组织分级说明

级别	组织特征
1	粗马氏体、大块状残留奥氏体、莱氏体、球状石墨
2	粗马氏体、大块状残留奥氏体、球状石墨
3	马氏体、块状残留奥氏体、球状石墨
4	马氏体、少量残留奥氏体、球状石墨
5	细马氏体、球状石墨
6	细马氏体、少量未熔铁素体、球状石墨
7	微细马氏体、少量未熔珠光体、未熔铁素体、球状石墨
8	微细马氏体、较多量未熔珠光体、未熔铁素体、球状石墨

6）裂纹断口形貌观察结果

（1）激光共聚焦显微镜下观察裂纹断口。

为进一步判断裂纹形成机理，取裂纹凸轮轴的 2 号凸轮，将上面裂纹破断，在激光共聚焦下直接观察裂纹面的断口形貌，测定裂纹扩展深度，结果见图 3-73。

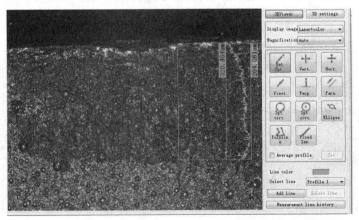

图 3-73 2 号凸轮裂纹断口形貌激光共聚焦显微镜观察结果

由图 3-73 可见，裂纹扩展断面高低不平的范围约在 0.12 mm。

（2）在 SEM 下观察裂纹断口。

因为激光共聚焦显微镜下难以观察到断口形貌的细节。因此，将上述样品在 SEM 下进行观察，以判断裂纹源及断口微观形貌，结果见图 3-74 和图 3-75。

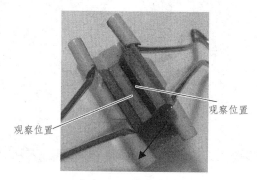

（a）SEM 观察位置

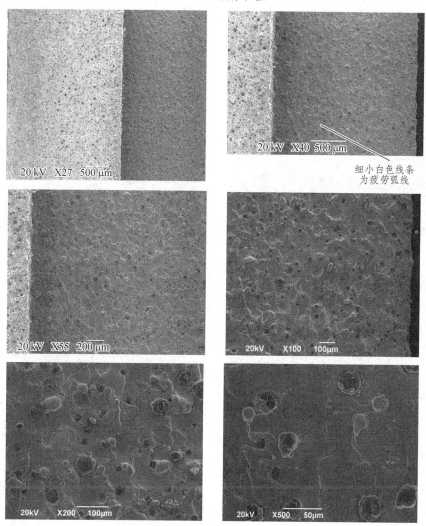

（b）2 号凸轮接触疲劳裂纹断口 1 形貌

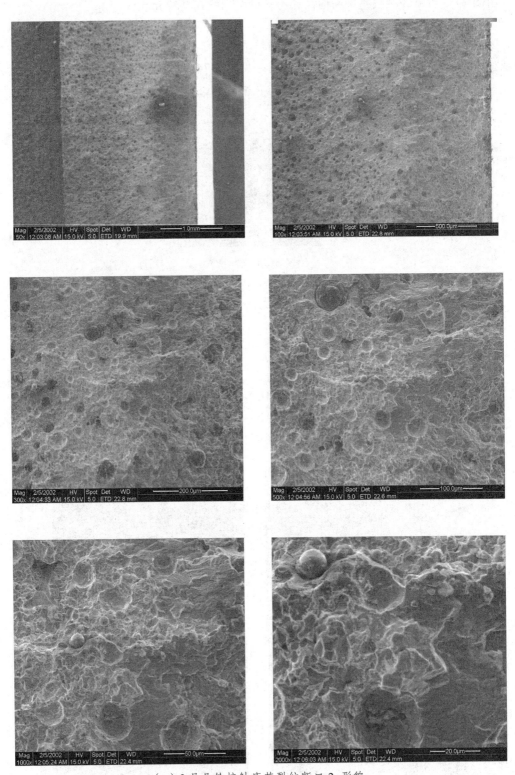

（c）2号凸轮接触疲劳裂纹断口 2 形貌

图 3-74　2号凸轮接触疲劳裂纹断口形貌（SEM 观察结果）

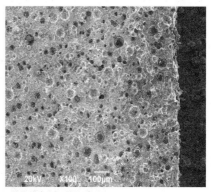
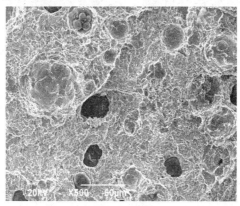

图 3-75   2 号凸轮裂纹处敲击断裂断口（SEM 观察结果）

从图 3-74 和图 3-75 可以获得以下结论：

① 裂纹扩展区域的断口在低倍下可见细小的疲劳辉纹，结合凸轮受力分析可以断定属于疲劳断裂机制。因为是淬硬层是回火马氏体组织，呈现脆性疲劳断裂，所以高倍下仅可见断裂小平面。

② 敲击断裂的断口形貌与裂纹扩展区域断口形貌明显不同，可见明显塑性变形形貌。显然是因为基体组织主要是珠光体组织，导致断口形貌明显不同。

7）摩擦系数测定结果

对裂纹凸轮轴及进行对比的进气与排气凸轮轴材料进行摩擦系数测定，对磨材料是与台架试验时相同的 GCr15 淬火 + 回火材料，结果见图 3-76。

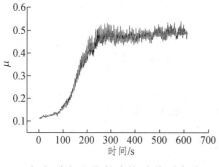
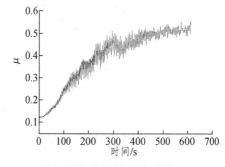

（a）进气凸轮轴摩擦系数测定值　　　　　（b）排气凸轮轴摩擦系数测定值

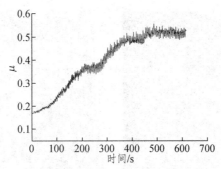

（c）E4G15B 裂纹凸轮轴摩擦系数测定值

图 3-76　不同凸轮轴滑动摩擦系数测定结果

由图 3-76 可见，三种凸轮轴材料的滑动摩擦系数基本是一致的，均在 0.5 ~ 0.6 范围内。

E4G15B 排气凸轮轴在台架试验时出现颜色变化，而进行对比的进气与排气凸轮轴在德国进行台架试验时，表面没有出现颜色变化。因为摩擦系数基本一致且不同凸轮轴的材料组织基本一致，所以认为是由于德国台架试验条件不同造成了 E4G15B 排气凸轮轴发生颜色变化。

3. 台架试验出现裂纹原因分析

1）有限元计算结果验证——根据剥落坑深度与裂纹形貌进行接触应力计算

为验证有限元计算结果的可靠性，根据弹性力学理论结合剥落深度测定及裂纹形貌观察进行理论分析。接触疲劳的特点是最大接触应力处于次表面位置。在 2.2.1 节中说明用共聚焦显微镜观察剥落区域并且测定剥落坑深度。剥落坑深度大部分在 0.09 ~ 0.15 mm，见图 3-52。图 3-53 表明裂纹长度约为 0.5 mm，从图中可见开始启裂位置深度大约在 0.12 mm 处。因此，可以认为在距离表面 0.1 ~ 0.15 mm 范围内存在最大应力区。

根据弹性力学获得线接触条件下的接触应力公式（接触应力分布见图 3-77）：

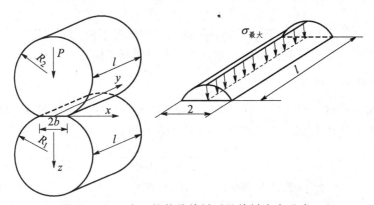

图 3-77　两个圆柱体线接触时的接触应力分布

$$\sigma_z = \sigma_{最大} \left(1 - X^2/b^2 \right)^{1/2} \tag{3-16}$$

$$b = 1.52 \times [(P/EL) \times (R_1 \times R_2/R_1 + R_2)]^{1/2} \tag{3-17}$$

$$\sigma_{最大} = 0.418 \times [(PE/L) \times (R_1 + R_2)/(R_1 \times R_2)]^{1/2} \tag{3-18}$$

$$E = 2E_1 \times E_2/ (E_1 + E_2) \tag{3-19}$$

接触应力是三向压应力，除σ_z外还有σ_x与σ_y。根据这三个主应力可以求出相应的主切应力：

$$\tau_{xy45°} = (\sigma_x - \sigma_y)/2 \tag{3-20}$$

$$\tau_{yz45°} = (\sigma_y - \sigma_z)/2 \tag{3-21}$$

$$\tau_{zx45°} = (\sigma_z - \sigma_x)/2 \tag{3-22}$$

它们分别作用在与主应力作用面互成45°的平面上，其中$\tau_{zx45°}$最大。

最大应力值的位置由式（3-23）决定，最大切应力值由式（3-24）决定：

$$z = 0.786b \tag{3-23}$$

$$\tau_{zx45°最大} = 0.3 - 0.33\sigma_{最大} \tag{3-24}$$

根据材料参数与裂纹观察结果计算：

球铁：$E_1 = 1.69 \times 10^{11}$（N/m²）

对磨滚子：$E_2 = 2.19 \times 10^{11}$（N/m²）

根据式（3-19）求出：

$$E = 1.91 \times 10^{11} \text{（N/m}^2\text{）} \tag{3-25}$$

对磨滚子直径为18 mm；长度$L = 10$ mm。

金相试验结果：剥落深度为0.10～0.15 mm，裂纹开裂位置在0.1 mm左右。

（1）认为最大应力约在0.15 mm处：

根据式（3-23）求出：

$$b = 0.15 \times 10^{-3}/0.786 = 1.91 \times 10^{-4} \text{（m）} \tag{3-26}$$

根据凸轮运动原理认为，凸轮每一位置的曲率半径是不同的，裂纹处应该是凸轮曲率半径最大位置。根据提供的凸轮曲线图与数据认为：

$$R_1 = 26\ 462.2 \text{ mm（凸轮裂纹处曲率半径）}$$

$$R_2 = 9.0 \text{ mm（滚子曲率半径）}$$

$$(R_1 \times R_2/R_1 + R_2) = (26.46 \times 9 \times 10^{-3})/(26.471) = 8.99 \times 10^{-3} \text{ m}$$

$$E \times L = 1.91 \times 10^{11} \times 10 \times 10^{-3} = 1.91 \times 10^9 \text{（N/m）}$$

从式（3-26）获得b值，根据式（3-17）求出：

$$b/1.52 = 1.91 \times 10^{-4}/1.52 = 1.256 \times 10^{-4} \text{（m）}$$

$$(b/1.52)^2 = 1.577 \times 10^{-8} \text{（m}^2\text{）}$$

根据式（3-17）可以求出法向压力：

$$\begin{aligned}
P &= (b/1.52)^2 \times (E \times L)/(R_1 \times R_2/R_1 + R_2) \\
&= 1.577 \times 10^{-8} \times 1.91 \times 10^9/8.99 \times 10^{-3} \\
&= 0.334\ 7 \times 10^4 \text{（N）}
\end{aligned} \tag{3-27}$$

计算最大应力的式（3-18）可以简化成：

$$\sigma_{最大} = 0.418 \times [(PE/LR_2)]^{1/2} \tag{3-28}$$

因此求出

$$\begin{aligned}
\sigma_{最大} &= 0.418 \times [(PE/LR_2)]^{1/2}\\
&= 0.418 \times [0.334\,7 \times 10^4 \times 1.91 \times 10^{11}/10 \times 10^{-3} \times 9 \times 10^{-3}]^{1/2}\\
&= 0.418 \times 2.664 \times 10^9\\
&= 1.113 \times 10^9 \ (\mathrm{N/m^2})\\
&= 1\,113 \ (\mathrm{MPa})
\end{aligned} \tag{3-29}$$

根据式（3-24）：

$$\tau_{zx45°最大} = 0.33 \times \sigma_{最大} = 367.3 \ \mathrm{MPa}$$

（2）认为最大应力约在 0.10 mm 处；

根据式（3-23）求出：

$$b = 0.10 \times 10^{-3}/0.786 = 1.272 \times 10^{-4} \ (\mathrm{m}) \tag{3-30}$$

$$(b/1.52)^2 = 0.70 \times 10^{-8}$$

法向压力：

$$\begin{aligned}
P &= (b/1.52)^2 \times (E \times L)/(R_1 \times R_2/R_1 + R_2)\\
&= 0.70 \times 10^{-8} \times 1.91 \times 10^9/8.99 \times 10^{-3}\\
&= 0.148\,5 \times 10^4 \ (\mathrm{N})
\end{aligned}$$

求出 $\sigma_{最大}$：

$$\begin{aligned}
\sigma_{最大} &= 0.418 \times [(PE/LR_2)]^{1/2}\\
&= 0.418 \times [0.148\,5 \times 10^4 \times 1.91 \times 10^{11}/10 \times 10^{-3} \times 9 \times 10^{-3}]^{1/2}\\
&= 0.418 \times 1.775 \times 10^9\\
&= 7.42 \times 10^8 \ (\mathrm{N/m^2})\\
&= 742 \ (\mathrm{MPa})
\end{aligned}$$

根据式（3-24）：

$$\tau_{zx45°最大} = 0.33 \times \sigma_{最大} = 245 \ (\mathrm{MPa})$$

根据理论计算结果获得以下结论：

（1）剥落深度越深，即 Z 越大则 b 越大，因此 P 也越大，说明法向压力越高，剥落深度也越高。Z 是 P 的关键影响因素。今后通过测定裂纹启裂深度就可大致判断最大应力范围。

（2）根据柴油机理论，认为凸轮裂纹位置应该是曲率半径最大处附近，也就是说 R_1 是在曲率半径最大范围。因此 R_1 对法向压力影响就不大了。因为 R_1 处于凸轮半径最大范围附近，远大于 R_2（滚子半径 9.0 mm），所以

$$(R_1 \times R_2/R_1 + R_2) \approx (R_1 \times R_2/R_1) = R_2$$

因此，上面计算结果有较高精确度。

（3）台架试验时，施加法向应力范围在 1 485～3 347 N；$\sigma_{最大}$ 值在 742～1 113 MPa。

（4）上述定量估算结果与有限元计算结果（接触应力为 849 MPa）吻合。

2）裂纹出现原因分析

根据上述试验结果，认为引起剥落与裂纹的主要原因是：在台架试验过程中施加在 E4G15B 排气凸轮轴凸轮上的载荷，高于台架试验条件下材料的接触疲劳强度。

依据如下：

（1）带有裂纹的 E4G15B 排气凸轮轴凸轮材料成分厂家经过测定满足图纸要求，材料的金相组织、硬度也满足设计图纸要求。硬化层深度虽然比图纸要求略浅，但是由于起裂处裂纹深度远小于硬化层深度，所以硬化层深度略浅并非引起剥落与裂纹的原因。

（2）提供的进气与排气凸轮轴在德国进行台架试验时（试验条件不详）没有出现剥落现象。但是从金相组织分析进气与排气凸轮轴的金相组织，并不比裂纹凸轮轴优良。在德国进行台架试验的排气凸轮轴中，存在的粗大马氏体＋残余奥氏体组织比裂纹凸轮轴还要多，反而没有出现裂纹与剥落现象。可见并非由于 E4G15B 排气凸轮轴材料因素导致剥落与裂纹出现。

（3）凸轮受到的应力属于交变载荷，裂纹的断裂模式应属于疲劳断裂。凸轮表面受到的是垂直凸轮表面的压应力，且出现一定深度的剥落坑，在 SEM 下观察到疲劳辉纹，根据这些试验结果可以确定，裂纹出现属于接触疲劳断裂机理。因此为保证凸轮寿命的应力条件是：

施加在凸轮上的服役应力 ＜ 凸轮材料的接触疲劳强度

需要提出的是：材料疲劳强度均是代表条件疲劳强度，即测定材料疲劳强度时，是根据零部件实际工况设定具体条件。一般情况下定义为：经过 10^6～10^7 循环次数后材料所能承受的最高应力。凸轮材料的接触疲劳强度，应该是满足在台架试验条件下测定的接触疲劳强度。根据台架试验条件可知：在 2 750 r/min 条件下，600 h 循环次数达到 $9.9 \times 10^7 \approx 10^8$ 次，也就是说材料经受约 10^8 次交变循环载荷作用。因此，为保证凸轮在台架试验时安全，其设计依据应该是：

台架试验时施加在凸轮上的服役应力＜凸轮材料经过 10^8 次循环后所能承受的最高应力

同时还要考虑一定的安全系数。

汽车制造公司提供了两种凸轮轴材料疲劳性能数据：

① 凸轮材料疲劳强度约为 400 MPa（此值应该不是接触疲劳强度）。

② 材料按照 1 100 MPa 进行校核，即认为球铁接触疲劳强度为 1 100 MPa。

根据有限元计算与理论计算结果及资料分析可以推知：凸轮材料在 10^8 次循环条件下，其接触疲劳强度不会达到 1 100 MPa。理由如下：

有限元计算表明：在台架试验条件下凸轮受到的最大接触应力为 849 MPa，根据剥落深度测定与观察结果的理论计算表明：台架试验时施加最大应力在 742～1 113 MPa，与有限元计算基本一致，表明了有限元计算数据的可靠性。计算出的接触应力小于 1 100 MPa，凸轮表面却出现剥落与裂纹，这就说明凸轮在台架试验在 10^8 次循环应力作用下，其接触疲劳强度值小于 1 100 MPa。可见汽车制造公司提供的 1 100 MPa 数据并不是 10^8 次循环条件下的接触疲劳强度。因此对凸轮轴材料依据接触疲劳强度 1 100 MPa 进行选材与设计，不能保证台架试验凸轮不出现问题。

（4）一般情况下，金属材料疲劳曲线（即 S-N 曲线）上，达到 $10^6 \sim 10^7$ 次循环后会出现水平线。所以一般测定到 $10^6 \sim 10^7$ 次。查阅相关文献可知[4]：球铁经过等温淬火试样与 GCr15 为对偶进行接触疲劳强度测定，在循环次数为 10^7 时其接触疲劳强度为 1 000 ~ 1 200 MPa。这与汽车制造公司采用 1 100 MPa 作为接触疲劳强度的数据一致。可以推断汽车制造公司设计采用的 1 100 MPa 接触疲劳强度，应该是测定到 10^6 或 10^7 获得的。但是从文献[4]的数据可知，球铁与 GCr15 相匹配的接触疲劳强度 S-N 曲线，并不吻合达到 $10^6 \sim 10^7$ 次循环后出现水平线的特征。试验表明：其接触疲劳强度随循环次数的增加是直线下降的。可推知：如果循环次数达到 10^8 水平，球铁接触疲劳强度会远小于 1 100 MPa（如果根据文献拟合的试验直线推测会小于 600 MPa）。

综上所述可获得结论：满足台架试验条件（10^8 次循环）材料接触疲劳强度，小于施加在凸轮上的接触应力，这是导致 E4G15B 凸轮轴在台架试验时发生剥落与裂纹的根本原因。

裂纹凸轮表面出现颜色变化说明温度升高，这可能与台架试验时的润滑条件有关，这对凸轮出现剥落与裂纹也会有一定影响。剥落出现在对偶滚子与凸轮交界处，说明滚子形状有影响；提供的进气与排气凸轮没有观察到剥落与裂纹现象，应该是德国进行台架试验的条件与汽车制造公司有所不同所致。

3）对比凸轮轴没有出现裂纹的原因

铸造公司提供了两件用于对比分析的凸轮轴，分别为进气凸轮轴与排气凸轮轴。这两件轴在德国进行 400 h 台架试验没有出现裂纹，且表面也没有颜色变化。根据上述试验结果可以认为这两件凸轮轴没有出现问题的主要原因是：

德国台架试验的条件与汽车制造公司进行试验的条件不同，主要差别是所施加载荷及润滑条件不同。德国进行台架试验时采用的载荷应该低于汽车制造公司台架试验所施加载荷，同时其润滑条件也比汽车制造公司要好。依据如下：

对这两件凸轮轴进行了详细的金相组织分析与硬度测定。其结果是对比的进气与排气凸轮轴金相组织，并不比铸造公司的裂纹凸轮轴优良。在德国进行台架试验的排气凸轮轴中，存在的粗大马氏体 + 残余奥氏体组织比裂纹凸轮轴还要多，反而没有出现裂纹现象。说明并非由于材料问题引起的裂纹。

表面颜色变化，是由于温度升高导致材料表面氧化，因此出现颜色氧化状。而温度升高与所施加载荷、润滑条件及材料摩擦系数有关。根据摩擦系数测定结果可知，这两件对比凸轮轴材料摩擦系数与裂纹凸轮轴基本一致，所以只能是台架试验条件不同，造成表面颜色变化。

还有一种可能是这两件对比凸轮轴线型与裂纹凸轮轴有所差别，导致受力情况变化。可进行一定测定分析。

4. 结论与建议

（1）E4GB15 凸轮轴材料淬火层硬度、金相组织均满足图纸要求。

（2）在台架试验条件下，施加在凸轮升程段接触应力达到 849 MPa，与根据试验估算结果基本一致（见有限元分析报告）。

（3）经过 600 h 台架试验凸轮出现剥落与裂纹的主要原因是：施加在 E4G15B 排气凸轮轴凸轮上的接触应力，高于材料 10^8 次循环条件下的接触疲劳强度。

建议：

（1）测定凸轮轴接触疲劳 $S\text{-}N$ 曲线，循环次数一直到 10^8 次，获得不同循环次数下材料的条件接触疲劳强度，此曲线是凸轮轴设计的重要依据。

（2）为进一步提高质量，感应淬火时应适当提高温度或延长时间消除未溶铁素体。

（3）根据采油机曲轴试验结果，表面氮碳共渗处理代替感应淬火，可减少摩擦系数，提高硬度，增加触疲劳强度，可以进行此方面试验。

参考资料：

[1] 中汽成都配件有限公司质量保证部理化室. E4G16 凸轮轴经台架后的凸轮表面质量检测报告. 2015-11-20.（铸造公司提供的资料）.

[2] 成都金顶精密铸造有限公司实验室. EG16 球铁凸轮轴烧伤分析. 2015-8-14.（铸造公司提供的资料）

[3] 奇瑞. E4G15B50 小时超速试验凸轮轴情况反馈. 2019-9-18.（铸造公司提供资料）

[4] 龙锐. 球墨铸铁接触疲劳强度第一阶段试验总结[J]. 洛阳农机学，1980（1）：57-62.

3.5.4　案例 4——澳车 SDA1-005 主发电机风扇叶片断裂

1. 概　述

1）现场反映情况

澳车为内燃机车，运行速度为 $80 \sim 100$ km/h。2013 年 5 月 21 日，澳车 SDA1-005 机车主发电机发生风扇叶片断裂故障（电机编号：12003），电机解体后现场拍摄故障部位照片，见图 3-78。

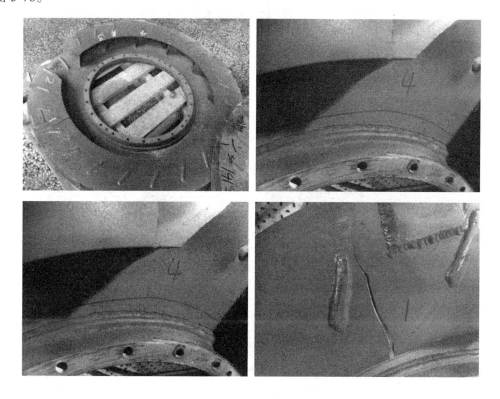

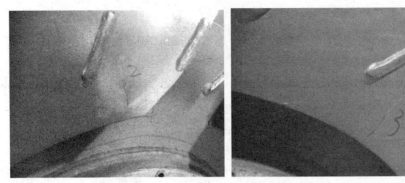

图 3-78 SDA1-005 机车主发电机风扇叶片断裂宏观照片（图中风扇逆时针转动）

2013 年 7 月 30 日，澳车 SDA1-009 机车主发电机再次发生 201L 主发电机风扇断裂故障，服务人员上车检查发现主发电机风扇叶片断裂，定转子均有不同程度的损伤。9 号车装用 11008 电机，故障时共计走行 112 484 km，风扇铸造号为 PF12-2-1。现场拍摄的照片如图 3-79 所示。

图 3-79 SDA1-009 机车主发电机风扇叶片断裂现场拍摄照片（图中风扇逆时针转动）

据机车厂人员介绍，本批次共出口 12 台车，目前已经获得信息，有 2 台车出现扇叶断裂现象。根据现场观察到的情况，西南交通大学教师与机车厂技术人员进行了讨论，一致认为这 2 台机车风扇断裂的原因应该是相同的，所以仅需要对 1 台机车断裂情况进行分析即可。由于 SDA1-009 风扇锈蚀情况非常严重，所以决定仅对 SDA1-005 机车风扇叶片断裂进行分析。

2）风扇安装情况与制备材料工艺

风扇安装在主电机一侧，风扇在电机壳中的安装位置及曲轴连接见图 3-80。

与曲轴连接

图 3-80　风扇外形、电机转子及风扇安装在电机壳的位置

风扇安装在电机转子上，转子安装在电机壳中。安装在电机壳中电机转子的另一侧与曲轴连接，所以风扇运行时所受到的应力值将受到曲轴运动的影响。

风扇采用 Q345B 材料制造并且委托外单位设计与加工。风扇制备前进行过应力计算，结论是其最大应力值为 157 MPa。其余部位的应力值约为 100 MPa。应该说明的是：当时计算应力时仅计算了风扇运动时产生的离心力。

扇叶采用焊接方式连接在一定厚度的圆环状板材上。采用 ER50-6 焊丝进行焊接。焊接后采用 630 ℃×8 h 消除应力退火处理。风扇的外径为 1 210 mm，转速 1 800 为 r/min。在运行过程中转数可以发生变化，据现场技术人员介绍出口的澳车，其中 3/4 的运行时间风扇的转速均为 1 800 r/min。换言之机车运行过程中，有约 1/4 的时间转速是在不断变化的。出事故的两台澳车运行约 10 万千米就发生扇叶断裂现象，其中 009 号机车运行为 11.248 万千米。

2. 分析目的与试验方法

与机车厂技术人员探讨后提出本次失效分析的目的与试验方法：

1）试验目的

（1）确定主发电机风扇叶片的断裂机理。

（2）确定是否由于材料本身有各类缺陷，影响使用寿命。

（3）根据断裂机理，确定焊缝组织对应的常规力学性能与疲劳性能。

（4）估算风扇运行过程中受到的应力（条件：断口清洗后可清楚看到断口形貌）。

（5）有限元计算扭振应力与通过断口估算的应力并相互校核。

（6）获得风扇断裂原因及改进措施。

2）试验方案

试验方案见表 3-11。

表 3-11　试验方案

序号	试验内容	试验目的
1	材料成分测定	确定风扇的成分是否满足设计要求
2	从风扇上截取样品测定常规力学性能（抗拉、屈服、韧性）	确定制造风扇材料的性能是否满足设计要求

序号	试验内容	试验目的
3	金相组织分析（风扇裂纹附近上取样，以及焊缝处截取样品，分析横向与纵向的金相组织）	确定风扇材料的金相组织是否满足设计要求。判断风扇断裂是否与材料组织有关
4	风扇材料断裂力学参数测定	为估算风扇工作态应力提供计算数据，为今后设计提供材料参数
5	断口清洗、扫描电镜分析、理论计算	确定断裂机理，根据断裂形貌与材料参数估算风扇工作状态下的应力
6	风扇有限元计算	有限元计算离心力、扭振作用下的应力值与材料方面估算值相互校对
7	焊缝疲劳性能测定采用同样焊接工艺焊接成样品，经过去应力退火处理后，测定焊缝处的疲劳曲线	确定风扇材料焊缝处疲劳性能数据，为分析断裂原因及今后设计提供定量数据
8	模拟试验与风扇强度设计根据估算的应力，模拟风扇结构制备有焊缝的样品，在疲劳机上施加估算出的应力，校验寿命	为今后改进设计提供试验依据（不在本次试验经费范围内；失效原因分析后再确定模拟试验）

3. 试验结果与分析

1）断裂现象宏观分析

SDA1-005 机车风扇叶片断裂宏观情况见图 3-81。

图 3-81　SDA1-005 机车风扇叶片断裂宏观现象照片

由图 3-81 可见，SDA1-005 机车风扇叶片出现 6 条裂纹，有 2 条裂纹由于扩展成贯穿扇叶的裂纹，导致风扇一部分已经断裂脱离，在风扇上形成缺口。除此之外在风扇上还存在 4 条没有裂穿的裂纹。仔细观察裂纹形貌发现以下特征：

（1）裂纹均出现在风扇的内圆环，外侧圆周的风扇叶片处没有观察到肉眼可见的裂纹。这说明风扇内圆环区域与外圆区域扇叶受力情况完全不同。

（2）风扇的扇叶分成长扇叶与短扇叶。裂纹起始位置均出现在长扇叶片与内圆环板焊缝附近。说明焊接对裂纹形成有一定影响，或者是服役状态下此区域的工作应力最大。由于短扇叶焊缝附近无裂纹，仅在长扇叶附近出现裂纹，说明长扇叶焊缝处的应力与短扇叶不同。

（3）裂纹的外观形貌有类似之处。裂纹起始段基本成直线，起始段直线与长扇叶间夹角均为 40°~43°。随后裂纹走向发生变化，导致裂纹宏观形貌大致呈现 S 形（见图 3-82）。初步说明风扇上虽然有多处裂纹，它们的断裂机理基本一致。同时也说明由于内部微观组织缺陷引起断裂的可能性不大。

图 3-82　SDA1-005 风扇叶片裂纹 S 形

裂纹呈 S 形，说明裂纹在扩展过程中最大应力方向发生变化，并表明在风扇服役条件下，除离心力外还有其他应力施加在扇叶上。这是因为离心力方向是一定的，最大应力方向不应该发生明显变化。所以导致开裂的应力，应该另有其他应力的复合作用（可能只有空气与叶片作用力才能出现此情况）。

（4）裂纹均出现在长扇叶与内圆弧切线交为钝角位置，而不是出现在锐角位置。显然是与风扇转动方向有关。根据风扇的转动可知，在长扇叶的钝角位置处是扇叶与空气作用力位置，扇叶推动空气运动，形成气体流动、而空气给长扇叶一个反作用力。进一步说明风的作用力对断裂有较大影响。同时也进一步说明，由于材料内部微观组织、焊接质量不佳等问题引起断裂的可能性较小。

（5）贯穿裂纹形成的断裂部分在风扇上形成缺口。该区域应该是最先启裂的部分。对缺口处裂纹断口进行观察，发现裂纹是沿长扇叶焊缝扩展最后形成贯穿裂纹。而另一侧贯穿裂纹并非沿焊缝扩展，而是呈 S 形。这说明断裂部分裂纹形成均是从 S 形裂纹开始启裂，扩展到一定程度后，另一侧在焊缝处形成裂纹，最后两个裂纹均形成贯穿裂纹，导致裂纹间的风扇部分与风扇主体发生分离。

（6）SDA1-009 风扇断裂情况和裂纹特征与 SDA1-005 完全类似，见图 3-83。也是在部分区域形成两条贯穿裂纹，导致裂纹间的风扇部分与风扇主体分离，在风扇上形成缺口。缺口形式同样是裂纹是一侧裂纹沿长扇叶焊缝扩展最后形成贯穿裂纹，而另一侧贯穿裂纹并非沿焊缝扩展而是呈 S 形。S 形裂纹的起始段直线与长扇叶间夹角同样为 40°～43°。这说明两个风扇的断裂机理、断裂原因应该是相同的。

图 3-83　SDA1-009 风扇叶片断裂情况宏观照片

2）断口宏观形貌分析

断口取样时为避免加热影响，均采用手工锯的方法取样。取样的方式见图 3-84。由于断裂风扇室外放置已经 6 个月，断口均已经严重锈蚀，必须精心进行清洗，有些断口已经清洗不出原来形貌。

取样前对断口进行编号，见图 3-78。其中 3 号断口清洗后效果较好，对 3 号样品进行宏观形貌分析，见图 3-85。由图 3-85 可见：

（1）断口侧面观察可以更清楚地看到裂纹呈 S 形。

（2）在 1 号位置可以观察到裂纹源在风扇圆环内圆与扇叶接触面的位置，可见裂纹扩展过程中形成的圆弧状弧线，这种弧线是疲劳断裂的典型特征。

（3）在 2 号位置断口较平滑，断口上可见裂纹扩展弧线的方向变化，与主裂纹扩展方向夹角为 50°～60°。

（4）在 3 号位置断口仍然较平滑，断口上弧线的方向继续变化，与主裂纹扩展方向大约成 80°夹角。

（5）在 4 号位置断口上弧线形状继续变化，出现人字形弧线。

图 3-84　断口取样方式照片

（6）在 5 号和 6 号位置弧线呈现的人字形弧线更加明显，在 6 号位置断口平面上出现孔洞成为人字形弧线的汇聚区域。

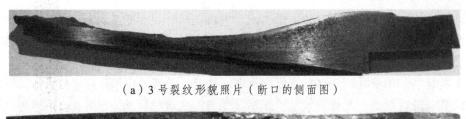

（a）3号裂纹形貌照片（断口的侧面图）

（b）1号位置断口形貌（裂纹源）

（c）2号位置断口形貌

（d）3号位置断口形貌

（e）4号位置断口形貌

（f）5号位置断口形貌

（g）6号位置断口形貌

图 3-85 SDA1-005 机车风扇 3 号裂纹断口清洗后不同位置宏观形貌照片

断口宏观形貌表明：

（1）在断口上发现疲劳弧线，说明其断裂机理属于疲劳断裂。

（2）断口上可见疲劳弧线，随裂纹扩展距离不同弧线方向发生不断改变，说明最大应力方向是不断变化的。这与裂纹呈 S 形的分析完全对应。

（3）断口 1 号位置裂纹源附近可见明显的疲劳台阶，是低周疲劳的断裂特征。

对 SDA1-005 机车风扇 2 号裂纹断口也进行了清洗，但是效果不佳。清洗后断口宏观形貌见图 3-86。

图 3-86　SDA1-005 机车风扇 2 号裂纹断口清洗后宏观形貌照片

2 号裂纹断口形貌清洗效果不佳，弧线扩展情况难以观察清楚，但是在局部区域仍然可见疲劳弧线。同样可见明显的疲劳台阶，表明断裂机理均属于疲劳断裂。

3）金相组织分析

在 SDA1-005 机车风扇 2 号裂纹附近取样进行金相组织分析，结果见图 3-87。

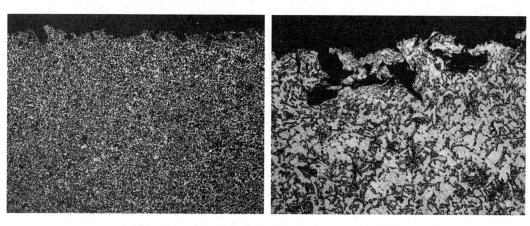

×100　　　　　　　　　　×500

（a）SDA1-005 风扇叶 2 号裂纹断口附近内圆处表面金相组织

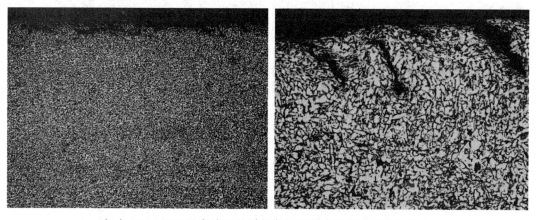

（b）SDA1-005 风扇叶 2 号裂纹断口附近内圆处表面金相组织

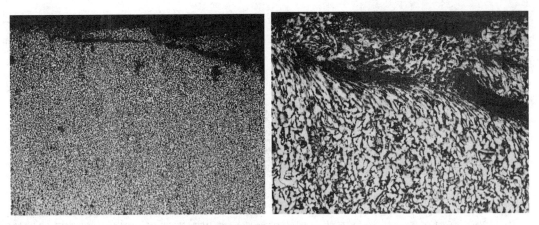

（c）SDA1-005 风扇叶 2 号裂纹断口附近内圆处表面金相组织

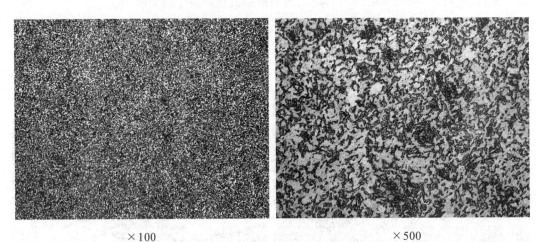

×100   ×500

（d）SDA1-005 风扇叶 2 号裂纹断口附近内圆处心部金相组织

图 3-87 SDA1-005 风扇叶 2 号裂纹断口附近内圆处表面与心部金相组织照片

在 SDA1-005 机车风扇 3 号裂纹附近截取样品进行金相组织分析，结果见图 3-88。

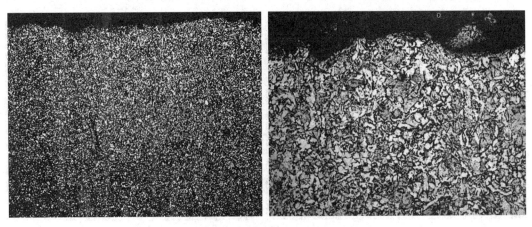

（a）SDA1-005 风扇叶 3 号裂纹断口附近内圆处表面金相组织

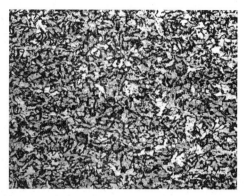

（b）SDA1-005 风扇叶 3 号裂纹断口附近内圆处表面金相组织

图 3-88　SDA1-005 风扇叶 3#裂纹断口附近内园处表面与心部金相组织照片

　　从图 3-87 中可以看到风扇 2 号裂纹附近内圆环处取样，其表面的金相组织与内部金相组织有所不同。内部组织是块状铁素体加珠光体组织，见图 3-87（b），但是在内圆环表面处的组织可见出现塑性变形的痕迹，见图 3-87（c），并且有多处微裂纹，见图 3-87（a）、（b）、（c）。

　　从图 3-88 中可以看到风扇 3 号裂纹附近内圆环处取样，其表面的金相组织与内部金相组织同样有所不同。内部组织仍然是块状铁素体加珠光体组织，见图 3-88（b），但是在内圆环表面处的组织可见一些类似微裂纹组织，见图 3-88（a）。

　　从 SDA1-005 风扇远离 2 号裂纹位置截取金相样品，同样观察内圆环表面与心部组织，结果见图 3-89。

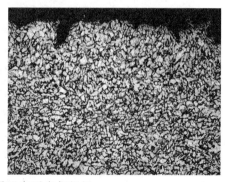

（a）远离裂纹的内圆环表面金相组织

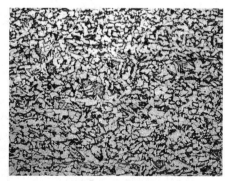

（b）远离裂纹的内圆环心部金相组织

图 3-89　SDA1-005 风扇叶远离裂纹内圆处表面与心部金相组织照片

从图 3-89 可见风扇远离裂纹处，内圆处表面和心部金相组织与裂纹附近组织类似。但是在内圆环表面也可见少量类似微裂纹的组织，见图 3-89（a）。

金相组织分析表明：

（1）Q345 材料的组织没有发现异常现象，说明并非由于内部组织不正常引起的风扇开裂。

（2）风扇叶 2 号、3 号裂纹断口附近内圆处表面均出现多处微裂纹，说明在裂纹扩展过程中又在其他部位形成多处裂纹。这说明风扇服役过程中该处所受的应力较高，或材料的强度远低于外加应力。

（3）远离裂纹区域的金相组织，与裂纹附近的金相组织有所不同，内圆心部组织与表面组织基本类似，仅是发现少量类似微裂纹的组织。说明在整个内圆环表面，受力是不均匀的。在裂纹形成区域（长扇叶与圆环交界处）应力最高。

4）SEM 断口分析

SDA1-005 风扇叶 3 号裂纹的断口扫描电镜下的观察结果见图 3-90。

（a）对 3 号裂纹断口不同位置进行 SEM 观察

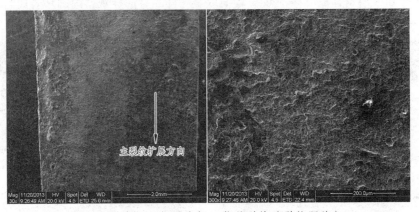

（b）3 号裂纹 0# 位置处断口微观形貌（裂纹源处）

（c）3 号裂纹 1# 位置处断口微观形貌（疲劳条带与主裂纹扩展方向的夹角约为 110°）

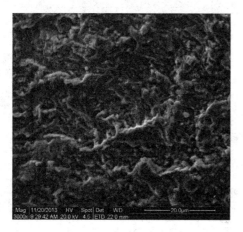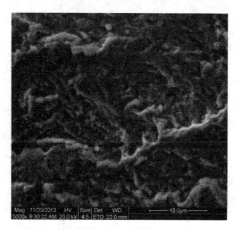

（d）3号裂纹 1#位置处断口微观形貌（放大）

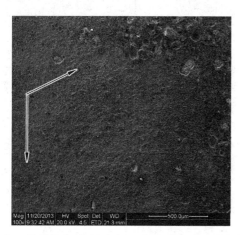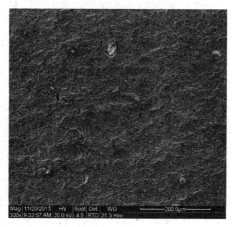

（e）3 号裂纹 2#位置处断口微观形貌（放大）（疲劳条带与主裂纹扩展方向的夹角约为 120°）

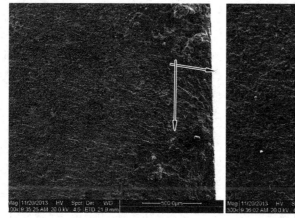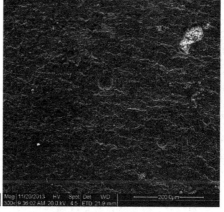

（f）3 号裂纹 3#位置处断口微观形貌（放大）（疲劳条带与主裂纹扩展方向的夹角约为 80°）

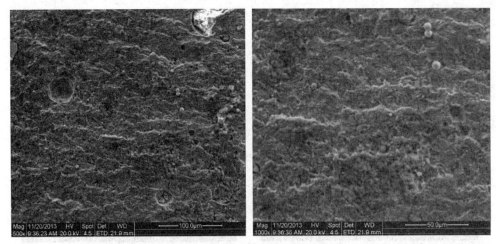

（g）3号裂纹3#位置处断口微观形貌（放大）（疲劳条纹与主裂纹扩展方向的夹角约为90°）

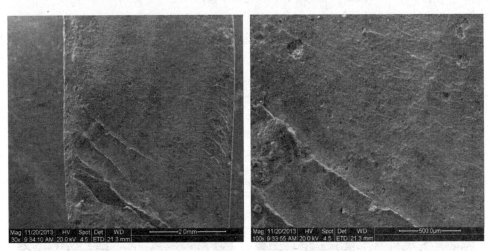

（h）3号裂纹4#位置处断口微观形貌

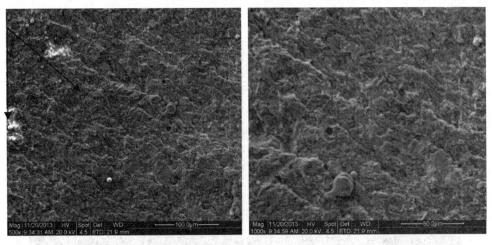

（i）3号裂纹4#位置处断口微观形貌（疲劳条带与主裂纹扩展方向的夹角约为60°）
疲劳条纹的方向与宏观撕裂痕方向基本一致，见图3-90（g）

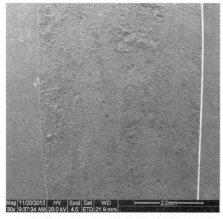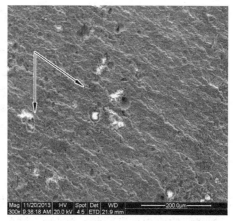

（j）3号裂纹5#位置处断口微观形貌（疲劳条带与主裂纹扩展方向的夹角约为60°）

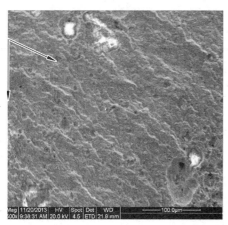

（k）3号裂纹4#位置处断口微观形貌（疲劳条带与主裂纹扩展方向的夹角约为70°）

图3-90　SDA1-005风扇叶3号裂纹的断口不同位置扫描电镜照片

对图3-90分析可得以下结果：

（1）从断口宏观形貌可见，疲劳弧线的方向是不断变化的。裂纹是从扇叶底面的表面首先开裂，在裂纹源处弧线的法线基本平行于扇叶厚度方向，即与厚度方向夹角约为0°。随着疲劳过程的进行，弧线法线方向不断变化，到5#位置处，疲劳弧线法线与厚度方向夹角约为45°。随着裂纹的不断扩展，弧线的法线与厚度方向夹角约为90°。弧线方向变化说明在疲劳裂纹扩展过程中应力方向不断改变，见图3-90（a）。

（2）对应宏观断口不同位置，断口微观形貌均可见疲劳条带。进一步证明扇叶断裂是疲劳断裂机制。同时疲劳条带的法线方向与主裂纹扩展方向的夹角，同样是随疲劳裂纹扩展而不断发生变化。同样说明疲劳裂纹扩展过程中应力方向不断改变，见图3-90（b）～（i）。

4. 焊缝组织疲劳性能测定

断裂宏观现象表明，断裂源在风扇焊缝组织附近，所以应该明确焊缝组织的疲劳性能。采用与风扇相同的Q345材料，依据GB/T 3075—2008标准加工疲劳试验样品。试样尺寸见图3-91。

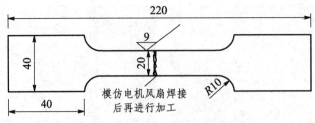

图 3-91　焊缝组织疲劳性能试验样品尺寸

样品中部采用与风扇相同的焊接工艺进行焊接，然后加工成型。采用与风扇相同的退火工艺进行退火，退火工艺为 630 ℃×5.0 h。在高频疲劳机上测定疲劳强度。

疲劳试验过程模拟风扇实际运行状态。采用的下载荷为 0～10 MPa（模拟风扇静止状态），不断增加上载荷的应力，进行拉-拉试验，试验前先进行拉伸性能测定，结果见表 3-12。疲劳试验结果见表 3-13。

表 3-12　焊缝组织拉伸性能测定结果

抗拉强度/MPa	上屈服限/MPa	下屈服限/MPa	延伸率/%	断面收缩率/%
474.0	360.5	354.6	12.5	34.38

表 3-13　焊缝组织测定 S-N 曲线的试验数据

样品编号与所施加应力	根据试样截面积与所加应力值求出所加载荷值/N	平均力/kN	动载荷力/kN	频率/Hz	电流/A	循环周次	试样断裂情况
YC-1 159 MPa	4.69×20×159＝14 914	8.5	6.5	143.2	510	$1.1×10^6$	断在焊接处
YC-2 90 MPa	4.67×19.96×90＝8 389	5.1	3.3	142.5	390	$2.5×10^7$	未断
YC-3 110 MPa	4.18×19.2×110＝10 158	5.59	4.57	142.5	278	$1×10^7$	未断
YC-4 150 MPa	4.72×20.11×150＝14 273	7.81	6.4	142.1		$1×10^7$	未断
YC-5 170 MPa	4.68×19.05×170＝15 156	8.36	6.84			$8.3×10^5$	断在焊接处
YC-6 155 MPa	4.57×19.95×155＝14 688	8.058	6.615	142.1		$1×10^7$	未断
YC-7 185 MPa	4.66×19.28×185＝16 621	9.13	7.5				试样变形大，振不起来
YC-8 185 MPa	4.75×20.23×185＝17 777	9.8	8.01	147.1		$2.9×10^5$	断
YC-9 160 MPa	4.62×19.22×160＝14 207	7.81	6.4	143.1		$1×10^7$	未断
YC-10 160 MPa	4.65×20.22×160＝15 043	7.91	7.13	142.3		$1.5×10^7$	未断
YC-11 185 MPa	4.70×19.33×185＝16 807	9.8	7.07	141.3		$4.3×10^5$	断
YC-12 140 MPa	4.60×20.11×140＝12 950	6.53	6.42	143.5		$2.0×10^7$	未断

5. 疲劳应力定量估算

根据前面的试验结果已经明确，风扇的断裂机制属于疲劳断裂机制。

1）澳车电机风扇叶片承受交变应力的来源

如前所述，风扇的断裂机制属于疲劳断裂。因此需要明确在机车运行过程中，交变应力是如何作用到风扇上的？澳车属于柴油机车，基本运动机理是将空气与燃油分别按照一定比例定时、定量送入气缸，在气缸内压缩到一定压力和温度的空气与燃油自行燃烧，生成高温高压燃气，利用燃气的膨胀推动活塞上下运动，再通过曲柄连杆机构将活塞的上下运动转换为曲轴的旋转运动。澳车的电机与曲轴连接，曲轴运动带动电机运动从而使电机风扇转动。

当机车匀速运动时，电机风扇也匀速运动不会产生交变载荷。但是在机车运行速度发生变化时，曲轴旋转速度就发生改变，导致电机风扇旋转速度改变，就会产生交变载荷。尤其是机车会有停车状态，从停车到启动，电机的运动速度从 0 到 1 800 r/min，这时就会有较大的交变载荷作用在风扇上。

厂方已经了解到，出口澳车约有 3/4 的运行时间处于匀速运动，风扇转速均为 1 800 r/min。因此推知机车运行过程中，约有 1/4 的时间转速是在不断变化（折合成约 2.5 万千米路程风扇速度变化），包括机车的停车与启动。因此获得如下结论：

交变载荷在机车运行时确实存在，其来源是机车速度变化及机车停车与启动。

2）疲劳应力定量估算

大量试验已经证明，在疲劳裂纹扩展阶段裂纹扩展速率与应力强度因子间的关系符合 Paris 公式。

根据 Paris 公式可以推导出式（3-31）：

$$da/dN = C \times Y^n \times \Delta\sigma^n \times (3.14a)^{n/2} \tag{3-31}$$

式中，da/dN 为裂纹扩展速率；C、n 为材料常数通过试验测定；Y 为与裂纹形状相关的系数，可以计算或查表获得；a 为裂纹长度；$\Delta\sigma$ 为应力幅值（最大应力与最小应力之差）。

da/dN 可以通过断口的 SEM 照片测定估算。利用疲劳试验的样品，与断裂风扇进行比较，如果断裂机理基本类似，则可以用疲劳样品的扩展速率与风扇扩展速率相比较，从而消去一些材料参数。进行疲劳试验时，疲劳试样厚度与风扇一致，试样断裂方式与风扇一致，从边缘向内部扩展，断口宏观形貌与风扇类似。说明断裂机理类似，疲劳试验模拟实际断裂情况。疲劳试验裂纹情况及断口形貌见图 3-92。在此基础上选取疲劳试验 5 号样品进行计算。

（a）5 号疲劳样品疲劳试验后样品裂纹照片

（b）5 号疲劳样品疲劳试验后样品宏观裂纹局部放大照片

裂源　　　　　断口面　　　　手工锯断截面

剪切带　距裂源 12mm，SEM 照片

注：裂纹从样品一个棱边形成后向中心扩展，相对面呈薄片后剪切断裂

（c）5 号疲劳样品疲劳试验后样品断口宏观形貌照片

（d）5 号疲劳样品疲劳试验后样品断口微观形貌照片

图 3-92　疲劳试验 5 号样品断口宏观与微观形貌照片

计算过程如下：

定义：$da/dN_{(扇叶)}$ 为风扇断裂的裂纹扩展速率；$da/dN_{(试样)}$ 为疲劳试验断裂试样的裂纹扩展速率。

$$K = [da/dN_{(扇叶)}/da/dN_{(试样)}] = [\Delta\sigma_{(扇叶)}/\Delta\sigma_{(试样)}]^n \times (a_{扇叶}/a_{试样})^{n/2} \qquad （3-32）$$

实际测定：风扇在约 12 mm 裂纹处的 da/dN 用 SEM 照片测定约为 13 μm。

用疲劳试验 5 号样品测定，在裂纹约 12 mm 处的 da/dN 采用以下方法进行计算：

疲劳试验机根据裂纹形成后应力下降的现象出现停机。因此根据试验记录数据从 $\Delta\sigma$ 开始下降后的时间作为裂纹扩展时间，扩展的时间是 0.5 min。断口上测定出裂纹长度为 12 mm，根据试验频率 140 Hz，求出 $da/dN_{(试样)} = 2.7$ μm。因此 $K = 4.8$。

资料表明对于钢铁材料 n 值在 2～7，最常见是 2～4；因此取 $n = 2～7$，利用式（3-32）可以求出：

$$n = 2 \qquad \Delta\sigma_{风扇} = 328 \text{ MPa}$$

$$n = 3 \qquad \Delta\sigma_{风扇} = 253 \text{ MPa}$$

$$n = 4 \qquad \Delta\sigma_{风扇} = 222 \text{ MPa}$$

$$n = 5 \qquad \Delta\sigma_{风扇} = 205 \text{ MPa}$$

$$n = 6 \qquad \Delta\sigma_{风扇} = 194 \text{ MPa}$$

$$n = 7 \qquad \Delta\sigma_{风扇} = 187 \text{ MPa}$$

根据电机风扇运行中交变应力产生原理，可以认为最大的交变应力产生来源于机车的停车与启动，所以取最小应力为零。一些资料也认为，对在离心力作用下叶片类零部件估算最大应力时，可以认为最小应力为零。

可见 n 越大，最大应力就越低。资料表明：对于珠光体与铁素体材料最常用值为 3.0 左右，前面金相分析表明风扇材料组织就是珠光体 + 铁素体。因此推算出风扇最大当量应力应该在 253～328 MPa 范围。

根据风扇断裂的实际情况分析，风扇接近低周疲劳范围，在金相分析中裂纹附近明显看到塑性变形痕迹，表明局部区域最大当量应力值接近材料的屈服强度。所以估算出风扇最大当量应力在 253～328 MPa 范围内，有一定合理性。

根据机车厂提供的数据，设计单位依据离心力对风扇强度进行校核时，计算出离心力作用下最大应力值为 157 MPa，所以估算出风及曲轴扭振带来的附加应力范围为 96～171 MPa。

根据有限元计算扭振带来的应力很小，可以忽略，附件应力主要来源风的作用。为提高估算的精度，需要进行大量 SEM 分析，即大量测定不同裂纹，在不同长度处的裂纹扩展速率。但是由于风扇裂纹锈蚀严重，此项工作难以进行。同时看到准确地测定材料 n 值是很重要的。

应该说明的是，在估算时对疲劳样品是根据疲劳机特性求出的裂纹扩展速率，而风扇是根据断口 SEM 测定结果求出的扩展速率，两者会有一定偏差。一般情况下断口测定的速率低于实际速率，所以估算结果可能偏高些。从安全角度考虑这样估算是偏于安全的。

6. 风扇断裂原因与模拟试验方案

1）断裂原因分析

根据上面试验结果与分析，可以确定澳车风扇发生断裂的原因：

根据试验结果可知：风扇选取的 Q345 钢材料符合国标规定，排除材料成分的影响。根据焊缝力学性能测定结果可知，力学性能数据不存在异常，排除焊接质量不佳的影响。金相分析表明，材料的组织为珠光体 + 铁素体组织，排除组织异常的影响。

根据断裂机理分析可知：风扇叶片的断裂是疲劳断裂机制，并且可知风扇在实际运行过程中存在交变载荷，因此风扇失效的关键问题是外加应力与从材料疲劳强度间的关系问题。

在风扇叶片最初设计时，通过离心力的计算已经获得风扇最大应力可以达到 157 MPa，但是设计人员当时可能认为风扇破坏仅是强度问题，没有考虑到交变载荷问题。因此设计按照许用应力小于材料屈服强度除以合适的安全系数进行的，导致风扇厚度偏薄。根据理论计算，利用实际断口估算等方法，分析出在风扇开裂处最大应力可以达到 253～328 MPa，而材料焊接处的疲劳强度仅为 160 MPa 左右，所以必然会发生疲劳断裂。

根据有限元计算表明：主要应力来源于离心力作用，而离心力与速度平方成正比关系，所以风扇叶片的寿命与运行车速有直接关系。车速长期在高速下运行、变速、启动与停车，风扇叶片更容易开裂。

2）模拟试验方案

为保证风扇不发生断裂，应该增加风扇本身强度。因为 Q345 材料已经使用多年，工艺比较成熟，所以建议还是采用 Q345 材料制造风扇，但是需要改变风扇的尺寸与结构，以达到外加应力小于材料疲劳强度的目的。根据上述分析采用下面步骤进行模拟试验：

（1）利用有限元模型及相似理论重新设计一个小尺寸的模拟风扇，其结构与实际风扇一致。模拟风扇合理选取材料厚度，计算出模拟风扇最大应力值，使该处的应力值小于材料的疲劳强度。

（2）将小尺寸模拟风扇安装在一台电机上进行运转。转速 1 800 r/min。通过设计电控制装置，使电机频繁停机与启动，以模拟机车停车与启动。根据风扇的寿命要求，确定出停机与启动的次数，进行实际运转次数的考核。

（3）小尺寸模拟风扇在规定的运转次数后取下来，在受力最大位置进行超声波探伤，观察是否有裂纹？如果没有发现裂纹就认为小尺寸模拟风扇是安全的。

（4）依据模拟风扇的结构与尺寸进行放大，设计实际风扇的尺寸与结构。对设计出实际风扇用有限元方法校核，在实际风扇最大受力点的应力值，应该与模拟风扇一致，均小于材料的疲劳强度。

7. 结论与建议

（1）澳车电机风扇的断裂机制是疲劳断裂。

（2）造成澳车电机风扇早期疲劳断裂的原因是，在扇叶与面板焊接交界处最大应力值超过材料的疲劳强度。

（3）根据理论推算，利用实际断口形貌分析等方法估算出风扇最大应力值为 253～328 MPa，材料的疲劳强度约为 160 MPa。

建议：

依据模拟试验方案进行模拟试验后，再进行实际风扇的设计。

习　题

1. 根据图 3-2 中两个不同零件的宏观断口照片，确定各自疲劳源位置。图 3-2（b）所示的汽车卷簧尺寸为：15 mm × 3 mm，测定的断裂强度为 1 500 MPa，试估算估计服役过程中的载荷大小。[（a）图是 2 个疲劳源,（b）图是 1 个疲劳源]

2. 图 3-93 是螺栓做疲劳试验时断裂的断口宏观形貌及螺栓断裂外观图，试判断裂纹源位置及断裂模式。（思考在何种疲劳载荷下断裂）

图 3-93　第 2 题

3. 图 3-94 是螺栓做疲劳试验时断裂的断口宏观形貌及螺栓断裂外观图，试判断裂纹源位置及断裂模式。（思考在何种疲劳载荷下断裂）

图 3-94　第 3 题

4. 飞机发动机中由钛合金材料制备的叶片在使用过程中发生断裂。经过分析属于疲劳断裂，裂纹形貌属于半椭圆裂纹，在纯弯曲应力作用下断裂，应力比 $R = -1$。根据断口分析测定出某一位置处的以下数据：

裂纹半长度 $a = 0.6$ mm，裂纹扩展速率 $S = 0.15$ μm，形状因子 $Y = 1.1$，材料常数测定结果（裂纹长度 m，扩展速率 mm）$C = 4.66 \times 10^{-12}$，$n = 4.66$。

估算服役条件下，在此位置处的应力值。

5. 直径为 30 mm 的轴类零件由 40Cr 钢制备，基体经过调质处理（回火温度 650 ℃）在海洋腐蚀环境下使用，为提高疲劳强度决定采用表面技术进行处理，应选择何种表面技术？

6. 某粉末高温合金试验件发生疲劳断裂，疲劳条带间距以及按梯形法计算的结果见表 3-14。

表 3-14　断口疲劳条带间距及梯形法计算相关数据[3]

序号	裂纹扩展长度 $a/\mu m$	疲劳条带间距 $S/\mu m$	N_i/循环次数
1	380	0.34	740
2	639	0.36	270
3	728	0.3	391
4	855	0.35	975
5	1 211	0.38	1025
6	1 621	0.42	417
7	1 794	0.41	319
8	1 923	0.4	391
9	2 089	0.45	$\sum N_i = 4\,528$

根据测定的数据计算 n 与 C_0，并估算疲劳寿命[3]。

7. 在例 3-10 中，裂纹长度 a 采用 μm 为单位，扩展速率 da/dN 采用 μm/循环次数为单位，获得表 3-15，根据测定数据计算 n 与 C_0。

表 3-15　测定裂纹长度与裂纹扩展速率（推力盘数据）

裂纹长度 $a/\mu m$	1 000	2 000	2 500	3 000	4 000	5 000	6 000	7 000	8 000
扩展速率 $da/dN/\mu m$	0.53	0.62	0.71	0.91	0.97	1.04	1.16	1.38	1.48
$\lg a$	3.0	3.3	3.39	3.47	3.60	3.69	3.77	3.84	3.90
$\lg(da/dN)$	-0.27	-0.207	-0.14	-0.04	-0.013	0.017	0.064	0.139	0.17

8. 大型滚柱轴承在使用时滚柱发生断裂。滚柱的形状是圆柱体，中心有一个圆孔。使用过程中滚柱体破碎，断口形貌如图 3-95 所示，试确定启裂点位置，判断断裂机制并初步分析失效原因。

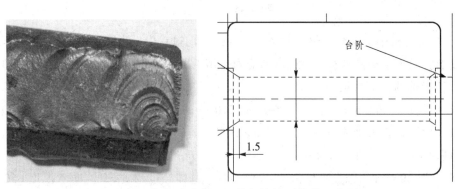

图 3-95　滚柱破碎断口照片与滚柱形状的示意图

9. 50CrVA 材料圆环状零件，圆环内部受到拉-拉交变载荷后断裂，断口形貌如图 3-96 所示，试确定启裂点位置，并初步判断断裂机制。

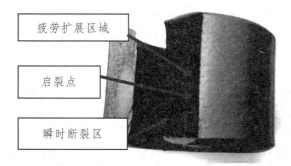

图 3-96　50CrVA 材料圆环状零件破坏断口照片

10. 图 3-97 是 35CrMo 钢采用 780 ℃ 加热淬火 + 560 ℃ 回火后, 进行弯曲旋转疲劳后断裂样品的断口宏观形貌与裂纹扩展区域微观形貌照片。试在宏观断口照片上确定出裂纹源位置, 在微观形貌照片上确定出裂纹扩展方向。

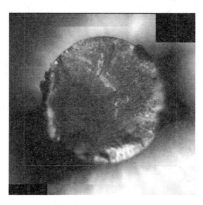

图 3-97　35CrMo 780 ℃ 加热淬火 + 560 ℃ 回火弯曲旋转疲劳断口形貌照片

11. 图 3-98 是一件合金钢销轴断裂宏观形貌照片, 根据照片回答下面问题:

(1) 有几个疲劳扩展区? 在图中标明位置。

(2) 瞬时断裂区域在何处? 在图中标明位置。

图 3-98　第 11 题

12. 柴油机水套采用 45 钢制造，调质后使用。在服役状态下受到交变载荷作用，断裂属于疲劳断裂。如图 3-99 所示的 SEM 照片是柴油机水套的疲劳断口距裂纹源约 5.0 mm 处的疲劳条纹照片，试估算应力。

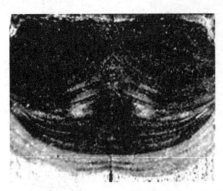 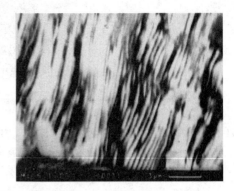

图 3-99　柴油机水套宏观疲劳断口与 SEM 断口形貌对比

（约 37 条纹，共 20 μm；间距为 0.54 μm）

提示：

（1）从断口宏观形貌可以认为裂纹近似认为是半椭圆裂纹。测定出椭圆裂纹半长 a = 0.28 mm（沿裂纹扩展方向的裂纹长度），椭圆裂纹半长轴 b = 0.79 mm，形状因子 Y = 1.1。

（2）材料常数取值为 $C = 4.66 \times 10^{-12}$，$n = 4.66$（裂纹长度 m，扩展速率 mm）。

扫码查看本章彩图

参考文献

[1]　查理 R 布鲁克斯，阿肖克，考霍莱. 工程材料的失效分析[M]. 谢斐娟，孙家骧，译. 北京：机械工业出版社，2003.

[2]　钟群鹏，赵子华. 断口学[M]. 北京：高等教育出版社，2006.

[3]　曾庆祥. 60Si2CrVA 钢混合组织低周疲劳特性及微观机理研究[D]. 成都：西南交通大学，1996.

[4]　胡世炎. 破断故障金相分析[M]. 北京：国方工业出版社，1979.

[5]　陶春虎，何玉怀，刘新灵. 失效分析新技术[M]. 北京：国防工业出版社，2011.

[6]　WILLIAM F SMITH，JAVAD HASHEMI. Foundation of Materials Science and Engineering[M]. 北京：机械工业出版社，2006.

[7]　《金属机械性能》编写组. 金属机械性能[M]. 北京：机械工业出版社，1982.

[8]　陈南平，顾守仁，沈万磁. 机械零件失效分析[M]. 北京：清华大学出版社，1988.

第4章　磨损失效

4.1　磨损与摩擦力

磨损是零部件在相互接触的状态下进行相对运动（滑动、滚动或滑动 + 滚动）而引起的一种物理现象。由于零部件间相对摩擦的结果，引起摩擦表面材料有微小部分分离出来，使接触面的尺寸发生变化，导致质量损失，这一现象就称为磨损。磨损一般都意味着在一段时期内重量逐步损失和尺寸变小，所以磨损问题与断裂所造成的问题是不同的。

一切有滑动或滚动接触的机器零件都会发生一定程度的磨损。这类典型的零件有轴承、齿轮、密封圈、导轨、活塞环、齿条、制动器和凸轮。磨损是否构成零件的失效，关键在于磨损是否影响到零件的工作能力。不同的零部件情况有所不同。例如，对于液压阀中精密配合阀柱，哪怕是轻度的抛光型磨损，虽然表面上看不出有什么损伤，但是可能引起严重的泄漏，从而认为发生失效。但是对于岩石破碎机的锤头，尽管表面明显可见有严重的压凹、碰伤，表面金属磨去达几厘米，但仍然能满足使用要求，正常工作。

与其他失效情况一样，发生磨损失效一定是在外加应力作用下发生的，导致磨损发生的外力就是摩擦力，下面对摩擦力产生的原因进行分析[1-2]。

磨损一定是两个固体在接触面相对运动情况下产生的。当一固体的小方块放在一个平面上，小方块于平面在接触面似乎是紧密接触。但真实的表面从微观角度分析一定是凹凸不平的。例如车削加工后的表面微观上看是由许多沟槽组成，磨削加工的表面由浅而平行的 U 形沟组成。因此两个物体平面间的实际接触面积（真实接触面积）是大量凹凸不平的微小面积之和。在这些微小面积上，相对的两个表面的凸起点彼此相接触，每一个这种真实接触区的直径为 $10^{-3} \sim 10^{-5}$ in（1 in = 2.54 cm）。

在每一个真实微小的接触区域受到的外加应力，可以近似地用一个光滑圆球放在一光滑的平面上来模拟。因为这种接触是点接触，所以会产生很高的微观应力。

在接触点处的微观应力足以使球和平面都发生弹性变形，这就使得微小接触面积扩大，一直扩大到外加应力减小到稍低于弹性极限为止。可见材料的弹性极限越高，接触面积就越小。

如果在垂直于接触面的方向上施加外力，接触点处的微观应力就会增加，导致接触面积增加。接触面积大约按 2/3 次方随载荷增加。如果增加载荷，一旦超过材料的弹性极限，接触点处的表面则发生塑性变形，形成永久凹陷，上下物体表面微小区域可能黏着在一起。

在上述情况下，两个相互接触的固体如果发生平行接触面方向的相对滑动，在表面接触点处将一定产生运动的阻力，这就是摩擦力。

摩擦力是由于摩擦而阻碍相对运动的力，方向平行接触表面与滑动方向一致。

摩擦力有以下特征[2]：

（1）摩擦力是切向运动阻力的度量。根据不同接触情况有下面不同内涵。

（2）如果相互接触的两个物体均是刚体，微小的凹凸部分没有发生变形，摩擦力是将一个物体表面的微凸部分抬高超过另一个物体表面微凸体的作用力。

（3）如果相互接触的两个物体一方较硬而另一方较软，硬的一方其表面凸起的微区就会压入软的一方表面。在滑动时就会对软的一方实现"切削"，在软的一方表面形成犁沟。这时摩擦力就是软金属压入硬度与犁沟截面积的乘积。

（4）如果相互接触的表面发生黏着，摩擦力就是能剪切开两个物体表面微小区域相互黏着的力，也就是使结合的凸起点被剪断并使未结合的点变形所需要的力的总和。

（5）滑动过程中，通过很多微小的结合点在表面之间的形成和被剪断而保持一个稳定的摩擦力。

可见摩擦力的值主要与表面凹凸区高度、塑性变形及黏着相关。

摩擦力的值无疑对于控制磨损量有最直接的关系，下面采用简要模型对其进一步分析[1]。

试验证明：对于很多材料两个接触面之间的摩擦力正比于正压力，且与表观接触面积无关。根据摩擦理论，真实接触面的增加正比于载荷，摩擦力正比于载荷和真实接触面积。如果摩擦力正比于被剪断的微观区域结合处的面积（真实接触面积）总和，则可得到下面的简单关系：

$$F = SA \tag{4-1}$$

式中，F 是摩擦力，N；S 是结合点两方中较弱一方材料的剪切强度，N/mm^2；A 是真实接触面积，mm^2。

依据摩擦的黏着理论，在接触点处发生黏结，摩擦力就等于使结合点剪断所要求的力的总和。真实接触面积反比于较弱材料的硬度，正比于垂直载荷。

$$A = W/P \tag{4-2}$$

式中，A 是真实接触面积，mm^2；W 是垂直载荷（或接触力），N；P 是压入硬度（通常用维氏硬度测定），N/mm^2。式（4-2）可与式（4-1）结合，可得

$$F = SW/P \quad 或 \quad F/W = S/P \tag{4-3}$$

式中，$S/P = \mu$，是摩擦系数。图 4-1 所示为作用在一个静止水平面上滑动的物体上的垂直载荷 W 和摩擦力 F。

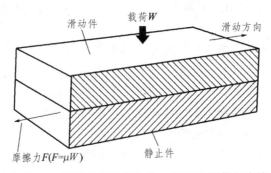

图 4-1　作用在沿静止水平表面滑动的物体上的垂直载荷与摩擦力之间的关系

从上面分析可以看到另一个重要参数——摩擦系数。

摩擦系数的定义：摩擦力与在摩擦面上的垂直载荷之比。

在上述模型下摩擦系数是较软一方的剪切强度与硬度的比值（$\mu = S/P$）。上述分析指出了提高耐磨性的基本原则：

（1）如果从材料角度提高一对摩擦副的耐磨性能，应该从提高较软一方的材料性能入手。

（2）从摩擦系数计算公式可见，如果能提高较软一方材料的硬度，同时大幅度降低剪切强度值，则摩擦系数降低，导致摩擦力降低，一定能提高耐磨性能。

在一般情况下，金属或合金的硬度增加，其剪切强度也增加，很难做到高硬度与低剪切强度匹配。为解决这样的矛盾，可通过表面处理技术实现。例如在耐磨电触头中通过镀上一层硬的基底，而基底上又有非常薄的一层金属以获得低的摩擦系数。

天然存在的金属氧化物，一般都降低表面的粘接力，与另一些氧化物相比，这种氧化物是较好的"润滑剂"。例如，淬火钢对淬火钢滑动所产生的摩擦，如果表面是铁的低价氧化物（Fe_3O_4 或者 FeO），其润滑性能优于表面是氧化铁（Fe_2O_3）的。

一些摩擦副材料的摩擦系数见表 4-1。

表 4-1　几种摩擦副的摩擦系数 μ 与磨损系数 k

摩擦副（在空气中）	摩擦系数 μ	磨损系数 k
金对金	2.5	10^{-1}
黄铜对硬钢	0.3	10^{-3}
聚四氟乙烯对硬钢	0.15	2×10^{-5}
聚乙烯对硬钢	0.6	10^{-7}

4.2　磨损机理

任何磨损现象均发生在一定的工况条件下，此处工况条件指载荷（加载方式、大小等）、相对运动特性（方式、速度）、工作温度和环境介质（润滑条件、有无腐蚀气氛等）。同时与摩擦副本身的特性密切相关。摩擦副的特性是指各自的材料性能、组织结构和接触表面形貌。在磨损过程中，材料的表面形貌和表层的组织结构与性能都会因塑变、损伤而发生剧烈的变化，变化最严重的常常只在几十微米的厚度内，这种动态的变化在微区域中又是很不均匀的，这也给磨损的研究带来了困难。

研究表明，磨损机制最常见的是黏着磨损、磨粒磨损与腐蚀磨损三种形式。分别分析如下：

4.2.1　黏着磨损机理

如前所述，实际摩擦副的表面从微观角度观察是凹凸不平的，在外力作用下真实接触面积会产生较高的应力。在这种高的比压下，材料将发生塑性变形，在显微区域凸起或凹凸不平处发生原子间的吸附黏着，即冷焊现象。随后，在相对运动中黏着处又分离。这种分离是滑动力作用下，在结合处的微区断裂。如果黏着点结合强度比构成摩擦副的材料强度均低，分离就从接触面分开，这时基体内部变形较小，摩擦面较平滑。这种情况称为外部黏着磨损。如果黏着点结合强度比摩擦副其中一种材料的强度高，则从一个部件的表面上撕下金属，并把它转移到另一个部件的表面上。这样，在一个部件的表面上形成微小的凹坑，在另一个部件的表面上则形成微小的凸起，从而又造成进一步的损伤。这时摩擦面显得很粗糙，有明显撕裂痕迹，称为内部黏着磨损。一般情况下是一部分黏着点从外部分开，另一部分从内部分开。

黏着磨损通常用 Archard（1953）公式表达[2]：

$$W_a = K_a \frac{F_N}{H} \tag{4-4}$$

式中，W_a 表示黏着磨损率；F_N 是接触面上的正压力，N；H 为材料硬度值；K_a 表示磨损系数，K_a 不仅与工况有关，也与摩擦副材料有关，相同材料组成的摩擦副通常具有相当高的 K_a 值。

根据黏着磨损机理与式（4-4）对黏着磨损可以获得以下规律：

（1）摩擦副间的接触应力越大，越容易发生黏着磨损。

（2）发生黏着磨损与摩擦副的材料密切相关。如果其中一种材料越软，也越容易发生黏着磨损。硬度不同的材料，黏着过程通常是软的材料往硬的材料上粘，因之硬度高的耐磨性要好些。

（3）如果黏着点的结合强度比摩擦副中任一材料剪切强度均高，且黏着区域大，剪切应力低于黏着点结合强度时，摩擦副就会产生咬死而不能运动。不锈钢螺栓与不锈钢螺母在拧紧过程中经常发生此现象。

接触应力与摩擦速度对材料的黏着磨损量也有很大影响。在摩擦速度不太高的情况下，钢铁材料的磨损量随摩擦速度、接触压力的变化规律见图 4-2[3]。

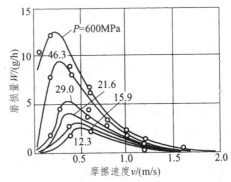

图 4-2　磨损量与摩擦速度、接触压力间的关系

由图 4-2 可见，在摩擦速度一定时，磨损量随接触压力的增加而增加。有资料表明，当接触应力超过材料硬度的 1/3 时，黏着磨损量急剧增加，会产生咬死现象。

在接触应力一定情况下，黏着磨损量与摩擦速度之间存在极值关系。这是因为随着摩擦速度的增加，磨损机理会发生改变，例如由黏着磨损变为氧化磨损。

从控制材料组织结构角度出发，可以得到一些减轻黏着磨损的定性规律：

（1）脆性材料比韧性材料抗黏着磨损能力强。

（2）相同金属、晶格类型相同或电化学性质相近的金属所组成的摩擦副黏着倾向大。

（3）多相金属比单相金属黏着倾向小；金属中化合物相比单相固溶体黏着倾向小。

（4）周期表中 B 族元素与铁不相溶或形成化合物，它们黏着倾向小。而铁与 A 族元素组成摩擦副黏着倾向大。

（5）采用表面处理技术如化学热处理（如渗硫等），可降低黏着倾向。

4.2.2 磨粒磨损机理

磨粒磨损也称为磨料磨损、研磨磨损或微切削磨损。它出现的条件是：摩擦副一方的硬度比另一方硬度高很多，或者在接触面之间存在硬质粒子。当另一方接触到硬粒子时，它们可以陷入软材料表面，由于切向运动产生切削作用。

在磨料磨损研究中，Robinowicz（1965）以硬磨粒嵌入软材料后，由于切向移动产生微切削作用导出了磨损关系式：

$$W_c = (2/\pi)(\tan\theta/H_v)F_n$$

式中，W_c 为磨损率；θ 为硬磨料的顶角；F_n 法向压力，N；H_v 为硬度值。上式可以简化为

$$W_c = K_c(F_n/H_v)$$

此处 K_c 为磨粒磨损的系数。可见磨损量与接触压力成正比，与材料的硬度成反比。因此提高材料的硬度是降低磨粒磨损的有效手段。钢中碳化物是最重要的第二相，经常利用增加第二相的方法提高钢的硬度。同理增加碳化物的数量，减少碳化物尺寸均可以改善耐磨性。但是对于基体中存在大块高硬度的脆性相，在磨损时可能发生崩落，这对耐磨性是非常不利的。

值得提出的是，材料的加工硬化对耐磨性的影响。试验表明：在低应力磨损时，材料的加工硬化虽然使表面的硬度提高，但是并没有增加其耐磨性。在高应力作用下，加工硬化后硬度越高，其耐磨性提高越多。

作为实际应用的例子是工程上常用的耐磨钢高锰钢。该钢在热处理后是奥氏体组织，在受力后由于加工硬化率非常高，同时转变成马氏体使表面硬度大幅度提高，导致耐磨性大幅度提高。实践表明：高锰钢作为碎石机锤头有良好的耐磨性能，但是作为拖拉机履带时耐磨性却不好，其原因就是前者处于高应力状态，后者处于低应力状态。

4.2.3 腐蚀磨损

如果摩擦副处于腐蚀环境下，由于环境作用使摩擦副表面出现腐蚀产物，在摩擦副滑动运动中发生腐蚀产物的磨损（磨粒磨损与黏着磨损），就称为腐蚀磨损。腐蚀磨损最常见的是氧化磨损与零部件结合部位出现的微动磨损。

1. 氧化磨损

氧化磨损是在摩擦副实际接触区域产生塑性变形的同时，由于腐蚀环境作用在变形区域形成氧化膜。在摩擦副滑动过程中，氧化膜在遇到第二个凸起部分时可能剥落，使暴露出来的表面重新被氧化，如此反复进行发生磨损。氧化磨损是各类磨损中磨损速率最低的一种。

也是生产上允许出现的一种磨损形式。为降低磨损速率，往往是先创造条件将磨损转换成氧化磨损，然后再设法降低氧化磨损的速率。氧化磨损的速率决定于氧化膜的性质及与基体的结合力，同时也决定于金属表层塑性变形的抗力。致密非脆性的氧化膜能有效提高耐磨性能。因此在摩擦副表面生成一层致密的氧化膜，对提高耐磨性有利。生产上广泛使用的发蓝、渗硫、有色金属氧化提高耐磨性能就是基于此规律。

腐蚀磨损速度与发生腐蚀磨损的化学环境或电化学环境有密切关系。有些时候化学反应首先进行，接着腐蚀产物被机械作用（磨削）除去，但机械作用可以发生在化学反应之前，首先形成非常小的碎屑，随后再与环境起反应，即使是轻微的化学反应，也可以和机械作用彼此增强。

2. 微动损伤

一般说的滑动、滚动是指互相接触的零部件发生大幅度的相对运动。在紧密配合的零部件间，宏观上看是没有相对运动的。但是实际工况下两个宏观上看没有相对运动的零部件，在微观上却发生极小幅度的运动，称为"微动"。微动与普通的往复滑动的区别仅在于每次往复运动的距离不同。微动的存在会引起材料表面发生损伤，通常包括微动磨损、微动疲劳与微动腐蚀三类。这种现象在生产实际中大量存在，如各种连接件螺栓、铆钉、销等，各种配合件，如花键配合、轮轴配合、轴瓦配合等。一些研究表明：微动损伤可以使车轴的疲劳强度降低约40%。1911年Eden首次报道了微动与疲劳间的关系，到20世纪80年代，微动损伤问题引起人们高度重视。

1992年，Zhou与Vincent提出了研究微动损伤的二类微动图[4]，利用这类图研究材料微动损伤规律。

实际工况中微动的运行模式非常复杂，为了便于研究将实际工况归纳为球与平面接触状态进行简化。按照这类模型人们将球与平面接触模式简化为四种运动模式，见图4-3[5]。

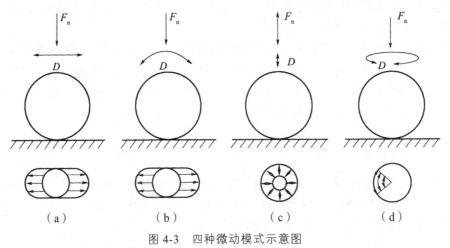

图4-3　四种微动模式示意图

第一种是在外部工作应力的作用下宏观上是静配合的接触面，在结合部位产生切向微小的振幅（一般不大于300 μm）往复滑动引起的一种磨损形式（如紧配合的轴与孔、螺栓紧固构件等），这是最普遍的情况。第二种情况是滚动式的微动。第三种情况是径向式微动。第四种情况是扭动式微动。

微动磨损是微动损伤中的一种情况，它与一般的磨损差别在于往复运动的距离不同，正是由于这种差别造成微动磨损有如下一些特点[3]：

（1）由于振幅小，滑动的相对速度低，微动磨损时构件处于高频率、小振幅的磨损环境中，并且运动速度与方向不断发生变化，始终处于零与某一最大速度之间反复。由于振幅小导致最大速度也是相当有限的，所以属于一种慢速的摩擦磨损，磨损过程相当缓慢。例如一个振幅为 20 μm、频率为 50 Hz 的微动磨损，平均速度仅 2 mm/s。

（2）由于振幅小又是反复性的相对摩擦运动，所以微动表面接触区域重复磨损的概率相对高，磨削逸出的机会又少，磨粒在金属表面产生极高的接触应力，导致韧性金属表面出现塑性变形或者疲劳，脆性金属的摩擦表面产生脆裂或剥落。

（3）钢件磨损产物往往是红棕色粉末，相结构主要是 Fe_2O_3，而铝或铝合金为黑色粉末，相结构主要是氧化铝与纯铝。

还有一种情况是在接触面不可避免地发生电化学腐蚀产生腐蚀产物，在微小振幅的作用下，腐蚀产物发生脱落，这种磨损就也称为微动磨损。又因为两个接触面不脱离接触，所以磨损下来的碎末不能有效地排出来，这些碎末又成为磨料，在高的工作应力下使两个接触面进一步磨损。在微动磨损产生处往往形成蚀坑（所以微动磨损又称为咬蚀），其结果不仅降低零部件的精度，同时容易引起疲劳损坏。

在微动磨损条件下受到交变载荷作用就可能发生疲劳损伤，造成微动疲劳。微动疲劳过程是微动磨损、氧化剂腐蚀、交变应力三者综合作用的过程。与普通疲劳断裂过程类似，微动疲劳寿命同样由裂纹萌生寿命与裂纹扩展寿命构成。微动疲劳裂纹萌生于微动磨损所造成的表面损伤处。微动疲劳的前期一定发生微动磨损过程，否则在微动磨损条件下的交变载荷根本无法形成疲劳裂纹。

对于微动磨损已经提出多种机理。Tomlinson[5]及其合作者于在 1939 年提出在微动条件下，分子间的范德华力导致了材料的脱落。Godfrey[5]等人认为，颗粒从表面脱落的关键在于表面间的机械黏着转移，其次才是氧化作用。Uhlig[5]将机械与化学两方面因素结合起来，认为这两种因素交替影响造成了材料的损失，并最早提出微动磨损的定量表达式。Feng 和 Rightmire[5]结合传统摩擦磨损理论，将微动磨损过程随循环次数的变化分为四个阶段。首先，微动表面的微凸峰率先接触，在相对微滑过程中发生黏着转移产生磨屑，随着循环次数的增加，磨屑逐渐转变成磨粒，接触表面间发生磨粒磨损，氧化磨屑层形成。因磨粒磨损作用产生的磨屑量与溢出磨屑量基本达到动态平衡，进入稳定阶段，由于较小的微动位移幅值，中心区磨粒不易溢出，导致中心区压力增加，边沿压力降低，从而造成了中心的磨粒磨损强度高于边沿，使得接触区中心形成深坑。该理论很好地解释了微动作用加剧表面的粗糙化。Hurricks[5]在总结前人研究成果的基础上，将微动分为三个阶段：金属表面的黏着和转移；颗粒氧化；稳定磨损。目前较一致的意见是：对于大多数金属材料，在氧化不十分严重的环境中，微动接触的初期，金属间的接触、黏着和转移是产生金属磨损颗粒的主要原因。随后 L. Vincent[4-5]等人在对微动磨损过程中第三体的产生及其作用进行系统分析的基础上，提出第三体理论。把在微动过程中金属间的磨损分为下面的两个过程：

首先磨屑的形成：包括接触表面黏着和塑性变形（偶尔伴随材料转移）引起表面损伤；接触材料严重加工硬化导致结构的变化部分材料变脆；微裂纹萌生硬化材料发生碎裂，形成金属磨损小颗粒；磨屑碎化，并开始从接触面溢出。

随后磨屑发生演变（对钢铁材料而言）包括：磨屑轻度氧化粒度为微米量级。随着接触面间的往复作用，磨屑不断的碎化和流动进一步氧化，磨屑粒度为 0.1 μm 量级；磨屑高度氧化粒度为 0.01 μm 量级，表面呈现红褐色，其主要成分为 Fe_2O_3。

在微动磨损研究过程中值得提出的是微动图理论，它为研究微动磨损机理及探索材料损伤规律提供有力的工具。微动图可以分成两类[5]：

第一类：运行工况微动图。它是指接触表面间摩擦力与位移间的关系曲线。与一般的磨损现象一样，接触表面间的摩擦力-位移的变化曲线（即 F_t-D 曲线）是反映微动最基本和最重要的信息，每次往复微动循环都对应一组 F_t-D 曲线，组合整个微动循环过程，就可以描述微动过程的动态变化。通过大量的微动试验表明，可将 F_t-D 曲线归纳为三种基本曲线，如图 4-4 所示。

封闭型：F_t-D 曲线呈直线状，摩擦力随位移线性增加，通常出现在高载荷或小位移的情况。在接触边缘发生微滑，接触表面间不发生相对滑动。

张开型：F_t-D 曲线呈平行四边形，通常出现在大位移时，接触表面间发生较大的相对滑动。

半闭合型：F_t-D 曲线呈椭圆状，通常发生在中等位移幅值，接触表面间除发生弹性变形外，常常伴随强烈的塑性变形。

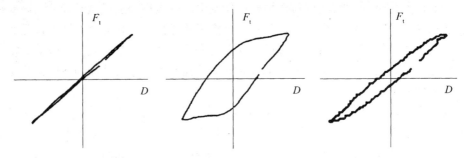

图 4-4　三种基本 F_t-D 曲线

按微动过程中 F_t-D 曲线随循环次数的动态变化（即 F_t-D-N 三维曲线）特性，可以将微动运行工况分为下列三个区域，如图 4-4 所示。

部分滑移区：除微动初期极少数 F_t-D 曲线呈轻微张开，几乎所有 F_t-D 曲线基本封闭[见图 4-5（a）]，摩擦力相对稳定。该区域出现的损伤特征是：接触边缘发生微滑，中心区域保持黏着，外界施加于表面间的相对位移主要由弹性变形控制。

混合区：微动初期的 F_t-D 线完全张开，接触表面有较大的相对滑移，随着循环次数的增加，摩擦力迅速上升，F_t-D 曲线趋向基本闭合，经过一定的循环次数，F_t-D 曲线再次突然张开，紧接着又闭合，经过一次或多次反复，逐渐趋向于稳定[见图 4-5（b）]，此时的 F_t-D 曲线呈现半闭合型。

滑移区：在整个磨损过程中 F_t-D 曲线完全张开，呈平行四边形[见图 4-5（c）]，两接触表面之间发生相对滑移，摩擦力波动较大，该区域通常伴随沿微动方向上出现滑动磨损的特征。

对于同种材料，通过改变正压力和位移，可以获得不同微动区域，由此得出第一类微动图（即运行工况微动图），见图 4-6。在极小的位移或较大压力下，微动运行于部分滑移区；

相反则运行于滑移区；位于二者之间是混合区，混合区的大小与材料的最大拉伸变形率密切相关，变形率越大，混合区越宽，对于脆性材料，混合区则很难形成。在位移幅值、法向载荷、材料性质不变的条件下，微动区域在运行工况图中的分布还取决于其他因素，如试验系统刚度和微动接触模式等。需要指出的是，接触表面运动状态不同于微动区域，只存在黏着和完全滑移两种状态。

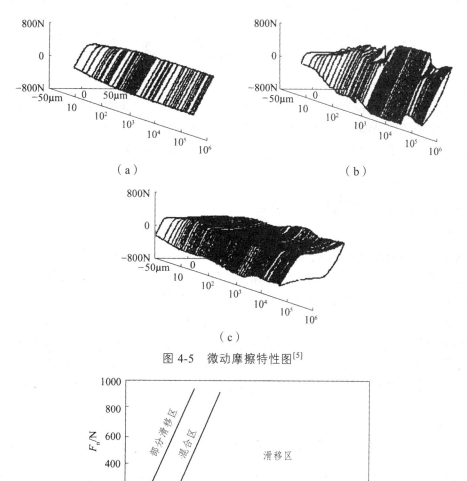

（a）

（b）

（c）

图 4-5　微动摩擦特性图[5]

图 4-6　运行工况微动图[5]

　　第二类：材料响应微动图。对应第一类微动图的不同区域，材料的损伤程度不同，提出与之对应的第二类微动图，即材料响应微动图，如图 4-7 所示。该图由三个区组成，滑移区对应的材料损伤通常表现为大量颗粒剥落，表面接触磨损较为严重，称为颗粒脱落区。部分滑移区对应的材料损伤一般是轻微的，损伤往往仅出现在接触边缘，不易观测到明显的表面破坏。混合区磨损轻微，同一接触表面受到较大的交变应力作用（局部疲劳），表层塑变强烈，成为裂纹快速萌生的最危险区域。

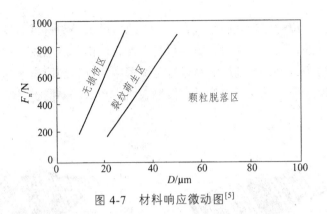

图 4-7　材料响应微动图[5]

近年来国内一些学者根据非平衡态热力学理论，提出了一些新的微动损伤机理研究方法，该方法认为完善的微动摩擦学理论应涵盖摩擦磨损过程的各方面因素，包括力学效应、热作用、电磁作用、化学作用和材料效应等五个方面，并提出了描述微动损伤的数学模型。

4.3　判断磨损机理的方法

在前面论述材料断裂问题时曾经指出，根据断裂模式与断口形貌判断断裂的机理，这对于防止零部件的失效有重要的作用。对于摩擦磨损失效也类似，各种磨损过程均是由其特殊的机理决定的，为提高零部件的耐磨性能同样需要掌握磨损机理。

材料的磨损机理及摩擦磨损特性与材料的力学性能（如强度）有本质不同，它与外界条件，材料本身的力学性能、物理性能和化学性能均有一定联系，也就是说摩擦磨损特性是一个系统特性。判断磨损机理主要根据磨损面的形貌配合分析摩擦副的材料特性及外力情况进行综合判断，其中磨损面的形貌特征起到关键的作用，此时磨损面作用就类似断裂分析中的断口作用。

4.3.1　黏着磨损失效磨损面形貌特征

黏着磨损是在高比压下，材料将发生塑性变形产生冷焊现象。如果黏着点结合强度比构成摩擦副的材料强度均低，分离就从接触面分开，这时基体内部变形较小，摩擦面较平滑。发生黏着磨损的很多情况是，黏着点结合强度比组成摩擦副中某一基体强度高，则从部件的表面上撕下金属，并把它转移到另一个部件的表面上。可见这时软金属黏着在相对较硬的金属上。磨损面就会形成下面情况：

较软的金属磨损面会形成凹坑或凹槽，较硬的金属磨损面上就会有黏着的软金属的材料，形成一些长条形、不均匀分布的条痕。

在对摩擦副材料进行分析后，很容易判断出摩擦副中的软金属部件与较硬金属部件。在扫描电镜下进行观察，并利用能谱进行分析，就可以判断出是否发生黏着磨损。

发生黏着磨损的外部条件是：局部应力很高（可以进行计算）已经超过材料的强度发生塑性变形。

从材料角度分析，脆性材料抗黏着能力高，不易发生黏着磨损。互溶性大的材料（相同金属或晶格类型相同、电化学性质相近等）所组成的摩擦副黏着磨损倾向大。反之互溶性小的材料（异种金属或晶格类型不同）所组成的摩擦副黏着磨损倾向小。

在分析磨损面形貌后，经配合这些综合分析后容易判断是否发生黏着磨损。其中黏着磨损最显著的特点是对磨件之间材料发生明显的转移。实际工程中往往根据这个特征，在 SEM 下利用能谱分析，判断是否为黏着磨损机制。举例说明如下：

【例 4-1】 为模拟汽车刹车片磨损情况，采用 HT20-40 铸铁材料与粉末冶金材料进行摩擦磨损试验。粉末冶金材料组成见表 4-2。

表 4-2 粉末冶金材料组成（wt%）

CuO	石墨粉	Fe-Si	Fe 粉
4	11	2	余量

试验在 MM-1000 型磨损试验机上进行，试验按照 JB 3063—82 标准进行。样品经过一段磨损试验后，判断磨损机理。对磨损样品表面采用 SEM 观察形貌，结果见图 4-8。

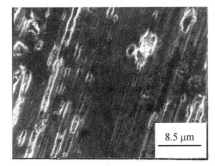 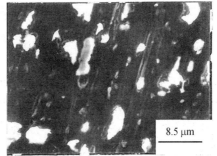

（a）磨损面犁沟与剥落坑　　　　（b）磨损面白色黏着物

图 4-8 HT20-40 铸铁材料表面磨痕的 SEM 照片[6]

由图 4-8 可见，铸铁样品表面形成"犁沟"与"剥落坑"。同时看到有明显的白块状异物黏结在样品表面，能谱分析表明这些白块成分与粉末冶金材料的成分基本相同。因此判断磨损过程中发生粉末冶金材料黏着到铸铁表面，发生黏着磨损。黏着物硬度高于铸铁材料，成为切削物，使样品表面发生微切削导致出现"犁沟"，而"犁沟"两侧可见白色的条痕，表明在进行微切削时，铸铁表面发生塑性变形，在犁沟两侧由于变形导致凸起。

【例 4-2】 在上例中为改善磨损情况，对粉末冶金材料的组成进行改进，采用 HT20-40 铸铁材料与粉末冶金材料进行摩擦磨损试验。粉末冶金材料组成见表 4-3。

表 4-3 粉末冶金材料组成（wt%）

Cu	石墨粉	MoS_2	Pb	Al_2O_3	Fe
3	11	2	3	1	余量

在同样条件下进行磨损试验，对磨损样品表面采用 SEM 观察形貌，结果见图 4-9。

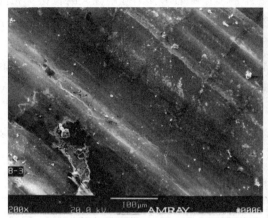

图 4-9　HT20-40 铸铁材料表面磨痕的 SEM 照片[6]

由图 4-9 可见，铸铁样品表面仍形成"犁沟"及有明显的白块状异物黏结在样品表面。但是白块尺寸减小，能谱分析表明这些小白块成分仍与粉末冶金材料的成分基本相同。因此判断改进后磨损过程中，仍发生粉末冶金材料黏着到铸铁表面现象，但是黏着情况减轻，测定磨损量大幅度减少，表明改进的材料提高了磨损性能。

4.3.2　磨粒磨损失效磨损面形貌特征

在 4.2 节中已经论述，磨粒磨损出现的原因是，硬粒子陷入摩擦副中软材料表面，在力的作用下产生切削作用，因此磨粒磨损失效造成的表面形貌典型特征是：在表面产生一些沟槽与划痕，并且这些沟槽与划痕的方向与运动方向一致。因此对于实际零部件发生早期磨损失效，如果观察到这些沟槽与划痕，一般就可以确定磨损机理。

沟槽与划痕的形貌与磨料的硬度及摩擦副材料本身的性能有密切关系。如果磨料硬且尖锐，材料韧性较好，当磨料嵌入材料摩擦副表面，表面就要发生微小的塑性变形，造成边缘形成微凸起形貌。在运动力作用下形成的沟槽就清晰、规则且在沟边出现毛刺。如果材料韧性差，难以发生微小塑性变形，沟槽比较光滑。

如果磨料不够锋利，就不能产生有效的切削，在材料韧性较好的情况下，只能发生微小塑性变形，将材料推挤到磨料运动的两侧或前方，表面形成的沟槽变形就较严重。

如果材料中第二相与基体结合力较弱，或存在大量的脆性相，在磨粒磨损时，会出现第二相脱落、脆性相断裂等情况，磨损面的表面就会形成坑或孔洞。

有些情况下，硬磨粒多次压入摩擦副表面，材料多次发生塑性变形，相当交变应力作用于表面，因此材料的表面与次表面会出现裂纹，在硬颗粒切削作用下，也会形成微坑。图 4-10 是铸铁材料与球墨铸铁的电镀层及球墨铸铁氮化层，经过磨损试验后磨损面的形貌照片。

从图 4-10 中可以看到，球墨铸铁电镀铬层出现明显的沟槽，表明发生磨粒磨损。而球墨铸铁经过氮化后氮化层在经过一段时间磨损后也出现磨痕，同时有剥落现象。因此根据磨面形貌判断磨损机理是磨粒磨损。例 4-3 是通过表面处理方法提高磨损性能的例子。

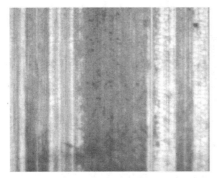

（a）球墨铸铁电镀铬层磨粒磨损后形貌　　　（b）球墨铸铁氮化层磨粒磨损后形貌

图 4-10　球墨铸铁样品经过表面处理与铸铁磨损后磨面形貌照片

【例 4-3】　城市轻轨是一种有效交通工具。在轻轨线路建设中，采用 PC 梁结构。其中有一对摩擦副部件称为支压板与销轴。需要对这对摩擦副进行材料与处理工艺的选择，目的是减少磨损量，提高这对摩擦副的使用寿命。采用 45CrNiMoV 材料制作支压板，40CrNiMo 材料制作销轴。采用不同的处理工艺，制备出下面几种摩擦副，模拟实际运行情况进行摩擦磨损对比试验：

（1）45CrNiMoV 材料调质与 40CrNiMo 调质材料对磨，见图 4-11。

（2）45CrNiMoV 材料高频淬火与 40CrNiMo 材料高频淬火对磨，见图 4-12。

（3）45CrNiMoV 材料经过多元共渗处理与 40CrNiMo 材料经过多元共渗处理后对磨，见图 4-13。

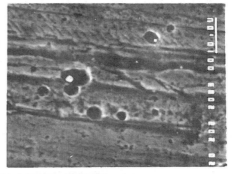

（a）45CrNiMoV 材料（调质）磨痕形貌

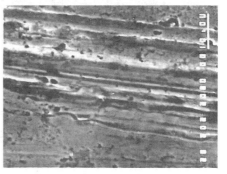

（b）40CrNiMo 材料（调质）磨痕形貌

图 4-11　经过调质处理后材料对磨磨痕形貌

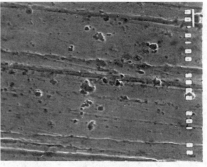

（a）45CrNiMoV 材料（高频）磨痕形貌

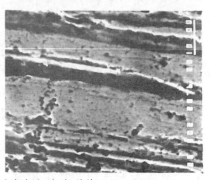

（b）40CrNiMo 材料（高频）磨痕形貌

图 4-12　经过高频淬火后材料对磨磨痕形貌

（a）45CrNiMoV 材料（多元共渗）磨痕形貌

（b）40CrNiMo 材料（多元共渗）磨痕形貌

图 4-13　经过多元共渗处理后材料对磨磨痕形貌

由图 4-11 可见，调质处理后的两种材料，摩擦副的典型形貌是表面出现划痕与一些小的坑，在高倍下还可以看到明显的小微裂纹。表明磨损机理主要是磨粒磨损，在 45CrNiMoV 材料的磨面上可见一些小白颗粒，认为可能同时发生轻微的黏着磨损。

由图 4-12 可见，经过高频淬火后，40CrNiMo 材料磨损面仅出现磨痕，没有微小的坑及微裂纹。45CrNiMoV 材料也出现浅磨痕与小坑共存，但是磨痕与坑的尺寸相对调质处理均变得细小。说明磨损机理仍是磨粒磨损，但是磨损情况减轻，实际测定的磨损量也是如此。

由图 4-13 可见，经过多元共渗处理后两种材料，摩擦副的典型形貌是均出现细小磨痕，看不见微裂纹及小坑。磨损机理虽然不变，但是磨损量进一步降低。

4.3.3　微动磨损磨面的形貌

在 4.2 节中已经论述，微动磨损是在接触面发生极小幅度运动的情况下，产生的磨损现象。因此在整个摩擦副的接触面上一定可以分成磨损区域与未被磨损区域，这两种区域有明显的界限。图 4-14 是 42CrMo 钢在进行微动磨损试验后观察到的磨痕照片。

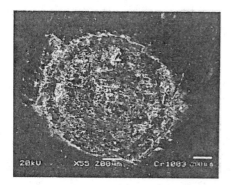 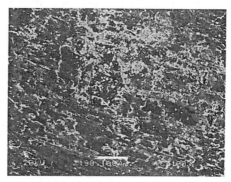

（a）磨痕表面　　　　　　　　　　（b）局部放大形貌

（c）磨痕局部剖面

（$F_n = 600$ N，$D = 40$ μm，$N = 10^5$ 次）

图 4-14　42CrMo 钢微动磨损试验后滑移区磨痕照片[5]

由图 4-14 可见，磨损区域与非磨损区域有明显界限，磨损区域近似为圆形磨痕面。磨痕表面又可以分成边缘环状区域和中央区域，边缘的圆环区域是磨屑在溢出过程中堆积形成的形貌，图 4-14（a）；中央区域呈现黏着磨损的形貌特征，见图 4-14（b）；图 4-14（c）是垂直磨痕表面的剖面图，可以观察到磨痕表面出现凹凸不平，有层状的白色堆积及剥层磨耗。

4.4 实际案例——反击式破碎机锤头耐磨性偏低分析

1. 概　述

反击式破碎机结构见图 4-15。其主要功能是破碎物料。基本原理是利用高速旋转的转子上的锤头，对送入破碎腔内的物料产生高速冲击而破碎，且使已破碎的物料沿切线方向以高速抛向破碎腔另一端的反击板，再次被破碎，然后从反击板反弹到锤头上，继续重复上述过程。

反击式破碎机破碎物料时，物料悬空受到锤头的冲击。如果物料粒度较小，冲击力近似通过颗粒的重心，物料将沿切线方向（图 4-15 中虚线所示）抛出。如果物料力度较大，则物料抛出时产生旋转，抛出的方向与切线方向成 δ 角度，为了使料块能深入锤头作用圈 D 之内，减少旋转，给料滑板的下部向下弯曲，见图 4-15。物料上的主要破碎过程是在转子的 I 区中进行的。物料受到第一次冲击后，在机内反复地来回抛掷。此时，物料由于局部的破坏和扭转，已不再按预定轨迹做有规则的运动，而是在 I 区内不同位置反复冲击，而后物料进入 II 区，进一步冲击粉碎。

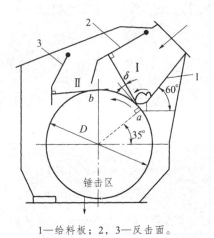

1—给料板；2，3—反击面。

图 4-15　反击式破碎机工作原理

反击式破碎机主要由三种形式对物料进行破碎，在 I 区内是自由破碎和反弹破碎，而在 II 区主要是铣削破碎。

反击式破碎机的锤头以螺钉固定、插入法固定、楔块固定等多种形式安装固定于破碎机的转子上[2]，如图 4-16 所示。螺钉固定式结构形式简单，应用较为普遍。它的截面近似于矩形，呈长条状，沿长度方向安装在转子的托板上。有依靠的固定形式，为应用高硬度材料创造了条件。工作时锤头以 30 ~ 40 m/s，甚至达到 50 m/s 的线速度破碎物料，磨损极为严重，锤头的不断更换不但消耗大量的金属材料，更因为停产大大影响破碎机的生产率，甚至成为生产的限制性环节。

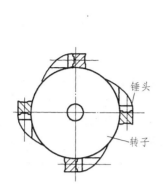
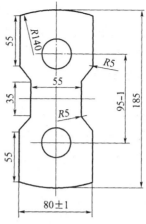

图 4-16 锤头与安装示意图

零件在破碎过程中，锤头除受撞击外还受到物料的冲刷。随着上述过程的不断重复，锤头的原工作面遭到破坏，其表面形状发生了变化，原来的棱角磨削为光滑的圆弧面，见图 4-17。从图 4-17 中可以看到：作用在锤头磨面的力 F 分解为两个力，一个是垂直于磨面的法向力 $F_{法}$；另一个是平行于磨面的切向力 $F_{切}$。前者对锤头磨面产生撞击作用；后者对锤头磨面造成切削、冲刷。

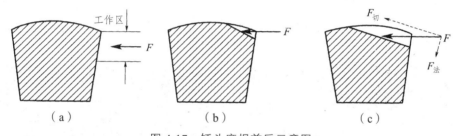

图 4-17 锤头磨损前后示意图

锤头采用 ZGM13 材料铸造而成，经过水韧处理后使用。这种材料及处理工艺是成熟的工艺，使用多年反映良好。高锰钢是一种典型的耐磨钢，有高耐磨性能的原因如下：

（1）高锰钢的加工硬化。

加工硬化是高锰钢的重要特征。铸态高锰钢经水韧处理后形成单相奥氏体组织，该组织硬度仅为 170~230 HB。但是经过形变后奥氏体高锰钢的形变层内表现出显著的加工硬化现象，变形层的硬度可以达到 500~800 HB。

（2）高锰钢的形变诱发马氏体相变。

经过水韧处理之后的高锰钢中的奥氏体具有向马氏体转化的相变驱动能和相变可能性。高锰钢由于含有较多稳定奥氏体的元素 Mn，因此马氏体转变点低于室温，即使经加热和水冷，都因相变驱动能不够，不能发生马氏体相变。在承受冲击或压力的工作状态下，表层奥氏体晶粒将在切应力分量作用下产生滑移导致塑性变形，这个过程同时促使奥氏体向马氏体转变。切应力在产生滑移变形时，不断做机械功，当这种机械功与化学驱动能之和等于或大于马氏体相变阻力所需的相变驱动能时，就会发生马氏体相变，形成加工硬化层和马氏体层。

正是由于上述原理，高锰钢是反击式破碎机最常用的锤头材料。对锤头的技术要求是：

（1）铸件不得有气孔、裂纹等铸造缺陷；

（2）各件质量相同，质量差不大于 0.1 kg；

（3）水韧处理后 HB179～229；

（4）质量：5.01 kg。

某企业利用煤矿中的废料煤矸石制备建筑用砖，采用这种反击式破碎机破碎煤矸石。但是使用过程中发现锤头的耐磨性非常低，远低于设备说明书中提供的寿命。有的能使用几个班，有的甚至只能使用几个小时。导致频繁更换锤头，不但增加生产成本，同时由于换锤头浪费大量的时间，极大影响生产率。该企业为解决耐磨性偏低问题，购买多个厂家生产的Mn13 钢锤头进行试验，结论是耐磨性能均相差不多，远没有达到要求的寿命。要求分析锤头耐磨性偏低的原因，同时找到解决问题的方法。

2. 试验方法

（1）采用 SEM 观察使用过的锤头表面的磨痕形状，判断磨损机理。

（2）采用金相显微镜观察使用过的锤头表面的金相组织。

（3）测定使用过的锤头表面的硬度。

3. 试验结果与磨损机理分析

选取使用过的锤头，在磨损面处与心部取样，在金相显微镜下观察其组织，见图 4-18 和图 4-19。

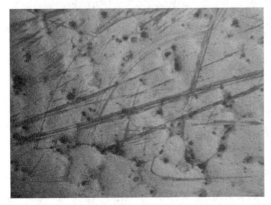
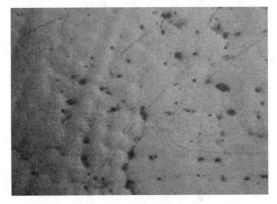

图 4-18　锤头表面金相照片（100×）　　　　图 4-19　锤头心部金相照片（100×）

根据高锰钢强化机理可知：高锰钢加工硬化后，硬化层最外面的显微组织发生了很大变化。主要表现为晶粒成为扁平状，滑移线数量很多，且不同的晶粒滑移有不同的方向，表面组织中产生较多的马氏体。材料表层硬度越高，耐磨性越好。

对比锤头表面和心部的金相组织照片可以得到如下结论：表面应该出现马氏体组织及加工硬化的组织并没有出现，锤头表面与心部组织没有明显变化。说明在服役条件下，没有形成足够的加工硬化层与足够的马氏体，组织仍然是奥氏体。显然奥氏体的硬度不能够满足工作条件对硬度方面的要求。表明 Mn13 锤头在该企业特殊的工作环境下，无法发挥其潜在耐磨性。从表面到心部硬度的测定结果见图 4-20。

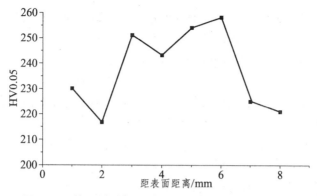

图 4-20 使用过的锤头表面到心部的硬度测定结果

与金相组织分析对应，表面到心部硬度没有明显变化。最高硬度值不超过 HB260，远没有达到高锰钢硬化层的硬度 HB800~500。

观察 Mn13 锤头其表面磨痕形貌见图 4-21。

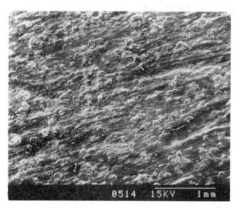 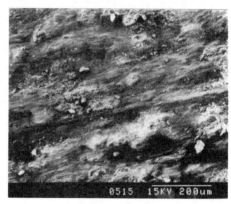

图 4-21 Mn13 锤头表面磨痕的 SEM 图像

从图 4-21 中可以看出，磨痕表面有沟槽与犁沟，说明 Mn13 锤头在服役环境下是典型的磨料磨损机理。磨料磨损根据力的作用特点一般可以分为以下三种：

1）凿削式磨料磨损

由于磨料对材料表面进行高应力碰撞，从材料表面凿削出颗粒状的金属，被磨表面形成很深的犁沟。

2）高应力碾碎式磨料磨损

当磨料与材料表面之间的接触压应力大于磨料的压溃强度时，一般金属材料表面被拉伤，韧性材料产生塑性变形或疲劳，脆性材料则发生碎裂或剥落。

3）低应力擦伤式磨料磨损

当磨料与材料表面之间的作用力小于磨料的压溃强度时，材料表面只发生微小的划痕。从照片可见该锤头应为凿削式磨料磨损。硬度是材料耐磨性的重要因素。但该高锰钢锤头由于在初期工作条件下没有受到足够的冲击应力，无法形成足够的硬化层，硬度不高，无法抵抗住物料的凿削，故而在表面留下了较多的划痕，表现为耐磨性能低下。

为什么高锰钢没有发挥其特有的耐磨性？这主要是该企业特殊的服役条件所造成的。一般反击式破碎机，用于破碎硬度很高的物料（如高硬度石块）表现出良好的耐磨性能。但是该企业破碎的是煤矸石，这种物料的硬度远低于一般的石块。

一般情况下，高锰钢硬化层的深度可以达到 10~20 mm，但这个深度与冲击载荷的大小和状态、组织状态、化学成分、塑性性能、强度性能、形变速度等因素有关。

高锰钢经过水韧处理后的组织为奥氏体组织及微量碳化物，如果在工作中锤头磨面受到足够大的应力，产生的塑性变形诱发奥氏体向马氏体转变，有足够的马氏体组织；并产生加工硬化，才能形成足够的加工硬化层。这种性能使硬化层要求服役状态下有高应力作用在锤头表面。如果锤头磨面没有受到足够的应力就难以形成理想硬化层，则其表面硬度较低，结合该锤头的磨损类型，属于硬磨料对软金属的磨损，其耐磨性自然不高。由于煤矸石是一种硬度远低于一般的石块的物料，原料是 67% 的矸石加 33% 的液岩，与其他砖厂的原材料大不相同，它们本身有一定的韧性。在受到冲击时会发生一定的变形，大幅度降低了冲击力，没有足够的应力作用在锤头表面，导致诱发产生的马氏体组织不够多，发生的加工硬化现象不明显，即没有形成有效的硬化层。这就使得锤头服役过程中所需的硬度值达不到符合锤头正常工作所需要的标准，寿命大大低于设计寿命。

结论：锤头耐磨性远低于设计要求的原因是，作用在锤头上的冲击力偏低，不能产生有效的硬化层。提高耐磨性的基本思路是更换材料。

4. 锤头材料选择与热处理工艺制定

为提高耐磨性能必须提高硬度，可以考虑采用高碳合金钢与中碳合金钢制作锤头材料。采用高碳合金钢硬度很高，但是由于韧性差有发生脆断的风险，所以采用中碳合金钢制作锤头，经过成本、加工等多方面因素考虑选择 42CrMo 材料。42CrMo 材料制备的零件通常采用调质处理，但是在制作锤头时采用低温回火工艺，见表 4-4。

表 4-4 42CrMo 锤头热处理工艺参数

材料	淬火温度/℃	淬火保温时间/min	淬火介质	回火温度/℃	回火时间/min
42CrMo	850	30	水淬	200	40

原始组织与热处理后组织见图 4-22 和图 4-23。

图 4-22　42CrMo 原材金相组织（500×）　　图 4-23　42CrMo 淬火+回火金相组织（500×）

处理后首先在实验室设计磨粒磨损机理、低应力条件下的耐磨性能对比试验，结果见表 4-5 和表 4-6。

表 4-5　Mn13 锤头试样摩擦磨损数据

对比项	原始	一次磨损后	二次磨损后	三次磨损后
试样质量/g	13.502 6	13.480 1	13.452 8	13.413 7
磨损量/g	—	0.022 5	0.027 3	0.039 1
耐磨性	—	44.444 4	36.630 0	25.575 4

表 4-6　42CrMo 试样摩擦磨损数据

对比项	原始	一次磨损后	二次磨损后	三次磨损后
试样质量/g	12.621 8	12.619 9	12.618 0	12.616 1
磨损量/g	—	0.001 9	0.001 9	0.001 9
耐磨性	—	526.315 8	526.315 8	526.315 8

由表 4-5 与表 4-6 可见，在实验室条件下采用 42CrMo 材料耐磨性远高于 Mn13 材料。然后进行实物考核试验。

为了考核新材料锤头的实际使用性能，对 42CrMo 材料锤头进行了现场装机实验，与高锰钢锤头进行对比。

新材料制作的锤头运到某砖厂进行对比实验。对比锤头分别是：

某特种金属配件厂生产的锤头，编号为 WL1 与 WL2（高锰钢样品）；

某耐磨铸铁厂生产的锤头，编号为丰南（高锰钢样品）；

42CrMo 淬火 + 回火锤头，编号为 4。

三种锤头同时装入破碎机进行对比实验，结果见表 4-7。

表 4-7　三种锤头实际生产耐磨性对比实验结果

锤头编号	破碎机号	实验的锤头数	实验前锤总质量/kg	实验前单件质量/kg	2 个班后锤头总质量/kg	2 个班后单件总质量/kg	平均每件磨损量/kg	11 个班后 5 件总质量/kg
42CrMo 淬火 + 回火（4）	2	5	25.625	5.125	24.85	4.93	0.195	21.15
高锰钢（WL1）	3	11	57.75	5.25	52.90	4.81	0.44	未称
高锰钢（WL2）	3	6	31.35	5.225	28.95	4.825	0.40	未称
高锰钢（丰南）	2	6	31.50	5.25	28.55	4.758	0.492	未称

从表 4-7 中可以看出：42CrMo 材料锤头的耐磨性能高于高锰钢锤头约 1 倍以上，并且在使用过程中没有发现断裂等现象。根据此实际考核结果，认为如果采用 Cr12MoV 等材料制备锤头应该也不会发生脆断问题，应该有更好的结果。

最后向企业提出解决问题的方法：采用 42CrMo 材料或 Cr12MoV 材料进行合适的热处理工艺制备锤头。企业采纳建议后获得良好的经济效益。

习　题

1. 图 4-24 是灰口铸铁材料镀铬样品与氮化样品，在相同试验条件下进行摩擦磨损试验后得到的表面磨痕照片。请分析是何种磨损机理？并比较在试验条件下哪种表面处理工艺耐磨性要高？

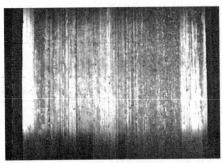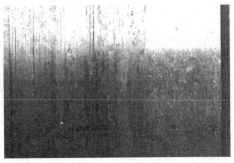

（a）镀铬样品摩擦磨损试验后表面形貌照片

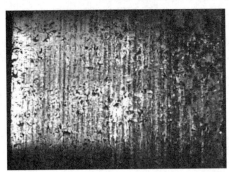

（b）氮化处理样品摩擦磨损试验后表面形貌照片

图 4-24　铸铁材料经过不同表面处理后磨痕照片

2. 图 4-25 是灰口铸铁材料经过离子氮化后样品及经过多元共渗处理后样品均与 GCr15 材料匹配，在相同条件下进行摩擦磨损试验后得到的表面磨痕照片。请分析是何种磨损机理？根据磨损面形貌分析，在上述磨损系统中哪种处理工艺耐磨性要好些？

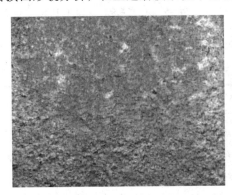

磨损前样品表面形貌　　　　　　　　　　磨损后样品表面形貌

（a）灰口铸铁经过离子氮化后表面磨痕情况

（b）灰口铸铁经过多元共渗工艺处理后样品表面磨痕形貌

图 4-25　灰口铸铁材料经过离子氮化后样品摩擦磨损试验后表面形貌照片

扫码查看本章彩图

参考文献

［1］　美国金属学会. 金属手册（第八版，第十卷）[M]. 北京：机械工业出版社，1986.

［2］　陈南平，顾守仁，沈万磁. 机械零件失效分析[M]. 北京：清华大学出版社，1988.

［3］　张栋，等. 失效分析[M]. 北京：国防工业出版社，2004.

［4］　Z R ZHOU，S FAYEULLE，L VINCENT. Cracking behavior of various aluminium alloys during Fretting wear[M]. Wear，1992.

［5］　徐进. 固体润滑涂层抗微动磨损研究[D]. 成都：西南交通大学，2003.

［6］　沈蓉. 粉末冶金汽车制动摩擦材料研究[D]. 成都：西南交通大学，1996.

第5章 失效案例分析

5.1 案例1——柴油机"机破"事故分析

1. 概 述

在第1章已经论述配属某机务段 DF4 型内燃机车，经过大修后仅运行 8 万千米就在运行期间发生"机破"事故。对此事故建立了故障树（见 1.2 节）。从 FTA 图可见，从"连杆螺栓断裂"分枝分析与"下穿螺栓断裂"分枝分析各自可找到"机破"原因，它们均与非正常的高应力相关。因此就要进一步分析以下两个问题：

（1）连杆螺栓与活塞下穿螺栓哪一组先产生疲劳裂纹。

（2）非正常高应力的来源。

根据上述分析，事故分析团队人员达成一致意见：这次事故发生的主要原因是连杆螺栓与活塞下穿螺栓发生断裂，引起了顶裙分离、活塞裙破碎、连杆严重弯曲等事故的发生。所以事故分析的关键在于判断连杆螺栓与活塞下穿螺栓，这两组螺栓中哪组首先发生断裂及为什么发生断裂。

2. 试验方法

（1）现场了解情况，详细记录破损部件的宏观断裂情况（具体情况结果见 1.2 节）。

（2）从柴油机断裂的连杆螺栓及活塞下穿螺栓上截取样品测定机械性能。

（3）对破坏的铝裙、连杆螺栓及连杆等零件进行金相组织分析，并进行化学成分分析。

（4）观察断裂的连杆螺栓及活塞下穿螺栓宏观断口并用扫描电镜分析断口。

3. 试验结果与分析

1）机械性能测定结果

螺栓与活塞铝裙力学性能测定结果见表 5-1，标准规定的力学性能指标见表 5-2。

表 5-1 螺栓与铝裙力学性能测试结果

试样名称	编号	$\sigma_s N/mm^2$	$\sigma_b N/mm^2$	$\delta/\%$	$\psi/\%$
连杆螺栓	CS96.03-119-1	1 027.9	118.4	18.64	64.47
	CS96.03-119-2	1 052.4	1 157.9	16.8	66.77
	CS96.03-119-1	1 223.9	1 289.6	12.08	53.53
活塞螺栓	DJ96093888	930	1038	20.0	60.63
	11	930	1 048	16.08	62.09
	DJ96092211	905.5	1 018	14.32	60.14
活塞裙	1（本节编）	250.8	325.7	2.76	21.45
	2（本节编）	312.1	362.7	2.85	10.68

表 5-2　螺栓与铝裙的机械性能标准（铁道部标准）

名　　称	$\sigma_s N/\mathrm{mm}^2$	$\sigma_b N/\mathrm{mm}^2$	$\delta/\%$	$\psi/\%$	备注
连杆螺栓	≥980.5	≥1 078.7	≥14	≥62	大修厂提供
活塞螺栓	≥882	≥980	≥14	≥62	大修厂提供
活塞裙	≥290	≥359	≥3		

对照表 5-1 与表 5-2 可以看出，连杆螺栓与活塞下穿螺栓的力学性能均满足标准要求。活塞的铝裙延伸率略低于标准要求，但是本次事故的原因不是铝裙本身首先断裂，所以不必花费精力研究铝裙。

2）金相组织观察结果

对连杆螺栓与活塞下穿螺栓金相组织进行分析，结果见图 5-1 和图 5-2。

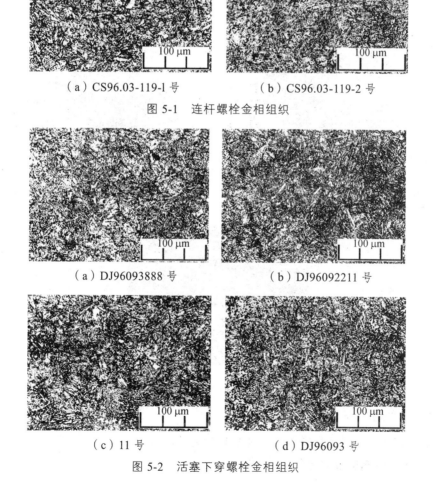

（a）CS96.03-119-1 号　　　（b）CS96.03-119-2 号

图 5-1　连杆螺栓金相组织

（a）DJ96093888 号　　　（b）DJ96092211 号

（c）11 号　　　（d）DJ96093 号

图 5-2　活塞下穿螺栓金相组织

由图 5-1 和图 5-2 可见，连杆螺栓、活塞下穿螺栓的组织均为回火索氏体组织（有些区域有少量回火屈氏体），属于正常的金相组织。

3）断裂螺栓宏观断口观察

CS96.03-119-1 号连杆螺栓断口见图 5-3，从断口形貌可见它是明显疲劳断口。断口上扩展区面积较小且有 2 个裂纹源，存在明显的疲劳台阶。瞬间断裂区位置接近中部，螺栓边缘有多个台阶，因此断定它断裂前受到较大载荷。CS96.03-119-2 呈现拉伸断口，显然它是在 CS96.03-119-1 号连杆螺栓发生疲劳断裂后被拉断的。

4 颗活塞下穿螺栓中 3 颗螺栓宏观断口形貌类似断口平齐，见图 5-4（a）。这种断口既不是拉伸断口，也没有观察到明显疲劳断口的特征。从宏观断口分析，这 3 颗螺栓似乎是在剪切应力作用下断裂的。断口边缘用放大镜观察，隐约可见受摩擦而留下的痕迹。这种痕迹在光镜下观察极为明显，见图 5-5。另一颗下穿螺栓（编号 11 号）与前 3 颗螺栓断口明显不同，断口粗糙表明并非受剪切应力作用下而破坏。

 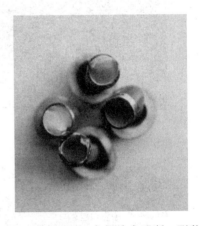

图 5-3　CS96.03-119-1 号连杆螺栓宏观断口形貌　　图 5-4　活塞下穿螺栓宏观断口形貌

图 5-5　活塞下穿螺栓边缘摩擦留下的磨痕

4）螺栓断口微观分析

（1）CS9603-119-1 号连杆螺栓（宏观断口为疲劳断口）。

在 SEM 下分析断口微观形貌，结果见图 5-6。

（a）疲劳辉纹

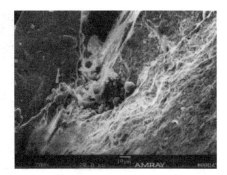
（b）裂源处夹杂

图 5-6　CS9603-119-1 号连杆螺栓断口的 SEM 照片

　　由图 5-6 可见，该连杆螺栓断口在 SEM 下可以观察到疲劳辉纹呈现典型疲劳断口，与宏观断口分析一致。辉纹间距较宽，表明受较大应力，同时可看到大量塑性变形。值得说明的是，在裂纹源处发现明显夹杂物，见图 5-6（b），表明在外加较高应力作用下从边缘夹杂物处产生裂纹，然后向中心扩展，对夹杂物进行能谱分析，见图 5-7，证明该夹杂物是 Fe、Si、Al、O 元素组成的夹杂物，断定该夹杂物是在原材料中存在的。

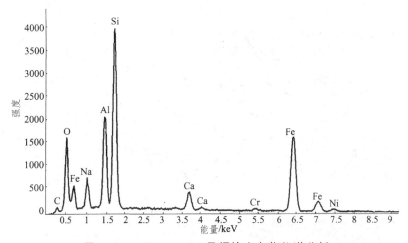

图 5-7　CS96.03-119-1 号螺栓夹杂物能谱分析

（2）DJ96093888 号活塞下穿螺栓（宏观断口平齐，表面有蓝色氧化色斑）。SEM 下微观断口形貌见图 5-8。

（a）中部形貌

（b）断口上条状物

（c）边缘条纹

图 5-8　DJ96093888 号螺栓断口形貌

由图 5-8 可见，此螺栓断口韧性断裂，表明断裂前有塑性变形。且边缘有一条黑带，放大可知此黑带为摩擦后产生的磨痕。图 5-8（c）表明从边缘开裂，在高压下裂纹又闭合，相对摩擦留下痕迹，说明该螺栓也不是受一次力而剪切断的。同时在断口上发现条状物，见图 5-8（b）。由于断口上已出现氧化，说明断口在一定温度下暴露较长时间才断裂，因此也应该是疲劳断裂。由于断口氧化，所以疲劳断裂的细节难以区分。

（3）96093 号活塞下穿螺栓断口（宏观断口是平齐的剪切断口），见图 5-9。

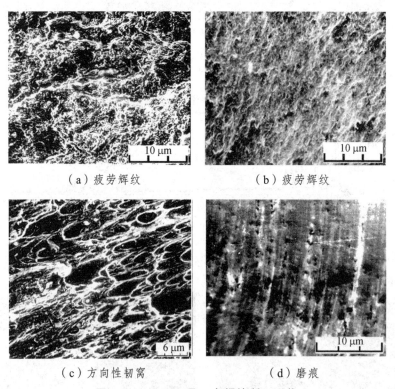

（a）疲劳辉纹　　　　　　　　　　　（b）疲劳辉纹

（c）方向性韧窝　　　　　　　　　　（d）磨痕

图 5-9　DJ96093 号下穿螺栓断口形貌

由图 5-9 可以看到，96093 号活塞下穿螺栓边缘有受摩擦而留下的条痕，在磨痕区域附近可看到疲劳辉纹，见图 5-9（b）。在断口中间区域看到由于受剪切作用而产生的方向性韧窝。据此可以判断出该螺栓的断裂过程。该螺栓在服役过程中同样受到交变载荷，该载荷中剪切应力占较高比例。在交变载荷作用下产生裂纹并不断扩展，最后剪切力下发生的撕裂断裂，因此断口上可以观察到撕裂状韧窝。

（4）11号与DJ9609211号断口（宏观断口呈现纤维状），见图5-10和图5-11。

（a）断口形貌　　　　　　　　（b）磨痕

图5-10　11号下穿螺栓断口形貌

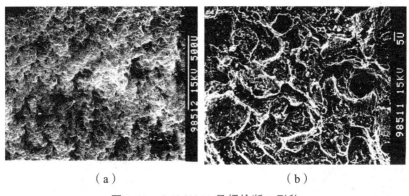

（a）　　　　　　　　　　（b）

图5-11　DJ960211号螺栓断口形貌

11号断口在SEM下仍可发现摩擦痕迹，但断口上看不到疲劳辉纹，只能看到韧窝，表明是受到一次应力拉伸而使其断裂。结合宏观断口分析可断定它是4颗活塞下穿螺栓中最后断的。DJ960211号螺栓断口上也没有观察到疲劳扩展的形貌，因此断定11号与DJ960211号螺栓是后断裂的。

4. 分析讨论

针对前言所述判断事故发生原因的关键是判断连杆螺栓与活塞下穿螺栓两组螺栓中哪组连杆螺栓首先断裂。

螺栓的性能测定与金相组织分析表明：两组螺栓材料的金相组织均为回火索氏体组织，连杆螺栓与活塞下穿螺栓的机械性能基本符合标准要求（仅是下穿螺栓的ψ略偏低，不是构成此次事故的原因）。因此，正常情况下不应该发生螺栓断裂情况。前面试验结果已经表明：连杆螺栓是在受较大应力情况下，从边缘夹杂物处发生裂纹，逐渐向中心扩展而断裂的。活塞下穿螺栓断口中的微观形貌表明：有些螺栓断裂是包括承受剪切应力作用的疲劳破坏，有的是过载断裂，其中有两颗螺栓在缸内发生疲劳断裂。这些结果说明：在机车运行过程中，不论是连杆螺栓还是下穿螺栓均受到了不应有的额外应力作用。

如果连杆螺栓由于材料问题发生疲劳断裂应该是高周疲劳断裂，即疲劳扩展区域较大、瞬时断裂区域小，不出现疲劳台阶等。而本次连杆螺栓的疲劳断口并非如此。根据柴油机工作原理[16]可以知道：作为传递动力的连杆，在它运动轨迹与活塞组件不变的条件下，连杆和连杆螺栓自身不会产生大的载荷。连杆螺栓承受的外加大载荷只能来自活塞（活塞本身或气体压力）。同时如果首先是连杆螺栓发生疲劳裂纹，没有理由造成活塞下穿螺栓受到剪应力，也没有理由增加活塞下穿螺栓的应力，就是说不应该使活塞下穿螺栓也同时产生疲劳裂纹。曾经有过类似经验，由于连杆螺栓疲劳断裂导致"机破"事故发生，而活塞的下穿螺栓还是完好的（见 3.2 节的案例）。同时下穿螺栓断口平整疲劳条纹间距较小，与连杆螺栓比较应力要小，先发生疲劳断裂。

因此可以认为是活塞下穿螺栓首先出现问题，承受到较大的额外应力（尤其是剪应力作用）发生疲劳裂纹，造成钢顶与铝裙间松动，使活塞运动不正常，导致连杆螺栓承受到不应有的额外应力作用造成螺栓断裂。问题的关键是活塞下穿螺栓这些额外应力是从何而来？

从宏观分析可以看到一个基本事实：活塞的钢顶表面发蓝，一件断裂的下穿螺栓断口也发蓝，见图 5-4。这说明在柴油机工作期间，活塞处在较高的温度工作使钢顶与螺栓断口表面氧化。从氧化膜颜色判断温度不低于 350 ℃，在此温度下结构钢制造的活塞下穿螺栓会发生蠕变[17]。

为保证活塞工作正常，在安装钢顶与铝裙时，活塞下穿螺栓必须有一定的预紧力，保证钢顶与铝裙不产生松动。这种预紧力是依靠材料的弹性变形实现的。显然由于活塞下穿螺栓发生蠕变，势必将此预紧力松弛，势必造成钢顶与铝裙间有横向运动。正是由于这种横向运动导致螺栓上有磨痕出现，同时在铝裙的贯穿螺栓通孔上发现不应该出现的下穿螺栓与铝裙碰撞出现的螺纹刻痕，见图 5-3。这些宏观现象充分表明：钢顶与铝裙产生过往复相对运动，使活塞下穿螺栓受到不应有的剪应力作用。根据 SEM 断口分析结果，4 颗下穿螺栓中 DJ96093888 号活螺栓断口表面有氧化膜存在，说明断口形成的时间早，在高温下暴露时间长，它应该是较早形成裂纹的螺栓。96093 号螺栓在 SEM 下观察到疲劳扩展区域，说明它也是较早形成疲劳裂纹然后断裂。另外两颗螺栓没有观察到疲劳断裂现象。因此可以认为 DJ96093888 号螺栓与 96093 号螺栓是先于另外 2 颗螺栓形成裂纹的。

钢顶螺栓设计时是不允许承受剪应力作用的。由于这种附加应力存在，再加上高温作用使材料强度降低，所以使活塞下穿螺栓产生疲劳裂纹，导致部分螺栓疲劳断裂。根据柴油机工作原理，当活塞下穿螺栓出现断裂，就会造成冷却活塞的机油泄漏，缸内所有部件都将不正常运转。例如：钢顶与铝裙之间往复相对运动导致其中应力分布改变，活塞销座变形，由此使活塞死点位置改变，一方面增大压缩力，导致爆发压力剧增；另一方面导致活塞与气门相碰。这些因素均使连杆承受过大的载荷，因此将额外应力施加到连杆螺栓上而产生疲劳裂纹。

为什么活塞会出现不正常高温？因为活塞等部件均已经被打碎，所以只能进行推测。活塞工作时的冷却是依靠油的作用。从现场观察到，连杆轴颈表面和活塞销表面没有异常现象，基本排除了下部供应润滑和冷却油不足的可能性。所以推测，可能与活塞内部油路堵塞或泄漏有关（也可能活塞下穿螺栓预紧力过高，产生疲劳裂纹，钢顶与铝裙松动；总之问题出现在活塞上）。

5. 结　论

在本次"事故"发生过程中，首先是由于活塞处于高温条件下工作，导致活塞下穿螺栓疲劳断裂。由于活塞工作不正常，造成连杆螺栓受力过大，从而使一颗连杆螺栓低周疲劳断裂，另一颗连杆螺栓拉伸断裂。最后导致"机破"事故发生。

5.2　案例2——车钩用E级钢拉伸样品形成非正常断口的原因分析

1. 概　述

某公司采用 E 级铸钢制造铁路列车车钩。该钢的化学成分见表 5-3。

表 5-3　E 级钢（ZG25MnCrNiMoE）化学成分要求

C	Si	Mn	P	S	Cr	Ni	Mo	Cu	Al
0.22 ~ 0.28	0.2 ~ 0.4	1.2 ~ 1.5	<0.03	<0.03	0.4 ~ 0.6	0.35 ~ 0.55	0.2 ~ 0.3	<0.3	0.02 ~ 0.06

根据企业技术人员介绍，车钩铸造后主要采用调质处理保证性能，其制造工艺如下：

材料熔炼→910 ℃，4 h 水淬→590 ℃，3 h 空冷→机械加工

按技术要求处理后的车钩要求进行力学性能实验，性能指标见表 5-4。

表 5-4　E 级钢（ZG25MnCrNiMoE）力学性能要求

抗拉强度/MPa	屈服强度/MPa	延伸率/%	断面收缩率/%	硬度/HBW	冲击功 A_{KV}（-40 ℃）/J
>830	>690	>14	>30	241 ~ 311	>27

公司按照工艺要求制作车钩，正常的拉伸样品应该性能合格，断口的宏观形貌是杯锥纤维断口。但是在生产过程中，公司技术人员发现，对材料进行拉伸试验时经常出现以下问题：

拉伸样品宏观断口呈 90° 脆性断口或宏观断口呈 90° 与 45° 混合断口，并且存在规律，只要出现这两种断口形貌，样品的延伸率一定达不到要求。

最近公司制造一批车钩，又出现上述问题，公司技术人员取三类样品要求进行分析，样品编号与性能指标及断口形貌见表 5-5。

表 5-5　E 级钢三类样品的力学性能数据与断口形貌

样品编号（厂方编）	屈服强度/MPa	抗拉强度/MPa	延伸率/%	断面收缩率/%	硬度/HBW	冲击功 A_{KV}（-40 ℃）/J	宏观断口形貌
1	760	853	19	52	248		杯锥断口
2	769	868	19	50	249		杯锥断口
B			4.3				90° 脆断
4（自编）			8.5				90 + 45°

注：B 与 4 号样品性能达不到要求，公司没有提供具体强度数据。

公司要求对样品进行微观组织与断裂过程分析，其目的是：

（1）分析出现不同形貌的宏观断口的原因。

（2）分析出现不正常的断口形貌影响拉伸塑性的原因。

（3）避免出现上述非正常断口形貌。

2. 试验方法

（1）对样品进行化学成分分析与冶金缺陷观察（该项试验由公司进行）。

（2）对断口进行宏观形貌观察与分析、微观断口分析与能谱分析。

（3）金相组织分析。

3. 试验结果与分析

1）化学成分与冶金缺陷分析结果（见表 5-6）

表 5-6　B 号样品化学成分分析结果

C	Si	Mn	P	S	Cr	Ni	Mo	Cu	Al
0.23	0.25	1.23	0.023	0.016	0.46	0.38	0.3	0.12	0.06

根据表 5-6 可以知道，B 号样品材料化学成分满足要求，同时厂方提供资料表明冶金缺陷也在合格范围之内，说明异常断口形成并非这些因素影响。

2）宏观断口分析

由于 1 号、2 号样品形貌基本一样，所以仅截取 1 号、4 号与 B 号样品的断口进行宏观断口观察，结果见图 5-12 ~ 图 5-15。

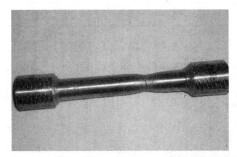

图 5-12　1 号样品拉伸宏观断口（杯锥状断口）

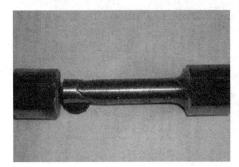

图 5-13　4 号样品拉伸宏观断口 90° + 45°

剥落坑

图 5-14 B 号样品拉伸宏观断口（90°断口）

从图 5-12 中可以看到，1 号样品是典型的拉伸断口，形貌是杯锥状；从图 5-13 中可以看到，4 号样品是 90 + 45°混合断口，中间颜色灰黑色纤维状韧断特征而边缘是发白的脆性断裂形貌。从图 5-14 中可以看到，B 号样品完全是 90°脆性断口，断裂是从边缘开始，裂纹源处有一个圆形剥落坑。

3）金相组织观察结果

从 1 号、4 号与 B 号样品截取金相样品进行微观组织观察，结果见图 5-15 ~ 图 5-17。

 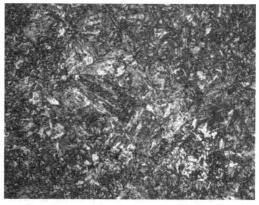

（a）少量未溶解铁素体 + 回火索氏体（100×）　（b）少量未溶解铁素体 + 回火索氏体（500×）

图 5-15　1 号样品金相组织照片

（a）回火索氏体组织，存在黑色网（100×）　　　（b）回火索氏体组织（500×）

图 5-16　4 号样品组织照片

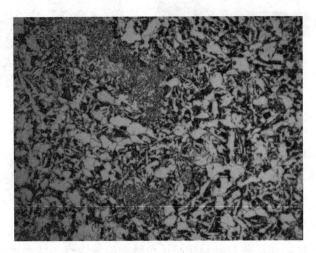

图 5-17　B 号样品组织照片（500×）

由图 5-15～图 5-17 可见，1 号样品的组织是回火索氏体＋没有充分回火的板条马氏体（板条状白块）和少量未溶解铁素体，符合标准图谱的 4 级组织。4 号样品主要是回火索氏体组织，但是组织中存在似乎是沿晶界分布黑色网状组织的痕迹，见图 5-16（a）。4 号样品与 1 号样品比较，其特点是黑区域多一些。这是因为由于组织中存在黑色网络状组织，该区域的成分与其他部位有区别，调质后这些区域更容易析出合金化合物，表现出黑色网区域。

B 号样品组织与 1 号样品明显不同，存在大量白色块状组织，配合显微硬度的测定，判断是未溶解铁素体。出现的原因一定是加热温度没有到完全奥氏体化温度。为什么会出现这种情况？一种可能是炉温均匀性存在问题。还有一种可能是：虽然加热温度符合规范要求，炉温均匀性也满足要求，但是在铸造过程中存在严重的成分偏析，不同样品的相变点出现较大的差异，导致未溶铁素体的出现。这种组织是不符合标准图谱的要求。

4）断口 SEM 分析结果

对不同样品断口在 SEM 下观察，分析断裂机理，结果见图 5-18～图 5-22。

（a）断口中部形貌 SEM

（b）断口中部形貌 SEM

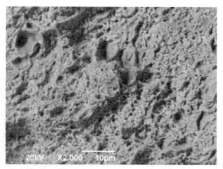

（c）1号样品断口形貌 SEM

图 5-18　1号样品断口形貌 SEM 照片

（a）裂纹源处低倍断口形貌

（b）裂纹源附近断口形貌

（c）裂纹源处二次裂纹

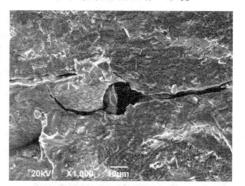

（d）夹杂物处开裂

（e）B号样品断裂源附近断口形貌解理断口 SEM

图 5-19　B样品断口扫描照片

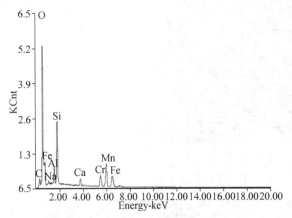
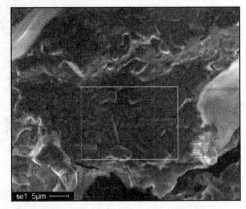

B 号样品断口微区能谱分析成分测定结果

元素	Wt%	At%
CK	08.57	14.82
OK	48.57	63.04
NaK	00.92	00.83
AlK	02.99	02.30
SiK	10.92	08.07
CaK	01.87	00.97
CrK	05.86	02.34
MnK	13.10	04.95
FeK	07.20	02.68
Matrix	Correction	ZAF

图 5-20 B 样品断口圆形落坑内裂纹附近成分测定结果

（a）边缘认为有缺陷处的宏观照片 　　　　（b）4 号样品裂纹源处有大量夹杂物

- 234 -

（c）韧窝内部存在夹杂物　　　　　　　　　　（d）不存在夹杂物韧窝

图 5-21　4 样品断口扫描照片

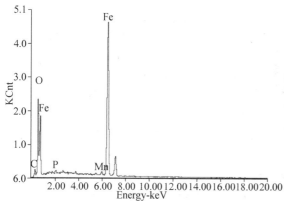

元素	Wt%	At%
CK	05.35	15.48
OK	16.43	35.65
PK	00.44	00.50
MnK	01.48	00.94
FeK	76.30	47.44
Matrix	Correction	ZAF

图 5-22　4 样品断口边缘处夹杂物成分测定结果

由图 5-18 ~ 图 5-22 可见，1 号样品断口微观形貌是典型韧窝状断口形貌。而 B 号样品断口出现解理断裂形貌，在裂纹源处的圆孔形坑内，存在大量夹杂物。根据能谱分析结果，这些夹杂物是氧化物夹杂。4 号样品断口微观形貌与 1 号及 B 号均不相同，裂纹源处出现大量夹杂物，断口虽然也呈现韧窝断口形貌，但是在韧窝内部出现夹杂物。表明材料内部夹杂物与 1 号样品比较，也是较多的。

4. 分析讨论

1) 号样品断裂与杯锥状宏观断口形成过程分析

1号样品是比较典型的低碳合金钢的拉伸断口，关于宏观断口形貌形成过程已经有定论，简单概括如下：

拉伸时，当载荷超过材料的强度极限试样出现缩颈，由于缺口效应在缩颈处产生应力集中并出现三向应力。沿缩颈最小截面处轴向应力分布不均匀，变形不断加大，材料微小区域（一般是在中心部位）发生大量塑性变形沿轴向伸长，形成锯齿状形貌，或称为纤维状形貌。裂纹首先在最小截面处中心的某些夹杂物、或第二相颗粒等处形成。这是因为在这些夹杂物或第二相颗粒处会造成截面分离。该区域宏观平面虽然与拉伸轴垂直，但内部实际是许多小的杯锥组成，每个小杯锥的小斜面与拉应力方向大约成45°角。表明纤维区的形成实际是在剪切应力作用下形成。

紧接纤维区是放射区域，是裂纹达到临界尺寸后快速低能量撕裂的结果。这时材料宏观塑性变形量小，表现为脆性断裂。但是在局部区域仍有大量塑性变形。

当裂纹接近表面时，残留材料就是一个薄壳，由此又形成平面应力条件。导致裂纹扩展由平面的破断向斜面发展，所以断裂表面宏观上形成中心区域垂直拉伸轴，边缘成45°倾斜的区域称为剪切唇。剪切唇区域其表面光滑，与拉应力方向大约成45°角。

2) B号样品断裂过程与90°脆性断口形成过程分析

B号样品组织上存在明显的缺陷，即有大量的未溶铁素体导致强度降低，同时存在较多的夹杂物，这种组织在受到拉伸载荷作用时，内部变形非常不均匀。当载荷还没有达到要求的塑性变形的值时，内部铁素体区域就会发生较大的变形，在外载荷作用下，由于样品边缘存在大量的夹杂物（能谱分析表明主要是 Fe-Si-O-Mn 夹杂物），会造成基体与夹杂物剥离，形成微小裂纹并扩展，形成剥落的小圆坑。这就相当在圆柱样品的边缘有裂纹的情况下进行拉伸，一旦形成裂纹，就会沿在最大拉应力作用下快速扩展，因为最大拉应力是垂直样品轴向的，所以断口表面也是垂直拉伸轴的。这种内部组织不均匀，有较多夹杂物的组织，在拉伸过程中极易形成微裂纹，极大降低了材料的塑性，所以在断裂样品上看不到缩颈现象，不形成剪切唇，呈90°脆性断口。

3) 4号样品断裂过程与 45°+90°脆性断口形成过程分析

4号样品的组织与B号有所不同，内部存在一定夹杂，但是基体组织基本是回火索氏体组织，没有大量未溶铁素体存在，导致断裂过程与B号样品有所不同。从样品宏观断口上可以看到，圆柱样的一侧局部区域是发生了一定的缩颈。内部黑色网络状组织对塑性与韧性会有一定影响，使4号样品本身塑性比较低。根据断口宏观分析原理可知（见2.4节），断口上出现剪切唇的区域应该是最后断裂区域，而出现90°断口区域是裂纹开始形成区域。在外载荷作用下该区域首先形成裂纹，SEM断口分析表明，裂纹的形成也是与较多夹杂存在有密切关系，在夹杂物较多区域造成界面剥离形成裂纹。这样在拉伸载荷作用下，塑性变形与裂纹扩展同时进行。当裂纹接近表面时，残留材料就是一个薄壳，由此又形成平面应力条件，夹杂物数量对变形影响不严重的区域，裂纹按正常方式扩展，由平面破断向斜面发展，边缘成45°倾斜的剪切唇（类似1号样品）。夹杂物大量存在区域，裂纹在最大拉应力作用下快速扩展（类似 B 号样品），最大拉应力是垂直样品轴向的，所以在这部分断口表面形成垂直拉伸轴的宏观断口形式，此区域断裂样品上基本看不到缩颈现象。结果是形成 45° + 90°混合断口，且塑性指标没有达到要求。简单说即是，夹杂物量少对拉伸影响不严重的区域，拉伸过程与 1 号类似，夹杂物多对断裂过程影响严重的区域，拉伸断口与 B 号类似所以形成混合断口（如果从侧面观察 1 号样品、4 号样品，与 B 样品宏观断口均有类似之处，表明断裂过程有相似之处）。

5. 结论与建议

造成塑性降低，拉伸断口呈 90°断口及 45° + 90°的主要原因是材料内部存在未溶铁素体及较多夹杂物。未溶铁素体的存在与铸造过程中成分偏析或炉温均匀性差有密切关系。

建议：

（1）必须严格控制铸造工艺过程，避免成分严重偏析及大量夹杂物的形成。检查热处理用炉的炉温均匀性。

（2）铸态组织应该加强低倍缺陷及夹杂物级别检验。

（3）建议对黑色网络状组织严重样品与基本无枝晶网络状组织样品进行性能对比分析，探明对性能影响规律。

5.3 案例 3——铁路Ⅱ型弹条制造过程中裂纹分析

1. 概　述

1999 年，铁路多个工厂采用 60Si2CrA 材料生产Ⅱ型弹条，由于原来Ⅱ型弹条采用传统的 60Si2Mn 材料制造，换成 60Si2CrA 材料后多个厂家反映这种材料在制造过程中易产生裂纹，一些单位也进行工艺研究[2-3]。当时某厂采用 60Si2CrA 材料制Ⅱ型弹条，利用穿透感应加热工艺成型，在制造过程中发现约 10% 的弹条有裂纹，要求对原因进行分析。首先到现场详细观察了生产过程，了解到以下生产情况：

60Si2CrA 料原材料长 8 m，切成 430 mm 后采用感应穿透加热，加热温度为 900 ~ 930 ℃，但加热时分成两次加热，首先加热距离为 200 mm 左右，然后被加热部分从感应圈中推出。再加热后面约 230 mm 部分使整个棒料温度不均匀（低于 930 ℃）；然后用 80 t 压力机经三次挤压成型。送料频率 12 根/min，每根料加热时间约 15s。弹条成型过程见图 5-23。

图 5-23　弹条成型过程示意图

应说明的是，弹条舌部与两端部不在一平面上，在第三次压时环部受扭。成型后直接淬火冷却，介质采用 30 号机油，油温 40 ~ 80 ℃，有热交换器。入油温度 850 ℃，也就是说第三次压时约 850 ℃，但是与压轮接触处因传热快所以温度会更低。24 h 内回火，回火用快速回火，560～540 ℃ 保温 45 min，油冷。回火后用压机压一次，有些弹条就发生断裂。

2. 试验方法

（1）对产生裂纹的弹条进行详细观察；

（2）观察断裂弹条的金相组织，并用扫描电镜观察组织；

（3）根据观察结果决定利用热膨胀方法测定材料的相变点[4]。

3. 试验结果与分析

1）宏观规律总结

对有裂纹的弹条进行观察及现场了解情况，可以发现下面一些规律：裂纹大部分出现在双环部且垂直轴向（见图 5-24），所有裂纹均出现在与压轮接触处，在此处有明显压痕，表明裂纹一定与接触应力有关，存在沿轴线方向数值较大的拉应力。60Si2CrA 大量出现上述裂纹，采用 60Si2Mn 材料则裂纹出现减少；延长加热时间，裂纹减少。

图 5-24　裂纹发生部位示意图

2）SEM 裂纹形貌及金相组织观察结果

扫描电镜（SEM）下观察裂纹形貌，见图 5-25。

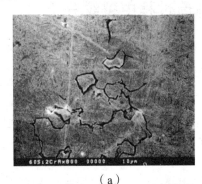
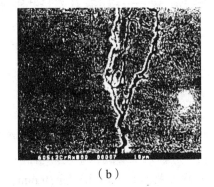

（a）　　　　　　　　　　　（b）

图 5-25　裂纹形貌照片

从图 5-25 中可以看到裂纹分枝且沿晶界扩展。值得指出的是：在所取试样中厂方用探伤仪测出的是两条裂纹，但对棒边缘用金相显微镜观察，即使探伤无裂纹处实际也存在微小的裂纹。微观组织分析表明，裂纹两侧有明显铁素体存在，见图 5-26。

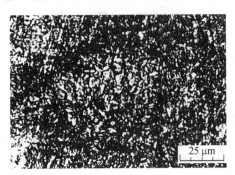
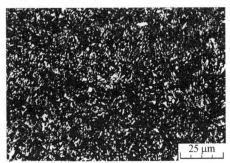

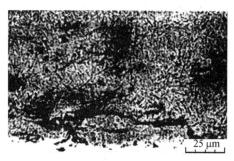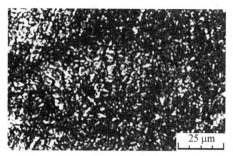

图 5-26 裂纹两侧组织中存在铁素体的金相组织

根据上述分析推测由于加热温度不够，弹条成型是在铁素体与奥氏体两相区进行的，由于铁素体与奥氏体变形能力不同，产生较大变形应力，易使裂纹沿铁素体与奥氏体界面扩展形成网状。根据这种分析决定仿照生产工艺的加热速度测定材料相变点。

3）60Si2CrA 的 AC3 测定结果

60Si2CrA 的 AC3 点是制定加热工艺的基本数据，由于 60Si2CrA 钢当时是一个较新的钢种，所以资料上查不到有关数据。因此对 60Si2CrA 材料进行 AC3 点测定。采用日本 Formast 全自动膨胀仪进行测定。随机取三根 60Si2CrA 材料，编号为 1、2、3，用线切割切出 $\phi 3 \times 15$ mm 的试样多根并进行测定。三根材料的成分测定结果见表 5-7。

表 5-7　60Si2CrA 材料成分测定

编号	C%	Si%	Mn%	P%	S%	Cr%	炉 号
1	0.62	1.52	0.60	0.018	0.013	0.80	36
2	0.61	1.47	0.55	0.017	0.012	0.97	40
3	0.61	1.59	0.58	0.016	0.012	0.74	38

测定时采用不同加热速度探明加热速度与 AC3 关系，结果见表 5-8。

表 5-8　60Si2CrA 的 AC3 测定结果

试样编号	加热速度 /（℃/s）	AC1 /℃	AC3 /℃	备　注
1 （36 炉次）	0.05（标准）	712	796	68.5 ℃/s 条件下：
	9.3	732	810	AC1 平均 = 742 ℃
	23.5	762	845	AC3 平均 = 877 ℃
	31	770	860	
	46.5	778	860	
	68.5	742	877	
2 （40 炉次）	0.05（标准）	717	807	68.5 ℃/s 条件下：
	68.5	735	891	AC1 平均 = 736 ℃
	68.5	723	896	AC3 平均 = 892.3 ℃
	68.5	752	890	

试样编号	加热速度 / (℃/s)	AC1 /℃	AC3 /℃	备 注
3 （38 炉次）	0.05（标准）	741	807	68.5 ℃/s 条件下：
	68.5		887	AC1 平均 = 754 ℃
	68.5	745	874	AC3 平均 = 880 ℃
	68.5	764	880	

由表 5-8 可得以下结论：

在标准条件下：

$$AC1 = 721 \sim 741 \text{ ℃} \qquad AC1_{平均} = 723 \text{ ℃}$$

$$AC3 = 796 \sim 807 \text{ ℃} \qquad AC3_{平均} = 803 \text{ ℃}$$

随加热速度上升：AC1、AC3 上升，尤其 AC3 上升快；在弹条的加热速度 68.5 ℃/s 条件下：

$$AC1 = 717 \sim 764 \text{ ℃} \qquad AC1_{平均} = 743 \text{ ℃}$$

$$AC3 = 874 \sim 896 \text{ ℃} \qquad AC3_{平均} = 885 \text{ ℃}$$

测试时不同试样的 AC1、AC3 有差别，尤其 AC1 差别大，这是因为成分不均匀。

2 号样 AC3 平均值最高，这是因为 Mn 少，Cr 多，而 Mn 扩大γ区，Cr 缩小γ区使 AC3 高，所以 AC3 变化最显著，如果 Cr 含量高则 AC3 上升，这个结果与理论分析一致。

从 1 号样测得的相变点温度可见，加热速度较低范围（30 ℃/s 以下），随加热速度上升，AC3 上升快，而在加热速度达较高范围（30 ℃/s 以后），随加热速度上升，AC3 上升较慢，规律是：加热速度每上升 10 ℃/s，则 AC3 上升 5 ℃ 左右。按此估算在弹条成型节拍为 12 件/min 时（加热速度约 70 ℃/s），AC3 为 880 ~ 890 ℃。在加热弹条成型节拍为 15 件/min 时（加热速度 80 ℃/s），AC3 为 885 ~ 895 ℃。

4. 裂纹产生原因分析

根据前面试验结果可以得出结论：

裂纹是在三种应力共同作用下形成的。第一应力是：对棒料进行感应加热时，存在内外温差造成变形应力。第二种应力是：三道工序压制成型时，压轮与棒料接触之处产生的很大接触应力，在第三工序时还存在扭转应力。第三种应力是：淬火时产生的淬火应力。

为控制裂纹必须有效地控制这三种应力。根据扫描电镜观察与相变点测定结果，可以认为在挤压成型过程中弹条是处在铁素体与奥氏体两相区进行挤压。尤其在第二、第三道工序时，由于温度下降，使与压轮接触处的区域铁素体更易沿晶界析出形成网状，这样就大幅度增加了材料内部应力，这是产生裂纹的主要原因。同时还有其他一些影响因素分别分析如下：

1）原材料化学成分的影响

厂方经验是 60Si2Mn 制成的 Ⅰ 型弹条裂纹形成极少，而 60Si2CrA 制成的 Ⅱ 型弹条裂纹形成较多，显然原材料化学成分存在明显影响。两种材料最大差别在于 Mn 与 Cr 的含量，换言之加 Mn 不易开裂而加 Cr 易开裂。

这是因为 Mn 扩大奥氏体区可使 AC3 点下降，同时 Mn 加入后钢中易产生较多残余奥氏体，增加韧性。而 Cr 作用恰好相反，它缩小 γ 区使 AC3 上升。由于 60Si2CrA 的 AC3 高于 60Si2Mn，加热温度偏低，尤其在二压和三压时更低于 AC3，所以会产生较大应力。同时 Cr 加入钢中后严重降低导热性。因此热加工中严格规定高 Cr 钢不允许采用快速加热方式进行锻造与热挤压成型。

2）加热工艺影响

厂方采用快速加热工艺，棒料内外温度有一定差别，且加热速度越快温度差也越大，越易增大变形应力，同时棒料出感应器前是有一段先出来（约 200 mm），造成纵向温度分布也不均匀。

另外根据 AC3 测定，在厂方加热速度下，60Si2CrA 的 AC3 平均值为 885 ℃，最高可达 896 ℃，厂方加热温度为 930 ℃ 左右，在第一工序成型时棒料可能仍在奥氏体区，但在第三工序成型时（约 850 ℃），一定处于两相区，这样增大了变形应力。淬火温度如果过低，组织中存在铁素体在受外力作用时造成变形不均匀，铁素体处产生应力集中易形成脆性断裂。铁素体越多则这种不均匀结构的破断抗力就越低。

3）压制应力的影响

裂纹均产生于压轮与棒料接触处，显然压制应力对裂纹形成有重大影响。如果按厂方提供的 800 kN 压力加压，利用两个圆柱接触时的接触应力公式计算，压制时在接触面处的纵向应力可达 1 500 MPa，此值已接近 60Si2CrA 断裂极限，所以在少量淬火应力下很易开裂。设法减少压制时的接触应力是十分重要的。

4）淬火应力影响

厂方做过试验，压制后弹条如果不淬火则不开裂，显然淬火应力有重要影响，因为是横向裂纹，所以是在沿轴向作用的淬火应力作用下开裂的，且应是在组织应力作用下开裂的。查资料可知，在此棒料条件下淬火时产生的组织应力最大值在表面，约 400 MPa。此值再加上压制时接触应力值可达 1 900 MPa，已达到断裂极限，所以易开裂，因此必须控制。

5）控制裂纹的建议

要求供货厂方将 60Si2CrA 的含碳量及 Cr 量控制在下限，而 Mn 含量控制在上限，减少 Cr 对导热性及 AC3 的影响，增加残余奥氏体量。同时提高加热温度降低加热速度，根据 AC3 测定，提高温度 40 ℃ 左右为宜。太高也会对效率产生不利影响，送料节拍控制在 10 根/min 左右较好。另外应适当降低成型应力，减少压制时的接触应力对裂纹形成影响也巨大。

5.4 案例 4——压力容器罐体表面裂纹分析

1. 概述

某钢厂为苏州某企业提供生产压力容器用钢管，材料为 34CrMo4，规格为 $\phi 356 \times 7.7$ mm。压力容器生产企业将钢管截成 1.1 m 长度后，采用感应加热两端后，旋压将两端收成封闭形状。钢瓶形貌见图 5-27。

图 5-27 钢瓶形貌

钢瓶的生产工艺如下：

钢坯冶炼→钢管轧制→钢管截断→旋压收底→底部气密→旋压收口→淬火（采用淬火介质）→回火→螺纹加工→超声波检测→喷漆→抽样疲劳试验→抽样爆破试验→上阀→气密试验→检验→入库

热处理全部采用自动生产线，气瓶双排放置在输送带上，淬火炉加热温度为 860 ~ 890 ℃，加热 60 ~ 70 min，淬火液为 5% ~ 5.5% 有机淬火液，淬火液温度 ≤ 45 ℃，连续入淬火介质；加热时快速加热，没有保护气氛。由于钢瓶是单面淬火，所以冷却是从外壁向内壁冷却。每炉钢可以生产 600 ~ 800 件气瓶。

2010 年 7 月，钢瓶生产企业反映，钢厂提供的钢管做成气瓶，在热处理后发现气瓶表面有裂纹出现，裂纹有横向、斜向等裂纹，其中 1084315 炉号的气瓶，裂纹出现比例高达 15%。裂纹宏观形状见图 5-28。

图 5-28　气瓶裂纹的宏观形貌（现场拍摄照片）

要求对提供的 1084315 炉号制作的钢瓶裂纹样品进行分析，并找出开裂原因。

2. 样品与分析方法

1）分析用样品

提供裂纹样品 1 件，状态见表 5-9。

表 5-9　分析样品状态与编号

样品冶炼炉号	样品裂纹状态	热处理状态	样品形状
1084315	表面有横向裂纹	进行热处理	瓦块样品

2）试验方法

（1）采用磁粉探伤方法对表面裂纹进行探伤，目的是观察裂纹的形貌。

（2）在裂纹附近用线切割机截取样品进行金相组织与夹杂物分析；同时利用光谱仪进行化学成分测定。

（3）在裂纹处用线切割机截取样品，观察裂纹形貌，同时进行金相组织分析。

3．试验结果与分析

1）化学成分对比分析

表 5-10 是裂纹附近样品进行化学成分分析所得到的结果。钢瓶材料的化学成分要求见表 5-11。

表 5-10　1084288 炉号钢化学成分测定结果

C	Si	Mn	P	S	P + S	Cr	Mo	Ni	Cu
0.34	0.28	0.82	0.015	0.009	0.024	1.1	0.25	0.25	0.10
Al	Sn	Nb	Ti	B	V + Nb + Ti + B + Zr				
0.03	0.01	0.01	0.01	0.000 1	0.12				

表 5-11　化学成分要求　　　　　　　　单位：%

C	Si	Mn	P	S	P + S	Cr	Mo	Ni	Cu
0.30 ~ 0.37	0.10 ~ 0.40	0.60 ~ 0.90	≤0.020	≤0.010	≤0.025	0.90 ~ 1.2	0.15 0.30	≤0.30	≤0.20
Al	Sn	Nb	Ti	B	V + Nb + Ti + B + Zr				
0.020 ~ 0.045	≤0.020	≤0.020	≤0.020	≤0.000 5	≤0.15				

对比表 5-10 与表 5-11 可以看到：1084288 炉号钢的化学成分，满足规定化学成分要求。钢管生产公司依据规定的化学成分多次提供钢管，均没有出现问题，所以认为此次裂纹的出现不应该是原材料化学成分问题。

2）磁粉探伤观察到的表面裂纹形貌与分析

磁粉探伤结果见图 5-29。

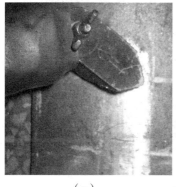 

<table>
<tr><td align="center">（a）</td><td align="center">（b）</td></tr>
</table>

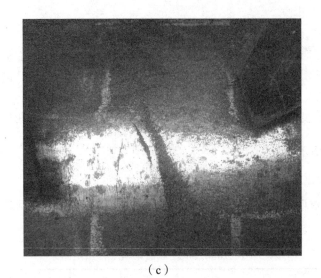

（c）

图 5-29　提供的 1084315 炉号开裂罐体样品磁粉探伤照片

由图 5-29 可见，厂方提供的 1084513 炉号有裂纹样品经过磁粉探伤后，发现表面有 2 条明显微细裂纹。对裂纹进行宏观分析得到如下结果：

（1）经过测定，这 2 条裂纹均与罐体的轴线成 60°～70°夹角；接近于横向裂纹。

（2）经过测定，这 2 条裂纹在圆周表面扩展的长度为 5～8 mm。裂纹存在的区域大约是 20 mm 见方的一个区域，而在提供样品的其他区域没有观察到裂纹。

钢厂技术人员提供了现场拍摄到的其他罐体裂纹照片，见图 5-30。

（a）其他罐体裂纹照片

（b）其他罐体裂纹照片

图 5-30　现场拍摄的其他罐体裂纹照片

从这些照片可以看到，裂纹的特点与磁粉探伤的结果基本一致，均出现在罐体某一个尺寸不大的范围，而且裂纹的长度也不长。

这种现象说明：在罐体外表面有一个尺寸不大的区域，在该区域有些特殊的原因造成该部位开裂。

3）1084315 裂纹样品金相组织分析

（1）裂纹形貌观察。

金相观察裂纹沿壁厚方向扩展情况，结果见图 5-31。

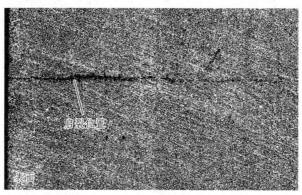

图 5-31　裂纹沿壁厚方向扩展照片（几张照片合并而成）（50×）

分析：从图 5-31 中看到一个重要现象，裂纹形成的起始位置并不是在罐体的表面，而是在距表面一定深度的位置（如图 5-31 中箭头所示）。经过测定，该位置距离表面约 0.8 mm。整个裂纹的深度为 4 ~ 5 mm。对裂纹进行仔细观察又发现一些特征，结果见图 5-32。

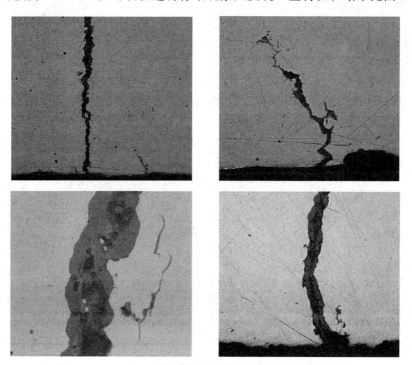

图 5-32　1084513 炉号样品中裂纹沿壁厚方向扩展照片

从图 5-32 中可以看到，实际上裂纹出现的区域并非是一根裂纹扩展，而是在裂纹扩展过程中又诱发一些小裂纹。这些小的裂纹有些出现在内部，有些出现在表面。出现在表面的裂纹由于细小，磁粉探伤并没有显示出来。这说明在裂源处存在较大的应力。

（2）裂纹附近金相组织观察。

对裂纹附近的组织进行仔细观察，结果见图 5-33。

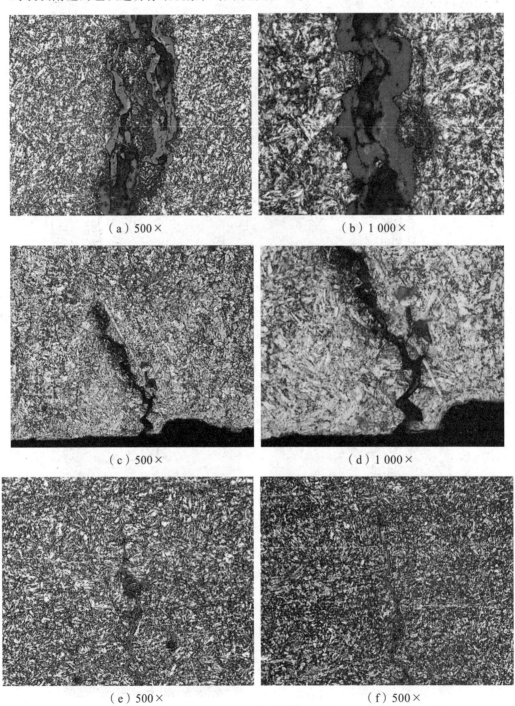

（a）500×　　　　　　　　　　　　（b）1 000×

（c）500×　　　　　　　　　　　　（d）1 000×

（e）500×　　　　　　　　　　　　（f）500×

 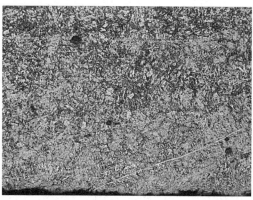

（g）脱碳层中存在微裂纹（100×）　（h）表面组织（在界面可观察到细小析出物）（500×）

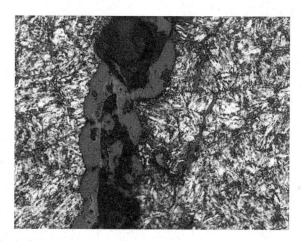

（i）次裂纹沿界面扩展（说明界面可能有析出物）（1 000×）

图 5-33　1084513 炉号样品中裂纹附近及样品表面金相组织照片

对裂纹附近组织分析可以得到以下结论：

① 裂纹附近没有观察到明显的脱碳层，说明并非存在锻造等原始裂纹。裂纹应该是在淬火过程中形成的。

② 裂纹附近没有观察到明显夹杂物，说明夹杂物不是引起开裂的主要原因。

③ 样品表面有一定的脱碳层。脱碳层上存在一些细小裂纹，见图 5-33（g），说明脱碳层的存在不利于淬火安全性，但是主裂纹的形成并非是脱碳层引起的。

④ 裂纹样品表面区域隐约可以看到一些界面析出物，并可以看到次生裂纹沿界面扩展。

（3）夹杂物观察。

夹杂物分析结果见图 5-34。从图中可以看到 1084513 炉号样品中有点状氧化物夹杂物与条状硫化物夹杂物，利用标准进行评级，氧化物夹杂物级别为 2～3 级，硫化物级别为 1～2 级。

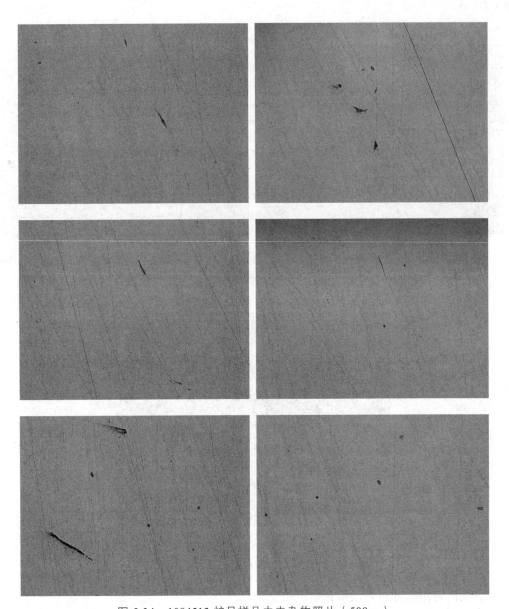

图 5-34　1084513 炉号样品中夹杂物照片（500×）

4. 分析讨论

若要对工件进行失效分析，必须具备全面的资料，包括对整个加工工艺的了解、失效工件的现场调查、取样等一系列系统的工作。本次分析仅对裂纹样品进行金相分析，因此下面所得到的结论仅为初步结果，为彻底了解原因应结合进一步深入分析，还需进行模拟试验验证。

1）裂纹是在热处理过程中形成

依据：钢管出厂时均经过探伤没有发现裂纹；裂纹尖端两侧没有观察到明显脱碳层，见图 5-31 和图 5-32。

2）裂纹形成与冶金缺陷无关

依据：钢的成分合格，如果出问题应该是冶金质量问题（如钢管存在疏松、偏析、白点等）。但是根据厂家描述，钢瓶裂纹出现部位的规律是：钢瓶缺陷均出现在外表面，且大部分均在距焊口一定位置的部位。不太可能所有冶金缺陷均有规律地出现在这样的部位面，同时开裂严重的1084315炉号钢的化学成分及夹杂物与其他炉号的钢无明显区别。

3）裂纹与罐子结构及淬火介质的冷速有关

（1）罐子本身结构增加了裂纹形成概率。

钢瓶制作公司进行热处理时，气瓶是单面淬火，造成冷却是从外表面向内表面单方向冷却。与一般的两端开口的气瓶相比，冷却速度大幅度降低。且罐子内部空气靠传热冷却，空气导热系数远低于钢，进一步降低冷速，相当于罐子壁厚大大增加。对于此成分的低合金钢棒材，淬火危险尺寸油冷时在 25~40 mm，对于管材壁厚还要小于该尺寸范围。所以这种依靠外圆向内壁冷却的方式本身增加淬火裂纹的可能性。

（2）由于热应力为主的过渡型应力过大，超过材料断裂强度导致开裂。

对裂纹的特征进行总结如下：

裂纹起源于距表面 0.8 mm 左右的内部区域，裂纹与罐体的轴线夹角为 60°~70°，裂纹附近的组织没有发现明显的异常（如存在夹杂物、脱碳层、碳化物聚集等）。

裂纹存在的区域约为 20 mm 见方的区域，长度为 5~8 mm，深度为 4~5 mm，说明裂纹形成后向表面与内部同时扩展。

这些现象说明，在淬火过程中在距表面 0.8 mm 处淬火合成应力过大，超过材料强度极限导致开裂。淬火合成应力有三种典型类型：一是组织应力型，二是热应力型，三是过渡型。造成开裂的应力为过渡型应力，并且热应力占主要部分。

依据是：

① 淬火组织应力造成纵向裂纹，且表面应力最大，所以裂纹应该在表面开裂并沿轴线扩展。但裂纹形貌观察试验结果是，裂纹在距表面 0.8 mm 内部区域形成，且基本倾向于横向裂纹，因此排除组织应力过大造成的开裂。如果是热应力造成开裂，启裂点应该在心部位置，并且裂纹应为横向。裂纹观察结果也不完全相符。

② 过渡型应力是在组织应力与热应力综合作用下，最大应力位置向表面偏移，并且裂纹形成与轴线有一定夹角，这与试验结果吻合。在裂纹观察中（见图 5-32）还看到一些细小裂纹在内部开裂后向表面扩展，但是到表面附近就止裂了。为什么没有裂穿？这是因为过渡型应力分布是：拉应力分布在过渡区域一定范围，在心部及圆管内表面基本是压应力，所以止裂。

③ 罐子由于单方向冷却，且内部空气难于冷却，可以近似看成是大尺寸工件冷却。厂方采用5%介质淬火也说明这样问题。而大尺寸工件形成残余应力的往往具有热应力型特点。

（3）裂纹形成可能与机械手与罐体接触有关。

依据：

试验结果表明，在表面呈现的裂纹区域均不大，约在 20 mm 见方的范围内。技术人员现场统计裂纹出现的位置，如图 5-35 所示。

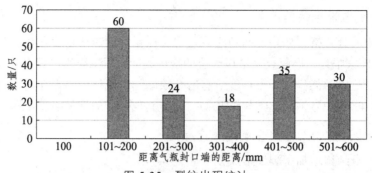

图 5-35　裂纹出现统计

由图 5-35 分析裂纹出现区域比较有规律，主要集中在距中部 100～600 mm 区域，同时裂纹出现的区域仅 20 mm 见方的范围，这说明在淬火时，罐体表面在此范围内存在一个特殊的区域，非常容易开裂。从钢厂技术人员提供的工艺照片看到，在淬火过程中有一个机械手将罐体放入淬火介质内，而机械手与罐体接触的范围大致处于此区间。

从淬火过程照片看到，罐体没有淬火前首先是高温罐体与机械手接触（接触部位面积可能与裂纹出现区域面积相当，可以进一步调查），接触部位区域温度与其他部位不同将发生明显降低，甚至由于机械手传热快，使该处在没有淬火前就可能形成马氏体，在周围热作用下又变成回火组织，类似淬火产生软点，至少造成接触部位与其他部位冷却速度不同，增加该处冷却不一致性。

另外，据现场技术人员表示，在罐体加热时表面有些部位与下面的工装接触，也会影响加热不均匀。

4）1084315 炉号罐体开裂严重可能与淬火介质的冷却速度有关

前面已经论述，由于热应力为主的过渡型应力过大，超过材料强度极限导致 1084315 炉号的罐子严重开裂。虽然说罐子结构造成淬火开裂概率增加，与机械手接触部位对开裂有影响，但是并非所有钢号的这种结构罐子均大量开裂。因此对于 1084315 炉号钢制作的气瓶开裂比例高，一定还有其他附加原因。从金相样品分析结果分析可能是与淬火介质的冷却速度有关。

影响淬火应力的主要因素是材料成分、加热温度与时间、零件结构尺寸与冷却速度。1084315 炉号材料成分经过化验与其他材料比较并无明显差异，双方技术人员现场观察认为加热温度与保温时间没有问题，同时此批罐体的几何尺寸与其他罐体更是基本一致，所以可以排除这些因素的影响。基于这些事实，认为最值得怀疑的因素就是冷却介质的冷却速度问题。

34CrMo4 材料的淬透性比较高，成分与国产 35CrMo 钢类似。淬透性可能还高于国产 35CrMo 材料。即使按照 35CrMo 钢淬透直径分析，水淬火时淬透直径可以达到 40 mm 左右；油淬火时淬透直径也可以达到 25 mm 左右。生产厂采用 5%～5.5% 淬火液，淬火液温度 ≤45 ℃ 进行淬火。如果按照 251 淬火介质分析，5% 水溶性淬火介质的冷速就与水相当，而罐体壁厚仅 8 mm 左右，完全没有必要采用如此低浓度。这说明钢瓶制造厂的技术人员通过多年生产经验已经认识到：由于罐体结构的特殊性，是单方向冷却，严重降低了冷却速度，所以必须采用较快速度冷却才能在整个截面获得马氏体组织。

同时也看到钢瓶制造厂采用淬火介质与一般企业又有两点很大不同：

（1）一般厂对于水溶性淬火介质浓度要求的范围较宽。对于 8 mm 左右壁厚 35CrMo 零件如果采用 251 淬火介质，往往是浓度控制在 15% 左右，浓度偏差一般在 ±2%。而钢瓶制造厂对浓度偏差控制非常严格在 ±0.25%，这是罕见的。应该是钢瓶制造厂过去因为淬火介质浓度问题出过质量事故，所以对淬火介质浓度控制如此严格。

（2）一般厂对于水溶性淬火介质温度，一般控制在 20～30 ℃，而该厂是 ≤45 ℃。对于水溶性淬火介质的一般规律是温度高冷速慢。可能是该厂技术人员认为冷速慢不容易开裂，所以放宽上限温度范围。

很多企业的技术人员有一种观念，认为开裂往往是组织应力造成，热应力难于致裂。同时认为增加冷速就增大开裂危险，这些种看法并不全面。实践表明，热应力造成开裂的例子大量存在。实践也表明在某些情况下，由于介质冷速加快，增大组织应力可以减少热应力作用，使淬火合成应力降低，反而减少开裂危险。

从现场了解情况是，钢瓶制造厂在生产时经常出现一定数量的淬火裂纹罐体。说明在正常生产中也存在多件开裂，只不过这次 1084315 号开裂更多罢了。

既然认为是介质冷速问题引起开裂，就要分析是因为介质冷速快了造成开裂？还是冷速慢形成的裂纹？我们认为可能是介质冷速慢导致开裂。

依据如下：

（1）如果介质冷速加快，可以同时增加组织应力与热应力。但是目前一般认为，冷速加快将使马氏体区域冷速加快，极大增加组织应力，组织应力增加比热应力增加更为显著。所以快速冷却一般形成组织型残余应力特点。对同样淬火介质，采用直径小的棒料淬火，由于增加冷速，产生的裂纹均是纵向裂纹就是最好的说明，即冷速快，在表面形成最大的切向应力产生纵向裂纹。而观察到的裂纹是与轴线成 60°夹角，并非纵向裂纹。

（2）冷速快造成的裂纹往往是从表面开裂，而观察到的裂纹是在距离表面 0.8 mm 左右区域开裂。

（3）由于罐体是从外表面向内表面逐步冷却。外表面的冷速是最快的。如果是冷速快造成的开裂，显然应该在冷速最快的外表面首先开裂，裂源应该均在外表面。但是实际是过渡区域先开裂，即外表面开始冷却时并没有开裂。

（4）在 1084315 裂纹样品表面区域隐约可以看到一些界面析出物，并可以看到次生裂纹沿界面扩展。这些析出物有可能是冷速慢形成的铁素体类组织。而在 1084288 开裂的样品中可以明显看到由于冷速慢界面析出物及一些非马氏体组织，见图 5-36。

图 5-36　1084288 裂纹样品表面出现的界面析出物（1 000×）

5）注意密封工艺对裂纹形成有影响

在热处理前要进行人工焊口（保证瓶口无缝隙，防止淬火时淬火液进入瓶体）。但抽查发现有些罐体的瓶口仍然没有完全密封。如果没有密封的钢瓶会使淬火时空气收缩淬火液进入瓶体，在回火时瓶内的淬火液挥发成气体，可能使瓶内压力升高，致使瓶体胀裂。同时封口前，如果罐体放置较长时间，而空气中湿度很大，就有可能在罐体内部吸收水汽，焊接后水汽就密封在罐体内部，淬火时水汽挥发成气体也将产生较大应力。这些均是值得注意的问题。

5. 结　论

（1）1084315 炉号裂罐体出现裂纹可能是在热处理过程中形成。其原因是淬火过程中，以热应力为主的过渡型应力过大，超过材料断裂强度导致开裂。

（2）淬火冷却介质冷速慢可能是造成以热应力为主的过渡型应力过大的原因。

6. 建　议

根据试验结果，有一个问题必须提请厂方引起高度重视：

根据对 1084315 炉号裂纹样品分析，得到一个基本事实：裂纹启裂并非在罐体的表面，而是在距表面一定深度的内部。同时观察到内部有一些没有扩展到表面的裂纹（见图 5-32）。又对 1084288 炉号有裂纹的其他样品进行分析，获得基本类似的结果。因此判断可能大多数开裂的罐体，裂纹均在内部形成。但是目前厂方是采用磁粉探伤方法检测罐体的裂纹，而磁粉探伤并不能确定内部裂纹，所以可能会出现以下问题：虽然磁粉探伤合格，但是发出的成品却是内部存在裂纹的罐体，这就给用户在使用过程中造成极大隐患。如果用户使用过程中出现断裂事故，其危害远大于生产过程中出现裂纹。

鉴于此，钢瓶生产厂与制造厂密切合作，进一步深入研究断裂原因与断裂机制。为进一步确定断裂原因与机理，建议进行以下研究与模拟试验：

（1）选取 1084315 炉号表面有较长裂纹的罐体，从上面取样，首先金相确定裂源位置，然后沿裂纹面破开研究断口形貌，尤其是断裂源位置处断口形貌，进一步确定断裂原因。

（2）选取多个有裂纹样品，利用电镜进一步观察裂纹样品界面状态，分析是否存在铁素体、贝氏体等组织，进一步确定冷速的影响规律。

（3）采用不同冷速介质或不同浓度介质进行淬火试验，配合探伤（如超探等）检查裂纹出现情况，确定介质冷速对裂纹的影响规律。

分析：裂纹在过渡区域形成后，随冷却进行冷却规律是，沿厚度方向一方面是温度不断降低，另一方面是冷速不断减慢。观察到的断裂现象是裂纹沿厚度方向不断扩展。但是没有一直扩展到内表面。原因应该是：一方面内表面马氏体数量不断减少应力降低；二是热应力与组织应力构成的合成应力，越向心部压应力比例越高，抑制裂纹扩展作用越来越大。过渡型应力特点是表面与心部均为压应力，在中部某一区域为拉应力。这个结论与内表面没有开裂吻合。因为心部冷速比过渡区域慢，说明冷速慢了也不易开裂。

对于这种结构单方向冷却的零件，可能存在一个临界冷速，在该冷却速度下最易开裂。

（4）生产上建议：经常测定淬火介质浓度与温度，判断是否与开裂有密切联系（淬火液温度控制在 35 ℃ 以下）。

5.5 案例 5——高速轧钢机用轧辊表面剥落原因分析

1. 概 述

轧辊种类繁多，常用材料有镍铬无限冷铸铁、贝氏体球铁等。但由于耐磨性偏低，在 20 世纪 80 年代又开发出高速钢材料的轧辊，由于性价比高受到轧钢业欢迎，这类轧辊基本依赖进口[1]。目前国内一些企业也在积极研制，但经常出现寿命偏低的问题[5-7]。某冶金材料有限公司生产高速轧钢机上用轧辊，采用离心铸造的方法成型，并进行热处理。具体的工艺路线如下：配置合金→熔炼→离心铸造→退火→机加工→热处理（淬火与回火）→精加工（采用立方氮化硼刀具）。主要化学成分要求见表 5-12。

表 5-12 轧辊材料的主要成分　　　　　　　　　　　　单位：%

C	V	W	Cr	Mo
2.2	4.0	17	4.5	2.3

多年来用这种材料生产的轧辊质量一直很稳定，可以轧制 1 000 t 左右的钢材。但是最近生产的一批轧辊仅轧制 300 t，轧辊表面材料出现成块状剥落现象，导致轧辊早期失效。通过宏观观察，这批轧辊的外表面存在一些肉眼可见的白色区域，而块状剥落现象均发生在这些白色区域。下面将对产生白色区域的原因及发生剥落的原因进行分析。

2. 试验方法

（1）对失效轧辊的表面进行认真观察，宏观地观察与拍照。
（2）从轧辊的剥落区域与未剥落区域分别用线切割机截取样品进行金相组织分析。
（3）对不同区域的金相组织进行显微硬度的测试。
（4）用扫描电镜观察不同区域的微观组织，并测定不同区域的成分。

3. 试验结果与分析

1）宏观分析、金相组织观察与显微硬度测定结果

通过宏观观察发现，经过腐蚀后这批轧辊表面颜色与正常生产的轧辊的颜色有所不同。正常轧辊表面一般呈黑灰色，但是这批轧辊表面有些区域是黑灰色，另一些区域出现白色的组织，见图 5-37。而轧辊表面发生材料剥落的区域一般均是这些白色的区域。显然轧辊的早期失效与这些白色区域的出现有密切的关系。

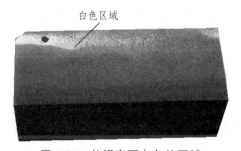

白色区域

图 5-37 轧辊表面白色的区域

从白色区域与正常区域分别截取样品进行金相组织观察，结果见图 5-38。

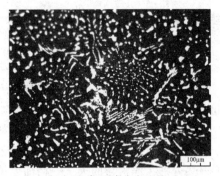
（a）正常区域金相组织

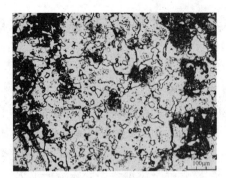
（b）白色区域金相组织

图 5-38　白色区域与正常区域金相组织照片

　　正常区域典型的金相组织是黑色区域加条状与点状的碳化物，见图 5-38（a）。这些黑色的区域是回火马氏体组织，黑色区域的显微硬度为 HV620～650。白色区域中的典型组织是白色晶粒内存在碳化物，见图 5-38（b），这些白色晶粒的显微硬度仅为 HV300～350。可见，白色区域组织并非回火马氏体组织。显然由于这些白色晶粒的硬度低，在轧制过程中受力变形导致材料的块装剥落。因此找到白色区域形成的原因就是轧辊早期失效的关键因素。

　　2）扫描电镜观察与成分分析结果

　　金相组织是黑色区域＋条状与点状的碳化物的正常区域，扫描电镜与能谱分析结果见图 5-39 和表 5-13。

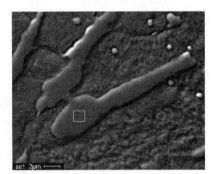
（a）条状碳化物形貌

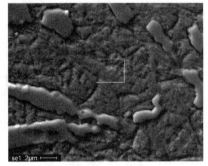
（b）基体组织形貌

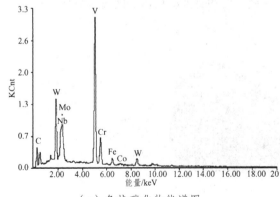
（c）条状碳化物能谱图

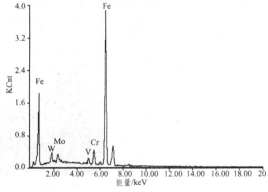
（d）基体能谱图

图 5-39　黑色区域中碳化物与基体组织形貌及成分分析结果

表 5-13　正常区域条点状碳化物与基体的成分

条点状碳化物的成分			基体的成分		
元素	Wt%	At%	元素	Wt%	At%
CK	15.69	48.82	WM	6.27	2.01
NbL	10.21	4.09	MoL	3.59	2.21
MoL	10.83	4.2	VK	2.04	2.36
VK	36.52	26.68	CrK	4.82	5.46
CrK	2.15	1.54	FeK	83.28	87.96
FeK	10.85	6.9	Matrix	Correction	ZAF
WL	13.75	2.78			
Matrix	Correction	ZAF			

由图 5-39 和表 5-13 可以看到，在黑色区域中点状碳化物与条状碳化物是两种不同类型的碳化物，不但形貌存在区别，化学成分也存在较大的差别。金相组织是黑色区域。基体的成分分析与形貌分析结果见图 5-40 和表 5-14。

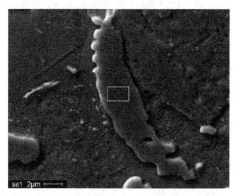

（a）条状碳化物形貌

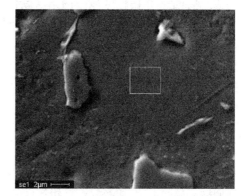

（b）基体组织形貌

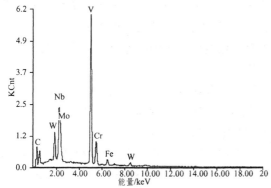

（c）条状碳化物能谱图

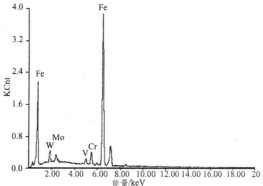

（d）基体组织能谱图

图 5-40　白色区域中碳化物与基体组织形貌及成分分析结果

表 5-14　白色区域条点状碳化物成分与基体的成分

条状碳化物成分			基体组织成分		
元素	Wt%	At%	元素	Wt%	At%
CK	18.96	55.92	WM	7.94	2.58
NbL	17.84	6.8	MoL	3.67	2.29
MoL	6.51	2.4	VK	0.5	0.61
VK	43.65	30.35	CrK	3.63	4.18
CrK	1.37	0.93	FeK	84.705	90.44
FeK	3.05	1.93	Matrix	Correction	ZAF
WL	8.61	1.66			
Matrix	Correction	ZAF			

由图 5-40 和表 5-14 可以看到，在黑色区域的基体中可以看到回火马氏体针的形貌。能谱分析表明在回火马氏体中存在合金元素，V 的含量达到 2.04%，可见是一种含合金元素的回火马氏体组织。金相组织中白色异常区域扫描电镜与能谱分析结果见图 5-40。

对比图 5-39 与图 5-40 可以知道，白色区域与正常黑色区域相比（肉眼观察到的白斑区域），主要差别是：在白色区域中的条状碳化物中 V、Nb 与 Cr 的含量比黑色区域中条状碳化物中含量要高，V 的含量高达到 43.65%，同时碳的含量也达到 18.96%，而基体中含钒碳量非常低。说明大量的碳集中在碳化物中，使基体中的碳量减少。白色区域与正常黑色区域相比，金相组织上的差别是：在黑色的区域中可以看到针状马氏体的形态，而白色区域看不到这样的形态。可以认为白色区域的基体组织不是回火马氏体组织，从硬度分析应该是合金铁素体组织近似铁。

4. 分析讨论

根据失效的宏观现象分析可以知道，轧棍寿命偏低的主要原因是在轧辊表面存在肉眼可以看到的白色区域，见图 5-37。金相样品分析表明，白色区域与非白色区域在金相组织的最大区别是：非白色区域经过腐蚀后，在整个区域中均成黑色区域，而有白色区域经过腐蚀后，在整个区域中除黑色区域外还出现白色晶粒，见图 5-38。金相组织中黑色区域中是回火马氏体 + 碳化物，碳化物分成条状、点状与颗粒状三种形态。白色区域的基体组织应该是合金铁素体组织。显然这种合金铁素体组织是不能够作为轧辊组织使用的。这种非正常组织不可能在热处理过程中形成，只能是在冶炼过程中形成的。

通过对产品冶炼过程的分析可以得到下面的结论：在轧辊冶炼时合金元素是以铁合金的形式加入的，考虑到合金元素的烧损问题，一般都是最后加入。例如，矾铁烧损最严重，所以按冶炼工艺要求它最后加入。在这批轧辊冶炼过程中，技术人员为了避免烧损，将铁合金加到钢水中时间缩短。例如对矾铁规定，当钒铁加入钢液后，不超过 7 min 就要浇注（过去公司一般在 10～13 min），由于钒铁的加入，使钢水的温度下降很严重，经过 7 min 钒铁并没有充分溶解，钒铁的比重比钢液的比重轻，所以漂浮在钢水表面。将钢水浇入钢包后进行铝脱氧，由于钒铁没有溶解比重轻又漂浮在钢包的上部，浇注到离心机中上部的钢水就流到轧辊的外表面，未溶解的钒铁就堆积轧辊的外表面形成白色的区域。所以白色区域总是出现在轧辊的外部区域。就是说白色区域是没有溶解的钒铁。即使钒铁溶解，也存在冶炼时由于温度偏低或者时间过短等原因，造成 V 在液体中没有充分均匀化，造成高 V 区域附近的 C 被 V 大量吸收形成高碳的化合物，从而使附近基体中碳偏低，淬火时不能形成马氏体，造成硬度下降成为白斑区域。

根据上述分析提出以下解决措施：

（1）钒铁二次加入钢液中；

（2）适当提高温度让钢水沸腾，同时适当延长时间使扩散均匀。

5.6 案例 6——镀金铍青铜导电弹簧断裂分析

1. 概　述

某厂生产压力传感器，该产品在试验过程中正常压力传感器输出应该是 8.1 ± 0.1 MPa，某次试验中发现该压力传感器输出不正常，为 20.3 MPa。厂方技术员人认为这个现象表明导电弹簧本身没有施加作用。因此厂方将传感器拆开，发现内部导电弹簧已经断裂。该导电弹簧材料为 QBe2。为查明原因厂方曾委托多个单位进行分析，因制备弹簧用的铍青铜丝的直径仅为 100 μm，许多单位均认为难度太大无法进行分析，因此厂方委托西南交通大学进行失效分析。

2. 试验方法

对断裂导电弹簧进行宏观分析；取一件没有断裂的导电弹簧作为参考进行金相组织与硬度测定；同时对断裂的导电弹簧进行 SEM 断口观察。由于制备弹簧用的铍青铜丝的直径仅为 100 μm，所以必须特殊制备样品，将铍青铜丝镶入胶木中进行金相观察，将断裂的丝用胶粘在特制铁块上进行 SEM 断口观察。

3. 试验结果与分析

1）宏观分析结果（见图 5-41 和图 5-42）

图 5-41　导电弹簧未断形貌　　　　　图 5-42　导电弹簧断裂形貌

宏观分析发现一个重要现象：断裂导电弹簧的焊接点是单圈焊接，而未断裂导电弹簧的焊接点是两圈同时焊接。

2）金相组织分析

表面有一层镀层，心部有大量的滑移带，见图 5-43 和图 5-44。

图 5-43　未断裂样金相（100×）

图 5-44　未断裂样金相（500×）

表面有均匀的镀金层，心部大量的滑移带，且有少量的灰色小颗粒状，同时也有极少量的块状夹杂，见图 5-45 和图 5-46。

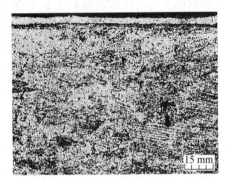
图 5-45　未断裂样金相（1 000×）

图 5-46　未断裂样金相（1 000×）

表面有一层镀层，心部少量的滑移带，见图 5-47 和图 5-48。

图 5-47　断裂样金相（100×）

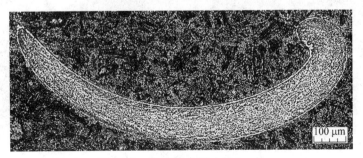
图 5-48　断裂样金相（100×）

表面有镀金层，心部有极少的滑移带，且有大量的灰色小颗粒状，见图5-49和图5-50。

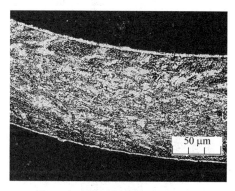 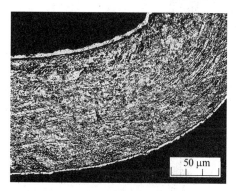

图 5-49　断裂样金相（500×）　　　　图 5-50　断裂样金相（500×）

表面有一层镀层，心部有明显的滑移带，且有大量的灰色小颗粒状，如图5-51和图5-52。

图 5-51　断裂样金相（100×）　　　　图 5-52　断裂样金相（100×）

3）硬度及尺寸分析

对断裂及未断裂两个样品显微硬度进行分析，结果见表5-15。

表 5-15　断裂的导电弹簧与未断裂的导电弹簧硬度测定结果（HV0.025）

样品	基体显微硬度/HV0.025				边缘显微硬度/HV0.025		
未断裂样	269.7	281.9	306.9	平均 286.2	186.9	185.4	平均 186.2
断裂样	293.8	294.1	287.5	平均 291.8	187.4	191.6	平均 189.5

对断裂及未断裂两个样品进行尺寸分析，结果见表5-16。

表 5-16　断裂的导电弹簧与未断裂的导电弹簧铍青铜丝直径测定结果

样品	表面镀层平均厚度/μm	试样平均直径/μm
未断裂样	3.62	96.97
断裂样	2.20～2.98	98.95

4）扫描电镜分析（见图 5-53～图 5-58）

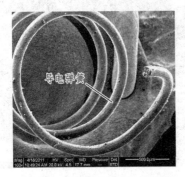

图 5-53　导电弹簧断裂样宏观

图 5-54　导电弹簧断裂样断裂区韧窝＋球状物

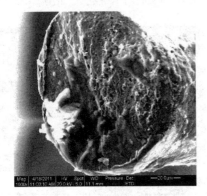

图 5-55　导电弹簧断裂样形貌

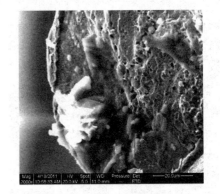

图 5-56　导电弹簧脆性断裂（裂纹源）

一边脆性断裂一边韧性断裂，边缘有大块夹杂物，见图 5-57 和图 5-58。

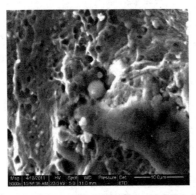

图 5-57　导电弹簧韧性断裂区

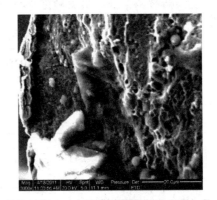

图 5-58　导电弹簧脆性断裂（裂纹源）

基体：Cu；球状物：Cu、O、C、Pb、Si、K、Ca；脆性断裂区的块状物：C、O、Si、Cl、Pb、Cu、K，见图 5-59～图 5-62。

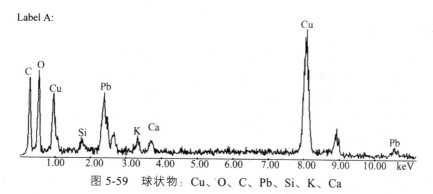

图 5-59　球状物：Cu、O、C、Pb、Si、K、Ca

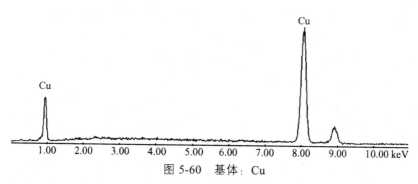

图 5-60　基体：Cu

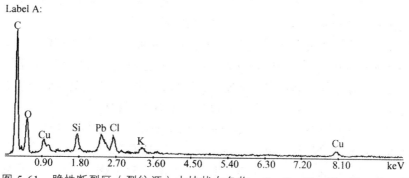

图 5-61　脆性断裂区（裂纹源）大块状白色物：C、O、Si、Cl、Pb、Cu、K

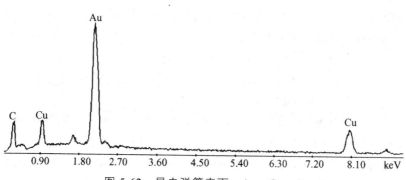

图 5-62　导电弹簧表面：Au、Cu、C

4. 断裂原因分析

对比图 5-41 与图 5-42 可见：未断裂的导电弹簧缠绕两圈后进行焊接，将导电弹簧固定在连接点上，而断裂导电弹簧仅缠绕一圈就焊接在连接点上。由图 5-42 可见，断裂的导电弹簧是在缠绕圈部位断裂，断裂位置大约在缠绕圈圆环的 1/2 处。同时可以看到，导电弹簧断裂区域有一小部分基本由圆形变成直线形。说明断裂的弹簧在断裂前首先受到较大应力，将铍青铜丝拉直，然后类似对"圆柱样品"进行拉伸，造成导电弹簧丝断裂。由于断裂导电弹簧仅缠绕一圈固定连接点上，造成缠绕圈受力与未断裂导电弹簧有很大不同。无疑断裂导电弹簧在缠绕圈处的受力要增加很多，粗略估计要增加 1 倍以上，这是造成将导电弹簧连接处的圆环拉成直线的原因。由于缠绕圈处受力增加，有可能超过材料所能承受的载荷，大大增加断裂的可能性。

金相分析与硬度测定结果表明，断裂与未断裂的导电弹簧金相组织类同，均是在固溶体基体上分布第二相颗粒。在晶粒内可观察到滑移带，见图 5-45、图 5-46、图 5-51、图 5-52。图中平行线为淬火形变滑移带，波纹为沿某一平行晶面族截面在特定方向上所形成的腐蚀线，这种晶面的腐蚀效应在孪晶处可以观察得尤为清楚。硬度测定结果表明两种弹簧的硬度基本一致，根据金相组织与硬度测定结果可以推断不论是断裂导电弹簧还是未断裂导电弹簧，它们的强度应该基本一致。仔细分析可以发现断裂导电弹簧的金相组织与未断裂导电弹簧相比略有区别，主要表现在断裂弹簧中析出物似乎是多些且颗粒也大些，见图 5-48 ~ 图 5-51。

硬度测定表明，无论是断裂的导电弹簧还是未断裂的导电弹簧，中部硬度值在 HV280 ~ 290，而边缘硬度值仅为 HV180 ~ 190。边缘硬度偏低有可能是镀金层的影响。资料介绍 QBe2 材料在经过固溶时效或冷轧时效后硬度可以达到 HV320 ~ 360。

SEM 断口分析表明，导电弹簧断裂的断口并非疲劳断口，而是拉伸断口。这点与宏观分析结果一致，即弹簧在使用时将铍青铜丝首先拉直，然后继续施加应力，由于应力超过材料本身的抗拉强度发生断裂。启裂点在中部偏下的区域，见图 5-55 和图 5-56。这个现象符合拉伸样品断口启裂点特征。值得提出的是，在断口上发现以下状况：

（1）断口可以分成两个区域，一个是成韧窝状有明显塑性变形的区域，见图 5-55 和图 5-56。该区域可见明显的二相粒子及二相粒子脱落留下的孔洞。

（2）另一个区域是在断口下方（在断口上方，见图 5-55 和图 5-56）在该区域较平滑，且在启裂点有一个明显的很大的孔洞，旁边还有一个白色的夹杂物。

断口形貌不均匀，反映出材料内部本身性能不均匀，这个结果与硬度测定结果一致。夹杂物的存在对断裂肯定有不利影响。能谱分析表明，夹杂物主要由 C、O、Si、Cl、Pb、Cu、K 等组成。二相颗粒进行能谱分析表明，二相颗粒主要是由 Cu、O、C、Pb、Si、K、Ca 组成。能谱分析中的 K、Cl 有可能是空气中元素的影响。

对导电弹簧表面进行分析可知外表面进行镀金处理，对基体进行分析表明主要是 Cu。由于 Be 为轻元素，故能谱分析不能测定出来。

应该说明的是按照标准 QBe2 成分分析，基体中应该含有 0.5% ~ 0.2% 的 Ni，但是在能谱分析中没有发现基体中 Ni 的存在。

根据上面分析可以认为铍青铜导电弹簧的断裂是下面几个综合因素影响造成的：

（1）固定节点采用缠绕单圈连接，在弹簧受力时增加了缠绕圈处应力。

（2）在断裂弹簧缠绕单圈的区域恰好有夹杂物存在，更增加了开裂的可能性。

（3）铍青铜丝的硬度可能偏低。

5. 结论与建议

导电弹簧的断裂原因是：断裂弹簧采用缠绕单圈连接，且缠绕单圈的区域存在夹杂物，铍青铜丝本身硬度偏低，进一步降低材料强度。在这些综合因素作用下，致使弹簧服役时，外加应力超过材料本身的强度发生拉伸断裂。

建议：

（1）以后在将导电弹簧连接到器件上时，应该采用缠绕双圈方式进行固定连接。

（2）采用冷变形后时效手段进一步提高铍青铜丝的强度。

5.7 案例7——深层渗碳轴承柱表面剥落原因分析

1. 概　述

G20Cr2Ni4A 是一种常用的渗碳结构钢，用于制作轴承。某厂采用 G20Cr2Ni4A 材料制成渗碳轴承柱。此轴承柱是用于大型轴承中的柱体，形状是圆柱形，为保证性能采用渗层渗碳工艺，具体加工路线如下：

锻轧→正火加高温回火→车削加工→渗碳直接淬火→高温回火→二次淬火→低温回火→粗磨→附加回火→精磨

渗碳热处理是保证性能的核心工艺，渗碳温度一般采用 930～950 ℃，渗碳时间为 80～120 h，检验合格后，然后随炉延时冷却至 890 ℃，出炉油冷，接着高温回火（高温回火分为两个阶段，先在 600～620 ℃ 保温 10 h，然后在 650 ℃ 保温 12 h），高温回火后淬火（二次淬火），淬火温度为 800±5 ℃，油中冷却 5～15 min，待零件冷至 100～130 ℃ 出油空冷，淬火后进行 160±5 ℃，12 h 的回火，磨削后，最后进行附加回火，附加回火温度为 140±5 ℃，保温 6～8 h。

某次生产中发现经过上述渗碳热处理后在使用过程中发现材料表面产生剥落现象，为了提高生产质量，要求对失效原因进行分析，并提出改进措施。

2. 试验方法

（1）通过对剥落区域进行宏观观察与拍照，粗略分析出剥落的原因。

（2）对样品进行显微硬度分析。

（3）由于轴承柱是圆柱形，无法用光谱仪直接测定成分，所以从样品表面切下圆弧状样品测定平面处成分，平面距表面距离约为 0.21 mm，如图 5-63（a）所示。

（4）利用线切割的方法从样品上取下载有剥落区域的片状样品，并进行 XRD 分析，目的是测出残余奥氏体的含量。如图 5-63（b）所示，沿着片状样品的横截面，从心部向表层扫描。

（5）对线切割样品进行嵌镶，对表层、次表层以及心部进行金相组织观察与分析。

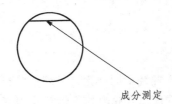
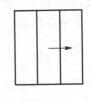

成分测定

（a）线切割试样　　　　　　　（b）X 射线扫描示意图

图 5-63　线切割试样和 X 射线扫描示意图

3. 试验结果分析

1）宏观剥落区域的观察结果（见图 5-64）

图 5-64　轴承柱宏观剥落观察

通过对产生剥落的轴承柱进行观察及现场情况了解，可以发现：剥落区以小针状或痘状凹坑形式出现在轴承柱的工作部位，并且具有一定的连续性，在剥落区两侧同时伴有锈蚀及麻点出现。初步判断应该是：滚动轴承运转时，其接触部位承受周期性交变载荷，在周期性交变应力的反复作用下，发生塑性变形并萌生裂纹，最终因为裂纹的不断扩展而导致接触表面出现疲劳剥落。

2）显微硬度分析

金相显微镜已经测出，渗碳层的厚度大概在 1.3 mm 左右，同时由图 5-65 可以看出，表面硬度最低，次表层最高，而理论上渗碳之后表面硬度应该最低，表面硬度之所以最低，应该是因为在渗碳热处理的过程中，表面有塑韧相形成，同时，硬度曲线出现上下波动现象，波动幅值在 50HV0.1（误差范围以内）左右，是由于在测硬度时没有避过黑色组织而引起，至于黑色组织具体是什么相，将在后续试验继续探讨。

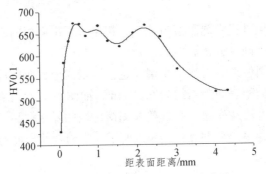

图 5-65　线切割试样的显微硬度曲线

3）成分测量与分析

表 5-17 是成分测定结果。

表 5-17　G20Cr2Ni4A 钢的化学成分

（质量分数%，距表面 0.21 mm 处的测定结果）

材料	C	Si	Mn	P	S	Cr	Ni	Cu
G20Cr2Ni4A	0.520	0.307	0.479	0.007	<0.035	1.489	3.197	0.039

经查标准，并结合热处理规范，G20Cr2Ni4A 渗碳轴承柱各元素含量均属正常，并无严重超标或者低于标准。通常情况下，成品的表面含碳量应控制在 0.8%～1.05%较为合适，碳浓度过低得不到必要的硬度和正常的组织，过高则又易形成粗大碳化物，并易在冷却时析出网状碳化物[1]。渗碳过程中，由表层到心部会形成由高到低而变化的碳浓度梯度。进行成分测定的表面距离试样外表面的距离是 0.21 mm，可以判断，工件外表面的碳含量至少在 0.5%以上。其次，根据 G20Cr2Ni4A 的加工路线可知，为了消除工件外表面的脱碳现象，采用了增大加工余量的办法，磨削加工后，不但可以消除因表层碳浓度过高而形成的粗大碳化物，而且表面含碳量也可达到成品的要求（0.8%～1.05%）。因此，可以初步排除表面脱碳这个影响因素，认为表面剥落现象与脱碳没有太大关系。

4）次表层残余奥氏体含量分析

扫描方向见图 5-63（b），利用 X 射线衍射（XRD）的方法测定马氏体与残余奥氏体的衍射峰累积强度，并用直接对比法计算次表层中残余奥氏体的含量，样品的衍射峰如图 5-66 所示。图中，较矮峰对应残余奥氏体含量，可以看出，残余奥氏体含量高达 11.94%，由于是次表层，并结合碳浓度梯度的关系，最外层组织中的残余奥氏体含量应该在 11.94%以上。

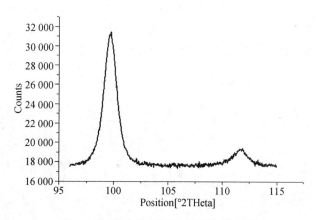

图 5-66　残余奥氏体的衍射峰示意图

（纵向：残余奥氏体含量为 11.94%。纵向为垂直于滚柱轴线方向，沿小平面中线向外圆扫描。碳化物体积分数按 2%计算）

5）表面及次表面金相组织观察（见图5-67）

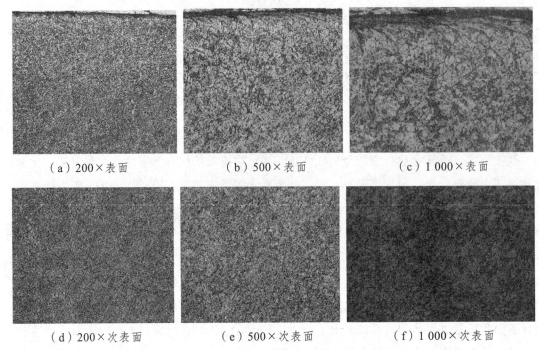

（a）200×表面　　　　　　　（b）500×表面　　　　　　　（c）1 000×表面

（d）200×次表面　　　　　　（e）500×次表面　　　　　（f）1 000×次表面

图 5-67　表面及次表面的金相组织照片

由图 5-67（a）可以看出，表面组织分为明显的白亮区、过渡区和较为灰暗的黑色区域。结合图 5-66 得出的结论和图 5-67（b）、（c）两图可知，二次淬火后，表面存在较少的回火隐晶马氏体和大量的残余奥氏体，光镜下最外层晶粒颜色发白，并发生明显的塑性变形，同样也说明该组织硬度极低。此外，由于高温回火后会得到细小均匀的碳化物，二次淬火温度较低加之冷却速度较慢，会导致随后的油冷得到细小均匀分布的粒状珠光体，同时从晶界上也析出了珠光体。

由图 5-67（f）可见，次表层当中存在较少量的针状马氏体和较多的残余奥氏体，同时基体中较多的黑色组织为珠光体。结合上述分析可以发现，材料表面的确存在着大量的残余奥氏体，从晶界处析出的较多的珠光体可以断定，表面剥落还应该与二次淬火后产生的珠光体有关。

6）心部金相组织观察（见图5-68）

（a）200×心部　　　　　　　（b）500×心部　　　　　　　（c）1 000×心部

图 5-68　心部金相组织照片

由于心部含碳量较低，二次淬火后必然会得到板条马氏体组织，从图 5-68（c）可明显看到该组织，同时由于残余奥氏体总是与马氏体相伴而生，马氏体片之间还存在有少量的残余奥氏体。因此，心部显微组织含有低碳的回火马氏体和少量的残余奥氏体。由于心部是低碳的，结合对图 5-67 的分析过程，油冷后晶界处的黑色组织也应该是珠光体，另外还应有少量的先共析铁素体存在。轴承柱的这种组织特征使得心部硬度不至于过低，并保有一定的韧度，致使材料的屈服点不至于降低，表面硬化层的抗剥落性能得到极大提升。

4. 轴承柱表面剥落原因分析

1）接触疲劳机理

宏观分析表明：轴承柱失效形式是表面出现大量的剥落坑。根据轴承柱受力分析与观察到的现象可以断定，轴承柱的失效属于接触疲劳破坏。接触疲劳的宏观典型特征是在接触面上出现许多小针状或痘状凹坑，并有疲劳裂纹发展痕迹[3]。疲劳剥落可分为裂纹起源和裂纹扩展两个阶段。在循环交变接触应力作用下，首先在材料的薄弱部位产生微裂纹即疲劳源（如大颗粒碳化物或夹杂物与基体的交界处），进而微裂纹扩展使局部金属从接触表面剥离形成剥落坑，使轴承的摩擦力矩和发热量增大，噪声和振动增加，剥落进一步增大、增多，严重时导致轴承零件断裂或发热卡死[4]。

2）剥落原因分析

现已明确残余奥氏体数量过多，容易引起接触疲劳发生。前述试验结果表明：失效的轴承柱表面残余奥氏体接近 12%，如此多的残余奥氏体存在，是引起轴承柱早期失效的重要原因之一。钢中残余奥氏体含量的多少，对钢的性能有着重要的影响，当残余奥氏体含量大于 10%时会显著降低齿轮和滚动轴承的寿命，尤其对工具钢，残余奥氏体含量最好控制在 5%以下，否则显著降低 9SiCr、GCr15 及渗碳材料的寿命[2]。因此可以断定，次表层及最外层当中存在着的大量残余奥氏体是轴承柱表面发生剥落的一个重要因素。根据表 5-17 数据可以推知，工件表面的含碳量已经超过要求的水平，由于含碳量过高，M_s 点降低，导致二次淬火后表层组织中残余奥氏体的含量增多。

其次在表面组织中发现较多的珠光体沿晶界析出，见图 5-67（b）、（c），珠光体本身的硬度远低于回火马氏体，在承受交变载荷时，同样容易引起表面剥落。表面出现较多的珠光体组织，是引起表面剥落的又一重要原因。为什么会在组织中存在大量珠光体组织？可以根据轴承柱的制造工艺分析出结论。由于在二次淬火时采用了油冷，所以轴承柱表面出现珠光体可能有两个原因。一是由于淬火油长期使用，造成油本身失效，冷却能力大幅度降低。由于淬火油本身冷速变慢导致在淬火过程中珠光体沿界面析出。二是从工件出炉到进入油槽时间过长（即淬火转移时间过长），导致珠光体析出。也有可能是两种因素均存在。

3）结　论

G20Cr2Ni4A 渗碳轴承柱的表面剥落原因是轴承柱渗碳＋淬火后表面组织中存在大量的残余奥氏体及珠光体。表面出现大量珠光体的原因是：淬火油冷却能力不够或淬火转移时间过长所致。

5. 建　议

（1）检查淬火油的冷却能力，并尽量缩短工件淬火转移时间。严格控制碳势，避免表面含碳量过高。

（2）可以考虑淬火后采用冷处理方法，进一步减少工件表面残余奥氏体数量。

5.8　案例 8——TDK 空压机机破事故分析

1. 空压机零部件断裂情况概述

某燃气公司下属某燃气站使用大型空压机，在 2008 年 12 月 28 日下午 6 点左右一台压缩机突然出现异常响声。工作人员马上到现场观察，发现该空压机众多零部件已经断裂。现场观察到：空压机观测窗已经破碎，两颗连杆螺栓均断裂，其中一颗断裂的连杆螺栓从观测窗飞出；曲轴发生断裂，平衡铁脱落，连杆断裂，部分断裂部件失落在空压机箱体内部。

发生事故空压机情况如下：

型号：TDK 173/20-16；出厂编号：283；功率：550 kW；转速：375 r/min。

该空压机于 1979 年生产，在 1980 年 4 月份投入使用。2006 年曾经进行过一次大修，但是没有更换曲轴系统的零部件。值得注意的是：在该气站有三台同样型号的空压机，均是同一个厂家生产。有一台使用年限比发生事故的空压机还要早，但是至今没有出现问题。

事故发生后公司领马上召开现场会议，邀请有关专家及空压机制造厂家对事故原因进行分析。对事故发生的原因，专家认为是由于连杆螺栓发生疲劳断裂造成其他部件的断裂。但是连杆螺栓为什么会断裂？其他两台空压机为什么没有问题？连杆螺栓使用寿命究竟是多少？这些深层次问题无法得到合理解释。为了避免类似事故发生，该燃气公司委托西南交通大学对事故原因进行全面的深入分析研究。

分析要达到以下目的：

（1）对空压机零部件发生断裂的过程与原因提出合理的解释。

（2）为避免类似事故发生提出预防措施。

2. 试验方案设定

1）断裂零部件的成分检测

对曲轴、连杆、连杆螺栓、平衡铁螺栓测定材料的化学成分。

2）断裂零部件的宏观断裂现象分析

对断裂零部件断裂宏观断口与断裂现象进行宏观分析与拍照。

3）空压机曲柄连杆机构动力学与连杆螺栓受力分析

根据空压机工作原理，对连杆曲柄机构进行动力学分析，并对连杆螺栓进行理论计算，同时根据宏观断口形貌对连杆螺栓进行受力估算。

4）常规力学性能测定

从断裂连杆、连杆螺栓、平衡铁螺栓截取样品，加工成标准样品并测定强度、塑性、韧性、硬度。

5）疲劳曲线测定

从断裂连杆螺栓截取样品，加工成标准样品并测定疲劳性能，得到材料的疲劳曲线。

6）断裂零部件的金相组织分析

对断裂的 4 种零部件——曲轴、连杆、连杆螺栓、平衡铁螺栓采用金相显微镜进行材料显微组织分析。

7）断裂零部件的微观断口分析

采用扫描电子显微镜对断裂连杆螺栓受到交变载荷处进行微观断口分析与微区域成分测定。

3．试验结果与分析

1）断裂零部件的成分检测结果

根据空压机制造厂提供的技术资料得知：曲轴材料为 QT600-2，正火处理，要求抗拉强度为 600 MPa，延伸率为 3.0%，铁素体含量<5%；连杆材料为 QT450-10，正火处理，要求抗拉强度为 450 MPa，延伸率为 10.0%；连杆螺栓为 40Cr 调质处理，硬度 HB275～255；平衡铁螺栓为 35 钢调质处理。

从断裂零部件上截取样品，采用光谱分析仪器对成分进行测定，结果见表 5-18。国家标准规定的材料化学成分见表 5-19。

表 5-18　断裂零部件化学成分测定结果　　　　　　　　单位：%

零件名称	C	Si	Mn	S	P	Cr	Ni
连杆螺栓	0.47	0.36	0.58	0.023	0.022	0.81	1.88
曲轴	3.7	2.2					
连杆	3.8	2.6					

表 5-19　标准规定的各材料化学成分　　　　　　　　单位：%

材料名称	C	Si	Mn	S	P	Cr
40Cr 连杆螺栓材料	0.37～0.45	0.17～0.37	0.50～0.80			0.8～1.10
QT60-2 曲轴材料	3.6～3.9	2.0～2.6	0.5～0.8	< 0.1	< 0.03	
QT40-10 连杆材料	3.6～3.9	2.5～3.2	0.3～0.5	< 0.03	0.05～0.07	

对比表 5-18 和表 5-19 可知，曲轴材料与连杆材料化学成分基本合格，而连杆螺栓中含碳量略偏高，并含有一定的镍元素。

2）断裂零部件的宏观断裂现象分析

对断裂零部件进行仔细观察，并对断裂零部件断裂情况、宏观断口、断裂现象进行拍照，结果见图5-69。

（a）断裂连杆螺栓整体形状照片

（b）断裂连杆照片

（c）断裂连杆螺栓断口照片（典型疲劳断口）

（d）断裂连杆螺栓断裂源处明显加工刀痕

（e）断裂连杆螺栓疲劳源照片

（f）另一支连杆断裂的连杆螺栓照片

（g）没有发生断裂事故空压机两颗连杆螺栓照片

（h）没有发生断裂事故空压机两颗连杆螺栓照片

图 5-69　空压机断裂零部件的宏观照片

对空压机断裂零部件的宏观现象进行分析可以得到以下几点：

（1）两颗连杆螺栓均发生断裂，其中一颗是典型疲劳断裂，另一颗是拉伸断裂。在开现场分析会时，多数技术人员均认为空压机多个零件断裂中，首先是其中一颗连杆螺栓先发生疲劳断裂，然后造成其他部件断裂。提出这种观点的基本依据就是观察到一颗连杆螺栓宏观断口属于疲劳断口，见图 5-69（c）、（e）。

因为在空压机工作状态下，任何一个部件断裂后，空压机会很快出现异常反应，不可能在经过长时间运行不被发现。也就是说不可能再使连杆螺栓经受长时间交变载荷而发生疲劳断裂。所以一定是该连杆螺栓首先发生疲劳断裂后，引起其他部件的破坏。

（2）对比图 5-69（d）、（e）、（g）可以观察到，在连杆螺栓端部上均有一个经过加工的平面，发生疲劳断裂的连杆螺栓中该加工平面距中部圆杆距离很近，基本与圆柱面相切，而其他没有发生断裂的连杆螺栓中该平面，距中部圆杆有一定距离。

（3）仔细观察图 5-69（d）、（e）可以发现疲劳断裂的连杆螺栓中，疲劳源就在经过加工的平面处，而且在疲劳源处有一条明显的加工刀痕，显然在刀痕处一定会产生应力集中。

3）空压机曲柄连杆机构动力学与连杆螺栓受力计算

（1）曲柄连杆机构换算质量计算。

为获得连杆螺栓所受交变载荷的大小，需计算曲柄连杆机构所受气体力和运动惯性力合力的大小。为此需首先知道曲柄连杆机构往复惯性质量的大小。由于连杆做复杂的平面运动，为获得较准确的往复惯性质量，首先建立了曲柄连杆机构的三维模型，如图 5-70 ~ 图 5-72 所示，并利用连杆模型和曲轴模型及它们的运动规律求解换算质量。

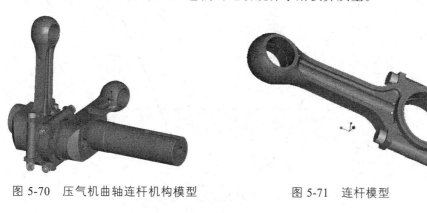

图 5-70　压气机曲轴连杆机构模型　　　　　图 5-71　连杆模型

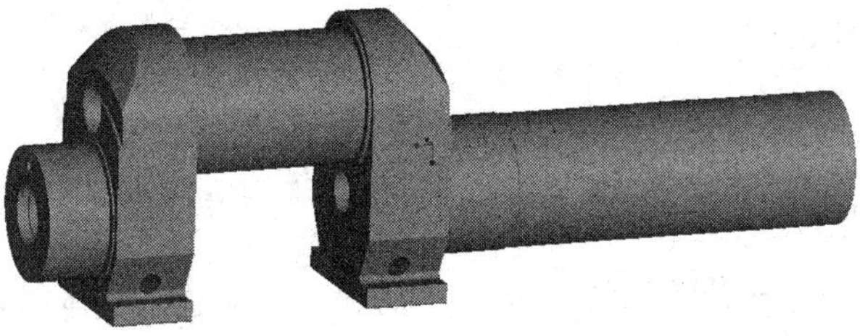

图 5-72　曲轴模型

二级缸活塞组质量　$m_p = 180.8$ kg（已知）

活塞杆质量　$m_a = 84.0$ kg（已知）

连接滑块质量 $m_b = 133.2$ kg（已知）

连杆组质量 $m_c = 115.0$ kg（已知）

由连杆模型可求出连杆质心位于距连杆大头孔中心 1/3 连杆长度处，由此可求出：

连杆小头换算质量 $m_{ca} = \dfrac{l_{cb}}{l} \times 115.0 = 38.3$ kg

连杆大头换算质量 $m_{cb} = \dfrac{l_{ca}}{l} \times 115.0 = 76.7$ kg

往复惯性质量 $m_j = m_p + m_a + m_b + m_{ca} = 180.8\,\text{kg} = 84.0 + 133.2 + 38.2\,\text{kg} = 436.3$ kg

（2）曲柄连杆机构运动学计算。

为求出连杆所受最大拉伸惯性力，需先求出往复惯性质量的最大运动加速度，见图 5-73。

活塞冲程 $S = 320$ mm（已知）

曲轴转速 $n = 375$ r/min（已知）

活塞位移 $X = l + r - l\cos\beta + r\cos\varphi$ （$r = S/2$ 曲柄半径）

活塞速度 $V = r\omega\dfrac{\sin(\varphi + \beta)}{\cos\beta}$ （$\omega = \dfrac{n\pi}{30} = \dfrac{375\pi}{30} = 39.27$ s^{-1} 曲柄角速度）

活塞加速度 $a = r\omega^2\left[\dfrac{\cos(\varphi + \beta)}{\cos\beta} + \lambda\dfrac{\cos^2\varphi}{\cos^3\beta}\right]$ （$\lambda = \dfrac{r}{l} = \dfrac{160}{760} = 0.21$）

连杆摆角 $\beta = \arcsin(\lambda\sin\varphi)$

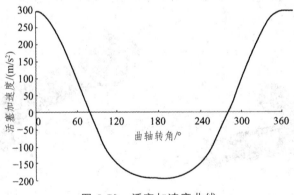

图 5-73 活塞加速度曲线

（3）连杆作用力计算：

往复惯性力 $P_j = -m_j a$

连杆大头离心惯性力 $P_{rc} = m_{cb}r\omega^2 = 76.7 \times \dfrac{0.16 \times 39.27^2}{1\,000} = 18.93$ kN

曲柄销处切向力 $T = P\dfrac{\sin(\varphi + \beta)}{\cos\beta}$，$(P = P_g + P_j)$，$P_g$ 为缸内气体压力

曲柄销处法向力 $K = P\dfrac{\cos(\varphi + \beta)}{\cos\beta}$

连杆所受载荷 $R_A = \sqrt{T^2 + (K - P_{rc})^2}$

由于不知道缸内气体压力变化曲线，按照缸内最大气体压力 8 kg/cm² （ 1 kg/cm² = 0.1 MPa），最小气体压力 1.6 kg/cm²，参照通常活塞式压气机压力变化规律，构造了压力变化曲线。气体压力数据如表 5-20 所示。φ 为曲轴转角（°），P_g 为缸内气体压力（kPa）。

表 5-20　缸内气体压力变化关系　　　　　　　　　　　　单位：kPa

φ	P_g	φ	P_g	φ	P_g	φ	P_g	φ	P_g	φ	P_g
0	800.00	60	402.242 4	120	180.982 7	180	160.00	240	181.016 2	300	402.242 4
5	794.820 5	65	373.403 4	125	178.042 5	185	161.333 3	245	190.031 3	305	443.403 4
10	776.519 5	70	346.668 3	130	176.334 3	190	163.00	250	200.000 7	310	486.668 3
15	748.454 3	75	320.00	135	174.666 7	195	164.666 7	255	210.00	315	530.00
20	718.999	80	293.333 3	140	173.00	200	166.333 3	260	220.00	320	573.333 3
25	689.50	85	266.666 7	145	171.333 3	205	168.00	265	230.00	325	616.666 7
30	658.138 8	90	242.242 4	150	169.666 7	210	169.666 7	270	242.242 4	330	658.138 8
35	616.608 5	95	230.07	155	168.00	215	171.333 3	275	266.736 7	335	689.441 9
40	573.332	100	220.001 6	160	166.333 3	220	173.00	280	293.334 9	340	718.998 7
45	530.00	105	210.00	165	164.666 7	225	174.666 7	285	320.00	345	748.50
50	486.666 7	110	200.00	170	163.00	230	176.333 3	290	346.666 7	350	776.587 3
55	443.333 3	115	190.00	175	161.336 7	235	178.00	295	373.333 3	355	794.803 2

按照上述计算公式计算得到曲柄销处切向力、法向力和连杆所受作用力随曲轴转角的变化关系，如表 5-21 所示。

从表 5-21 中可以看出，连杆所受最大拉伸载荷 $P_L \approx 120$ kN。

（4）连杆螺栓预紧力及其工作时所受动载荷估计。

按照连杆螺栓设计规范要求，连杆螺栓预紧力 $P_T = \alpha P_L$，其中 $\alpha = 2.15 \sim 2.5$，取中值 $\alpha = 2.3$，则 $P_T = 2.3 \times 120 = 276$ kN。一根连杆上有两颗螺栓，从而每颗螺栓预紧力约为

$$P_t = 0.5 P_T = 138 \text{ kN}$$

按照连杆螺栓动载荷计算法，连杆工作时附加于螺栓上的动载荷约为

$$P_D = (0.2 \sim 0.25) P_t \approx 0.234 P_t = 32.29 \text{ kN}$$

连杆螺栓的直径为 36 mm，面积为 1 017.36 mm²。

结论：每颗连杆螺栓受到的载荷为 172 MPa。

应该说明的是：据空压机生产厂技术人员介绍，在空压机连杆螺栓安装时，仅凭工人经验用扳手加力拧紧，并没有测定预紧力。在计算过程中，连杆螺栓的预紧力按照设计规范设定的，在实际操作过程中预紧力可能有一定偏差，因此计算结果与实际结果可能有一定误差。

表 5-21　连杆受力随曲轴转角变化关系　　　　　　　单位：kN

$\varphi/(°)$	切向力 T	法向力 K	连杆作用力 R_A	$\varphi/(°)$	切向力 T	法向力 K	连杆力作用 R_A
0	0	26.188 29	22.491 07	185	− 10.100 7	− 115.936	120.058 9
5	2.167 065	25.837 76	22.246 35	190	− 20.460 9	− 114.691	120.143
10	4.220 209	24.230 13	20.962 13	195	− 30.040 5	− 112.526	120.043 2
15	5.951 938	22.013 55	19.259 12	200	− 39.210 5	− 109.428	119.727 7
20	7.634 114	20.767 74	18.699 8	205	− 48.460 2	− 105.142	119.140 3
25	9.593 712	20.611 83	19.445 91	210	− 57.489 4	− 99.606 3	118.222 8
30	11.99 949	20.973 19	21.034 43	215	− 65.478 3	− 93.170 5	116.922 1
35	14.10 372	20.223 2	21.726 1	220	− 72.055	− 86.155 2	115.175 4
40	16.57 443	19.656 88	23.009 18	225	− 77.532 7	− 78.379 1	112.906 3
45	19.501 48	19.394 76	25.034 39	230	− 82.130 5	− 69.520 2	110.028 2
50	22.858 06	19.235 04	27.639 01	235	− 85.453 9	− 59.828 1	106.479 3
55	26.668 55	18.840 37	30.668 01	240	− 87.182	− 50.175 2	102.483 9
60	31.236 24	18.103 08	34.398 14	245	− 88.072 8	− 41.319 1	98.910 52
65	38.122 46	17.661 97	40.599 71	250	− 87.560 5	− 32.445 9	94.726 81
70	45.370 46	16.398 73	47.114 83	255	− 85.556 1	− 23.302 9	89.715 36
75	52.360 71	14.147 33	53.393 34	260	− 81.900 3	− 14.422 9	83.880 87
80	58.896 27	10.651 5	59.305 42	265	− 76.573 8	− 6.625 41	77.266 43
85	64.706 28	5.752 286	64.738 91	270	− 70.247 2	− 0.213 25	70.355 97
90	69.905 35	− 0.175 22	70.012 52	275	− 65.126 6	5.297 05	65.146 25
95	76.254 79	− 6.800 34	76.973 97	280	− 59.363 4	10.228 61	59.721 61
100	81.653 19	− 14.166 4	83.584 4	285	− 52.774 7	14.159 79	53.801 84
105	85.504 54	− 22.497 3	89.426 94	290	− 45.714 8	16.664 02	47.518 26
110	87.567 53	− 31.759 4	94.473 51	295	− 38.514 1	17.784 83	41.009 74
115	87.880 83	− 41.244 9	98.705 81	300	− 31.746 8	18.061 06	34.845 08
120	86.904 43	− 50.299	102.313 1	305	− 27.168 5	18.875 67	31.120 95
125	85.539 72	− 59.466 3	106.332 9	310	− 23.187 7	19.472 52	28.045 1
130	82.653 38	− 68.710 6	109.883 9	315	− 19.722 4	19.720 88	25.411 25
135	77.955 09	− 77.819 6	112.791 8	320	− 16.848 4	19.900 39	23.375 44
140	71.939 43	− 86.150 9	115.099 8	325	− 14.472 6	20.384 3	22.088 77
145	65.241 56	− 93.261 4	116.865 1	330	− 12.302	21.141 08	21.345 45
150	57.874 14	− 99.329 9	118.169 4	335	− 9.703 18	20.830 8	19.690 39
155	49.394 87	− 104.669	119.092 5	340	− 7.652 54	20.985 19	18.905 96
160	39.814 67	− 109.183	119.695 9	345	− 6.058 34	22.161 33	19.432 63
165	29.888 74	− 112.551	120.028 7	350	− 4.453 84	24.313 43	21.091 82
170	20.254 76	− 114.716	120.133 2	355	− 2.345 66	25.874 69	22.301 18
175	10.664 57	− 115.882	120.053 6	360	0.009 446	26.189 45	22.492 24
180	0.528 495	− 116.177	119.875				

4）常规力学性能测定结果

从断裂连杆、连杆螺栓截取样品，依据 GB/T 228—2002 标准试验方法加工成标准样品测定强度、塑性韧性。依据 GB/T 223—1984 标准测定布氏硬度。测定结果见表 5-22，拉伸曲线见附录 A。

表 5-22　断裂连杆、连杆螺栓常规力学性能测定结果

零件名称	抗拉强度/MPa	屈服强度/MPa	延伸率/%	断面收缩率/%	硬度/HB
疲劳断裂的连杆螺栓	1 号　952 2 号　958 平均　955 设计要求	1 号　836 2 号　839 平均　837.5 设计要求	1 号　14.2 2 号　14.6 平均　14.4 设计要求	1 号　43 2 号　38 平均　40.5 设计要求	319；315；309 318；320 平均值 316 设计要求 217
后拉断的连杆螺栓	1 号　824 2 号　818 平均　821 设计要求	1 号 2 号 平均 设计要求	1 号　11.7 2 号 平均 设计要求	1 号　39.04 2 号 平均 设计要求	278；280；268 288；270 平均值 276.8 设计要求 217
断裂曲轴	1 号　558 2 号　525 平均　541 设计要求　600	1 号 2 号 平均 设计要求	1 号　0.5 2 号　1.0 平均　0.75 设计要求 3%	1 号　1.33 2 号　6.86 平均　4.09 设计要求	257；250；253 260；248 平均值 253.6 设计要求
断裂连杆	1 号　429 2 号　446 平均　437.5 设计要求 450	1 号　428 2 号　443 平均　435.5 设计要求	1 号　14.75 2 号　19.5 平均　17.1% 设计要求 10%	1 号　15.5 2 号　20.1 平均　17.8 设计要求	189；185；190 195；183 平均值 188.4 设计要求

从表 5-22 可以看到：

（1）两颗连杆螺栓硬度均符合设计要求，值得注意的是，先发生疲劳断裂的连杆螺栓强度比后拉断的连杆螺栓的强度、硬度均要高，但是它却出现疲劳断裂。

（2）曲轴强度与延伸率比设计要求略低，而连杆本身的强度略低于设计要求，但是延伸率高于设计要求。

5）疲劳曲线测定

从断裂连杆螺栓截取样品，依据 GB/T 3075—1982 标准试验方法加工成标准样品并测定不同载荷下疲劳寿命，从而绘制出疲劳曲线。测定结果见表 5-23，疲劳曲线见图 5-74。

表 5-23　疲劳载荷与循环次数关系

样品编号	所加应力/MPa	循环次数/次	样品状态
1	300	1.2×10^8	未断裂
2	400	2.1×10^8	未断裂
3	550	1.1×10^7	断裂
4	550	1.99×10^7	断裂

样品编号	所加应力/MPa	循环次数/次	样品状态
5	600	1.01×10^7	断裂
6	600	9.8×10^6	断裂
7	700	5.5×10^6	断裂
8	700	7.0×10^6	断裂
9	800	3.5×10^5	断裂
10	800	6.8×10^5	断裂

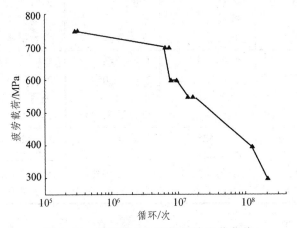

图 5-74　疲劳断裂的连杆螺栓疲劳曲线

疲劳极限一般定义为：达到 10^7 循环次数发生断裂的最大应力为材料疲劳寿命。根据该定义与测定的疲劳曲线可以判断，发生疲劳断裂连杆螺栓材料的疲劳极限是 550 MPa 左右。

6）断裂零部件的金相组织分析

对断裂的 4 种零部件——曲轴、连杆、连杆螺栓、平衡铁螺栓采用金相显微镜进行材料显微组织分析，见图 5-75～图 5-79。

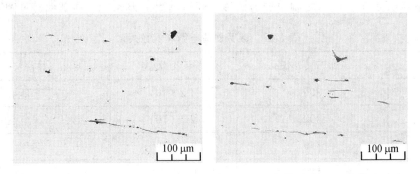

图 5-75　疲劳断裂连杆螺栓金相组织照片（大量条状硫化及氧化物夹杂）

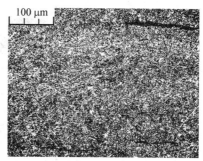

图 5-76 疲劳断裂连杆螺栓金相组织照片（回索氏体组织）

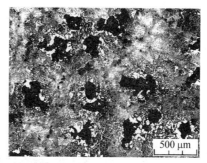

（a）少量铁素体＋珠光体基体＋球状石墨＋无规则石墨

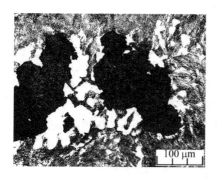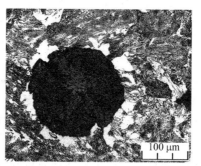

（b）少量铁素体＋珠光体基体＋球状石墨＋无规则石墨

图 5-77 断裂曲轴金相组织照片

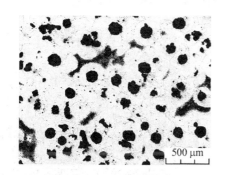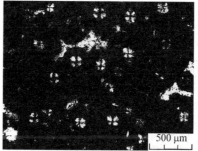

（a）铁素体基体＋球状石墨＋少量无规则石墨

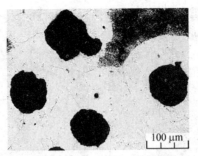

（b）铁素体基体＋球状石墨＋少量无规则石墨

图 5-78　断裂连杆金相组织照片

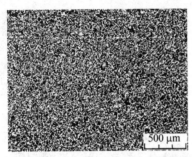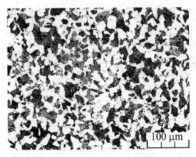

图 5-79　平衡铁螺栓金相组织照片

根据图 5-75～图 5-79 可以得到以下结论：

（1）发生疲劳断裂的连杆螺栓金相组织是回火索氏体，满足设计要求。但是在组织中发现大量夹杂物，见图 5-75。根据断裂连杆螺栓中存在大量夹杂物，从形貌上分析应该是氧化物与硫化物。

（2）曲轴的金相组织是珠光体基体＋球状石墨。但是石墨球化不理想而成团絮状。同时基体中有少量铁素体组织。这是曲轴强度与韧性低于设计标准的原因。

（3）连杆的金相组织是铁素体基体＋球状石墨。该组织中石墨球化比较理想，在偏光下呈现黑十字状，见图 5-78。

（4）平衡铁螺栓是经过正火处理后得到的铁素体＋珠光体组织。

7）疲劳断裂连杆螺栓的微观断口分析

利用扫描电镜对疲劳断裂的连杆螺栓断口进行观察，结果见图 5-80。

（a）连杆螺栓疲劳断口裂纹源处低倍形貌　　　（b）连杆螺栓疲劳断口裂纹源处低倍形貌

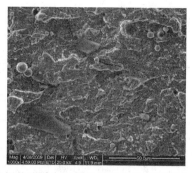 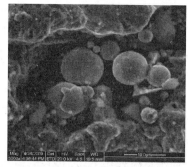

（c）连杆螺栓疲劳断口裂纹源处低倍观察到大量夹杂物　（d）连杆螺栓疲劳断口裂纹源处球形夹杂物

 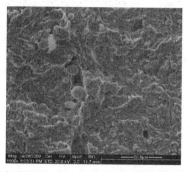

（e）连杆螺栓疲劳断口裂纹源处条块状夹杂　（f）连杆螺栓疲劳扩展区观察到不同形貌夹杂

 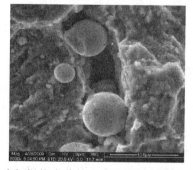

（g）连杆螺栓疲劳扩展区观察到夹杂物　（h）连杆螺栓疲劳扩展区观察到球状夹杂物

图 5-80　疲劳断裂连杆螺栓断口扫描电镜照片

由图 5-80 可以看到，在疲劳断裂的连杆螺栓断口的疲劳源处、疲劳扩展区均可以观察到较多的夹杂物。同时在这件疲劳断裂连杆螺栓金相观察中也能观察到大量夹杂物，说明连杆螺栓材料中夹杂物对疲劳裂纹的萌生起到重要作用。

4. 空压机断裂过程分析

根据上述试验结果，可以推测出压气机中多个零部件的断裂过程：

二级缸中有两颗连杆螺栓，其中一颗连杆螺栓由于多种原因首先出现疲劳裂纹。在交变应力作用下，裂纹不断扩展使该螺栓承载截面积不断减小，而外加载荷不变，所以使该螺栓有效截面上承受的应力越来越大。直至螺栓有效截面应力超过材料的强度极限，此时这颗连杆螺栓突然断裂，导致连杆盖与连杆体松脱。由于连杆的一颗连杆螺栓断裂瞬间，另一颗螺栓还未断裂，连杆盖还由未断裂螺栓与连杆体相连，但连杆盖已经松脱，脱离了原来工作位置。此时曲轴仍在旋转，连杆盖与曲柄及其曲柄上的平衡块发生运动干涉，撕裂了连杆盖，并撞下平衡块，同时使曲轴转动被卡，曲轴一端在电动机带动下仍在旋转，最后导致曲轴被扭断。

5. 连杆螺栓疲劳断裂原因分析

根据上述分析，此次发生空压机零部件断裂的一个重要原因是该空压机使用时间过长，在前几次的维修过程中并没有更换连杆螺栓，使该螺栓工作时间达到 30 年之久发生疲劳断裂。应该说这件连杆螺栓已经达到了设计标准。

但是这种解释不能说明在此空压机上有两颗连杆螺栓，为什么其中一颗会发生疲劳断裂而另外一颗却没有发生疲劳断裂？也不能解释为什么其他两台空压机与发生故障的空压机基本是同一时期投入使用，甚至其中一台空压机的使用时间比发生故障的空压机还要长，但是这两台空压机的连杆螺栓均没有发生疲劳断裂？因此发生疲劳断裂的连杆螺栓应该有其他原因。根据对这颗连杆螺栓全面检测，总结得出以下原因：

1）疲劳断裂连杆螺栓实际承受载荷过大

根据理论计算结果，连杆螺栓在设计要求中承受的应力为 172 MPa，但是利用材料学理论对该连杆螺栓实际受力进行粗略估算，该连杆螺栓受到的实际应力达到 310 MPa，因此发生疲劳断裂。实际应力估算原理如下：

由于连杆螺栓是疲劳断裂，根据疲劳断裂理论可以将断口分成 3 个区域：疲劳源、疲劳扩展区、瞬时断裂区域。疲劳裂纹产生后，在交变应力作用下裂纹不断扩展，产生疲劳扩展区域。随疲劳过程进行，扩展区面积越来越大，连杆螺栓剩余面积越来越小，单位面积上受到的应力就不断增加。一旦达到材料断裂强度就发生瞬时断裂，所以产生瞬时断裂区域。因此瞬时断裂区域面积与材料抗拉强度的乘积，可以粗略被认为工作状态下连杆螺栓受到的外力。只要能测定出瞬时断裂区域的面积与断裂连杆螺栓的抗拉强度，就可以估算连杆螺栓受到的应力。瞬时断裂区域面积按照下面方法进行计算。

连杆螺栓疲劳断口见图 5-81。从图 5-81 中可以明显区分出瞬时断裂区域。将该照片中瞬时断裂区域部分裁剪下来称其重量。然后再称出整个断口照片的重量，比值就是瞬时断裂区域占整个面积的比例。根据螺栓的直径就可以计算出瞬时断裂区域的面积。计算结果如下：

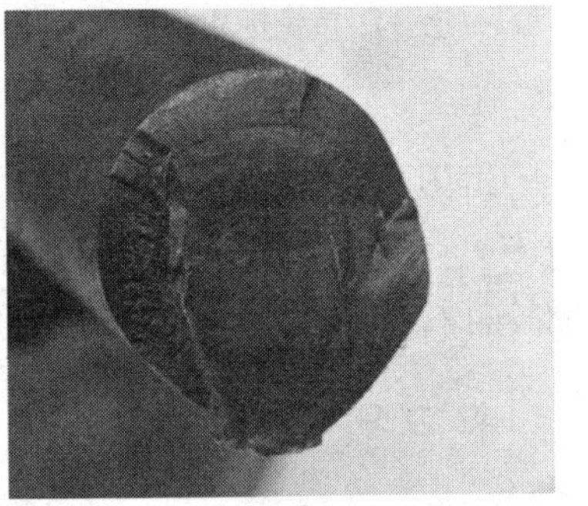

图 5-81　断裂连杆螺栓疲劳断口照片

根据称重方法测定出瞬时断裂区域占总面积的 32.7%。

连杆螺栓直径为 36 mm，总面积为 1 017.36 mm^2，瞬时断裂区面积为 332.67 mm^2。

测出该连杆螺栓强度是 952 MPa，所以连杆螺栓工作状态下外力为 316 708.2 N。

估算出：该连杆螺栓工作状态下应力为 311 MPa。

说明：由于连杆螺栓是在裂纹状态下拉伸断裂，而是用光滑样品测定的强度。同时断口也并非是一个平面，所以求出的载荷会有一定误差。

为什么这颗连杆螺栓受到实际应力会高于设计应力？对试验结果进行分析可以总结出下面原因：

（1）在加工连杆螺栓端头平面时，该平面上有一条明显的加工刀痕，见图5-69（d）。同时该连杆螺栓加工平面比其他连杆螺栓多加工深度约0.5 mm，使加工平面基本与连杆螺栓36 mm的圆柱相切。由于加工刀痕的存在，在连杆受力过程中会在刀痕处产生应力集中。资料介绍不同表面状态对疲劳极限的影响甚至达到7~8倍之多。值得注意的是：连杆螺栓的疲劳源就在加工刀痕的位置，充分说明该加工刀痕对连杆螺栓疲劳裂纹的萌生有重要影响。由于加工平面与圆柱相切，会增加了该处的弯曲应力。

（2）在空压机安装过程中，按照设计规范对连杆螺栓的预紧力有严格规定。如果预紧力太小，连杆螺栓易松动，会发生事故。预紧力如果过大就会增大螺栓工作状态下的应力，容易发生过载现象。据了解在空压机安装过程中对预紧力没有进行必要测定，只是用特定扳手再加上一根特定套管用力扳紧为止。这样有可能造成预紧力过大使螺栓实际受到的应力过大。

2）材料中夹杂物影响

在金相分析观察中已经明确看到，发生疲劳断裂的连杆螺栓组织中存在较多的硫化物与氧化物夹杂，用扫描电镜观察疲劳断口，在疲劳源与疲劳扩展区域均能观察到较多的夹杂物。充分说明在这颗连杆螺栓中有较多的夹杂物处在螺栓受应力最大的螺栓根部，在外加载荷作用下，夹杂物处萌生疲劳裂纹降低了疲劳性能。夹杂物会降低材料疲劳性能的原因，可以根据疲劳断裂机理进行分析。

根据材料疲劳断裂机理研究可以认为：疲劳裂纹的产生是在交变载荷作用下位错发生滑移，通过滑移在特殊区域产生滑移带。随应力循环次数的增多，这些特殊区域产生的滑移带变宽、加深，最后发展成疲劳裂纹。而在其他区域很少出现滑移带。这就是疲劳过程中滑移的不均匀性。目前已经明确在夹杂物处，就是非常容易产生滑移带的特殊区域，所以大量夹杂物的存在对疲劳寿命一定会产生非常不利的影响。

应该说明的是：疲劳断裂的连杆螺栓表面有加工刀痕、存在较多的夹杂物等降低疲劳寿命的因素，但是该螺栓仍然长时间使用才发生疲劳断裂。其原因是在空压机设计中对材料安全系数的取值相当大，即使该连杆螺栓实际载荷已超过设计载荷、存在夹杂物等缺陷仍能够长时间工作。

3）连杆螺栓寿命估算

据气站的技术人员介绍，一台空压机每年大约工作1 000 h。因为空压机转速为375 r/min。因此运转10年连杆螺栓受到交变载荷的次数为2.25×10^8。

根据分析选取样品进行了模拟试验。在疲劳曲线可以看到在400 MPa应力状态，样品经过2.1×10^8次循环没有发生断裂，可以近似认为即使连杆螺栓超载到400 MPa，粗略估算运行10年应不会出现疲劳断裂（应该说明这种估算是较粗略的）。

6. 结论及建议

（1）型号为TDK 173/20-16，出厂编号为283的空压机，运行过程中多个零部件发生断裂，是由于一颗连杆螺栓首先发生疲劳断裂，导致连杆盖与连杆体松脱。此时曲轴仍在旋转，连杆盖与曲柄及其曲柄上的平衡块发生运动干涉，撕裂了连杆盖，并撞下平衡块，曲轴转动被卡住，曲轴一端在电动机带动下仍在旋转，最后导致曲轴被扭断。

（2）发生疲劳断裂连杆螺栓的疲劳极限为 550 MPa 左右，按照设计规范该连杆螺栓工作应力应该是 172 MPa。

（3）连杆螺栓发生疲劳断裂的原因是：该螺栓已经使用近 30 年时间，同时螺栓受到的实际载荷高于设计规范，约达到 310 MPa，并且端头加工平面上存在明显加工刀痕、材料中夹杂物过多，造成该连杆螺栓发生疲劳断裂。

建议：

（1）连杆螺栓安装时应该要求制造厂家，要准确施加预紧力。

（2）在连杆螺栓安装前仔细检查表面加工质量。

（3）在维修时对连杆螺栓、曲轴、连杆等部件进行必要的无损探伤，然后决定是否更换零部件。

5.9 案例 9——K3SH 型减速器轴承座断裂原因分析

1. 概　述

某厂家为某单位设计并制造 K3SH 型减速器，2014 年 8 月出厂的一批减速器在使用 3 个月左右，发现一轴承座发生断裂失效。据公司人员介绍：K3SH 减速器曾经生产多台，本批次共生产 30 台左右，目前仅发现其中一台轴承座发生断裂失效。轴承座的形状与断裂位置见图 5-82。

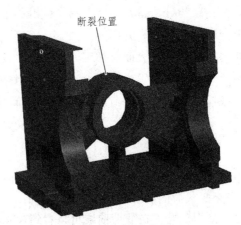

图 5-82　断裂位置

根据公司提供的资料《减速器计算说明书》可知：按静力学受力分析，齿轮箱正转时，箱体等效应力最大值为 96.4 MPa（$0.964×10^8$ Pa），最大值出现在齿轮箱输出轴的右侧位置，并非在断裂位置。根据实际工作状况分析，由于齿轮箱工作时，输出轴处承受较大径向力以及轴向力，而该箱体输出轴上部为内凹结构，结构的凸变处产生较大应力值；齿轮箱反转时，箱体等效应力最大值为 113 MPa，最大值出现在齿轮箱二级传动支撑架与箱体的连接部；减速器箱体除各齿轮轴承载面附近外，绝大部分箱体应力小于 12.5 MPa。该减速器箱体采用材料为 HT200，许用静载荷为 170 MPa。

轴承座所用材料是 HT200，铸造后经过消除应力退火后直接使用。没有提出其他技术要求。公司要求对断裂原因进行分析并制定出试验方案。

2. 试验方案

试验方案见表 5-24。

表 5-24　试验方案

序号	试验内容	试验目的
1	断口清洗、宏观断口形貌分析	初步确定断裂模式
2	硫印试验、酸浸试验	确定是否有铸造宏观缺陷，如气孔、疏松等
3	拉伸试验、硬度测定	确定轴承座基体的力学性能是否达到标准
4	金相组织分析及金相检验	确定轴承座基体的组织形貌，并评定其组织中各项指标的等级，初步判断其铸造性能
5	计算铸铁冶金质量指标	确定轴承座的铸造质量是否合格
6	断口微观形貌分析（扫描电镜分析）	进一步判定断裂机制，并系统地分析其断裂过程

3. 断裂宏观现象与断口宏观形貌分析

厂家提供了断裂后的上半部分轴承座，断裂后的情况如图 5-83 和图 5-84 所示。由图 5-83 可见，裂纹贯穿于轴承座表面与壁内。

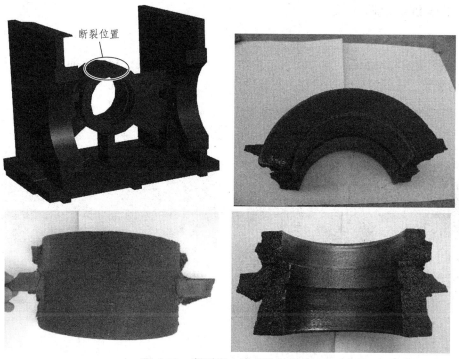

断裂位置

图 5-83　断裂后上半部分轴承座

由图 5-83 可见：

（1）轴承座断裂成两段，断口基本垂直圆孔的径向。说明轴承座是在圆孔径向作用力下发生断裂。

（2）两侧断口的断裂方式基本类似，在交界处均能观察到扩展裂纹，说明服役过程中两侧受力基本一致。

图 5-84　宏观断口形貌

由图 5-84 可见：

（1）两侧断口的宏观形貌基本一致，同样说明两侧受力基本一致，同时也说明断裂机理基本一致。

（2）中心部位可以观察到向外辐射的为放射状条纹，同时可以观察到垂直断口的二次裂纹向外扩展，图 5-83 表面观察到的裂纹应该是从此位置向外扩展后形成。说明此位置的应力较高。因此确定中心部位 A 区为裂纹源区，B 区为扩展区，C 区为最后断裂区。从断口形貌可以看出，此轴承座为脆性断裂。

4. 低倍组织缺陷测试

1）酸浸试验

图 5-85 为酸浸试验后的宏观照片。由图 5-85 可见，酸浸试样的正面和反面均未出现较为明显的裂纹、孔洞等缺陷，只有中心部位存在极少量的细小的孔洞。

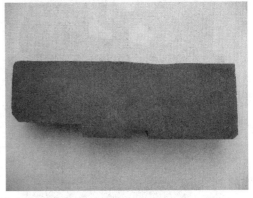

图 5-85　酸浸试验宏观现象

2）硫印试验

图 5-86 为硫印试验结果。

图 5-86　硫印试验结果

由图 5-86 可以看出，未出现偏析、气孔、裂纹等缺陷，但是发现中心部位硫化物较为集中。该部位与裂纹源部位基本一致。说明此位置硫含量高对铸铁性能会有一定影响。

5. 力学性能测试

1）拉伸试验

在轴承座断口附近取样，试样按 GB/T 228 标准加工，拉伸试验结果及拉伸曲线见表 5-25 和图 5-87。

表 5-25　拉伸试验结果

试样	最大力/N	屈服强度/MPa	抗拉强度/MPa	断面收缩率/%	断后伸长率/%
1#	2791	81.79	114.37	4.98	3.32
2#	2968	73.76	121.38	5.07	3.48

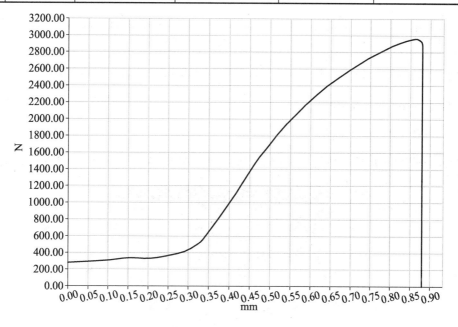

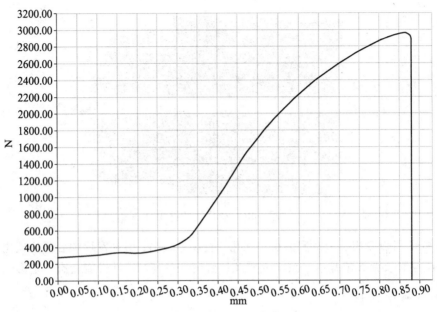

图 5-87　拉伸试验曲线

从结果可以看出，其抗拉强度仅在 120 MPa 左右，根据 GB/T 9439—2010，HT200 最小抗拉强度为 200 MPa，本产品未达到标准。

2）硬度测试

在轴承座断口附近取样，按 GB/T 231 进行布氏硬度测定，测试结果见表 5-26。

表 5-26　布氏硬度测试结果

测试点	1#	2#	3#	平均值
压痕直径/mm	1.351	1.317	1.242	1.303
硬度/HB	130			

根据 GB/T 9439—2010，HT200 的布氏硬度在 150~230，试样未达到要求。

6. 微观组织分析及检验

1）金相组织分析

在轴承座断口附近截取试样，试样宏观组织及金相组织见图 5-88~图 5-92。

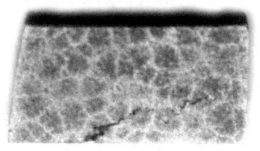

图 5-88　金相试样宏观图片

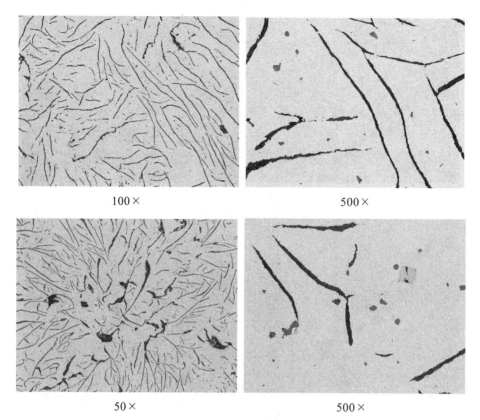

100×	500×
50×	500×

图 5-89 腐蚀前金相组织

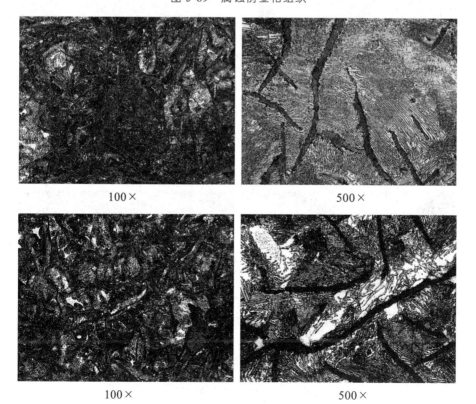

100×	500×
100×	500×

100×　　　　　　　　　　500×

图 5-90　腐蚀后金相组织

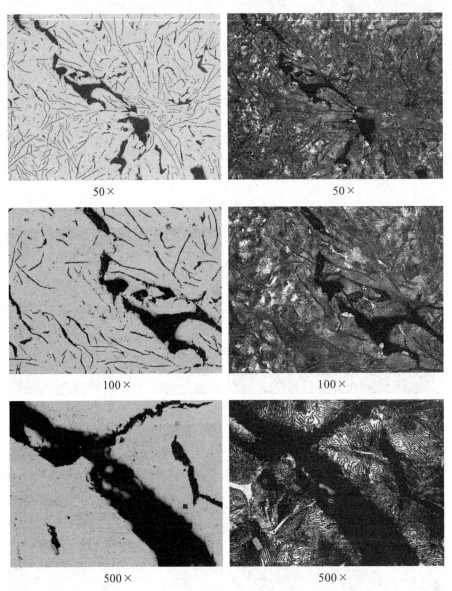

50×　　　　　　　　　　50×

100×　　　　　　　　　　100×

500×　　　　　　　　　　500×

图 5-91　裂纹附近金相组织

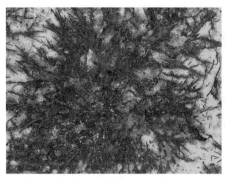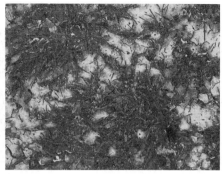

| 50× | 50× |

图 5-92　共晶团组织

由图 5-90～图 5-92 可见，轴承座材料的基本组织是片状石墨分布在珠光体基体上。石墨的长度较长，内部有磷共晶组织。

由图 5-88 可以明显观察到，金相试样上有一条宏观裂纹，此裂纹为断口断裂时的残留裂纹（与图 5-83 中观察到的为同一裂纹）。由图 5-89 可观察到，石墨大部分呈片状、无规则分布，部分呈片状、星形分布，此外还有大量的夹杂物分布。由图 5-90 可观察到，石墨分布基体主要为珠光体，此外还有少量的铁素体、磷共晶。

由图 5-91 可知，裂纹附近金相组织与基体组织一致，无异常组织出现，说明断裂并非由于其部位的特殊组织造成。因此推测，断裂是由于材料本身强度难以抵抗服役应力所致。

2）铸铁组织定量评定

依据 GB/T 7216—2009 标准对铸铁组织进行定量评定（见表 5-27）。

表 5-27　灰铸铁金相检验结果

类型	级别	总级别数	说明
石墨分布形状	70%A 型 + 30%F 型	A-F	70%片状石墨呈无方向性均匀分布 + 30%初生的星状石墨
石墨长度	2 级	8 级	0.5～1 mm
珠光体数量	1～2 级	8 级	大于 95%
磷共晶数量	3～4 级	6 级	4%～6%
共晶团数量	7～8 级	8 级	≤130 个/cm²

（1）石墨分布形状。

石墨类型：70%A 型（片状石墨呈无方向性均匀分布）+ 30%F 型（初生的星状石墨）。

（2）石墨长度。

石墨长度等级共 8 级，其中第 1 级石墨最长、第 8 级最短。本次石墨长度级别为 2 级（0.5～1 mm），石墨长度偏长。

（3）珠光体数量。

珠光体数量等级共 8 级，其中，珠光体 + 铁素体 = 100%，第 1 级珠光体含量最高、8 级含量最少。本次珠光体数量等级为：1～2 级（大于 95%），珠光体含量较高。

（4）磷共晶数量。

磷共晶数量共 6 级，其中第 1 级磷共晶数量最少、第 6 级最多。本次磷共晶级别为：3 ～ 4 级（含量：4%～6%），磷共晶类型为二元磷共晶。

（5）共晶团数量。

共晶团数量等级共 8 级，其中第 1 级共晶团体积最小，单位视场内数量最多，第 8 级共晶团体积最大，单位视场内数量最少。本次共晶团数量等级为：7 ～ 8 级（$\leqslant 130$ 个/cm^2），共晶团体积偏大，数量较少，为最高等级。

根据定量测定结果可以获得以下结论：

轴承座材料的石墨片长度偏大，共晶团较粗大，并且存在呈星状分布的石墨形态。这些均表明该轴承座的微观组织较为粗大，而粗大的组织必定会导致灰铸铁的力学性能下降。

7. 灰铸铁冶金质量指标

采用《铸造手册》中标准计算铸铁冶金质量。计算成熟度 RG、相对硬度 RH 及品质系数 Q_i 所需要的参量有铸铁抗拉强度、铸铁布氏硬度、铸铁成分比例。本次计算所采用的抗拉强度为 118 MPa，布氏硬度为 130HB。

说明：本次铸铁成分按 HT200 国家标准进行，严格说应该对材料进行实际成分测定（由于当时光谱仪出现问题，没有测定成分，今后可以补测）。

1）成熟度 RG

对于灰铸铁，$RG = 0.5 ～ 1.3$。$RG = 1$，说明灰铸铁的材质达到了正常水平，即平均水平。$RG<1$，说明生产者对冶金因素控制不力，或利用未尽，例如铁水孕育不良等，因而铸铁的性能未充分发挥出来，达不到正常性能水平。$RG>1$，说明铸铁是优质的。

本次计算出的成熟度 $RG = 0.446$，说明孕育效果很差。

2）相对硬度 RH

$RH = 1$，表示铸铁的材质达到了正常水平，即平均水平。$RH>1$，表示相对于强度而言，材质较硬切削加工较难；若保证其可切削性好，则抗拉强度降低。$RH<1$，表示铸铁的实测硬度低，易切削加工。在可切削性（即实测硬度）相同的情况下 RH 小的铸铁具有较高的抗拉强度。只要灰铸铁的 RH 控制在 0.8 ～ 1，则均具有良好的可切削性能。RH 值低，表明强度高，硬度低，有良好的切削性能。

本次所测 $RH = 0.856$。当 $RG > 1.1$，$RH < 0.8$ 时可以获得优质铸铁，根据此综合指标，RH 未达到标准。

3）品质系数 Q_i

品质系数 Q_i 用来衡量各工艺措施提高灰铸铁质量的程度。

$Q_i = 1$，铸铁质量达到了正常水平。

$Q_i < 1$，铸铁质量未达到正常水平。

$Q_i > 1$，铸铁是优质的。

本次所测出的品质系数：$Q_1 = 0.734$，属于较差范围内。

根据计算可得出以下结论：

衡量灰铸铁铸造质量的 3 个质量指标：成熟度 RG、相对硬度 RH 及品质系数 Q_i 均未达到正常水平，说明该轴承座的冶金质量严重不过关。

8. 断口扫描电镜观察结果

1）断口 SEM 分析

如图 5-93 所示，对轴承套断口分 A、B、C、D 四个区域进行电镜分析，分析结果见图 5-94～图 5-97。

图 5-93　断口 SEM 观察区域展示

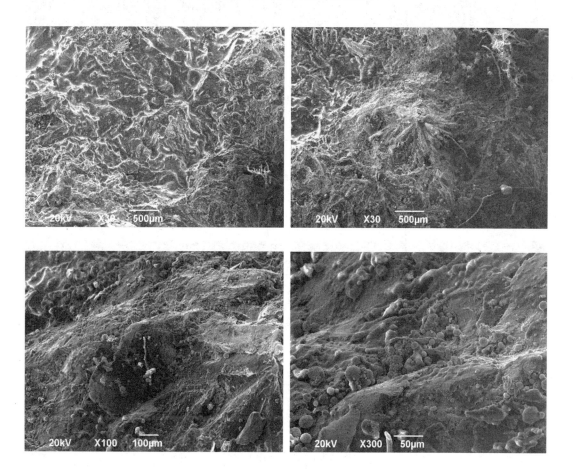

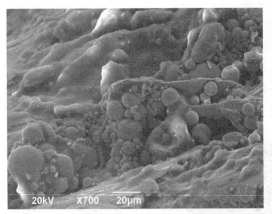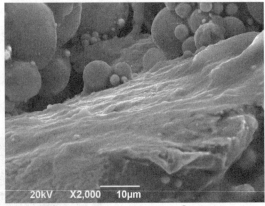

图 5-94　A 区 SEM 形貌

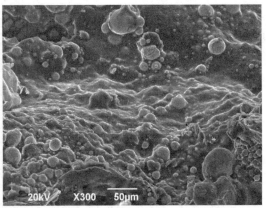

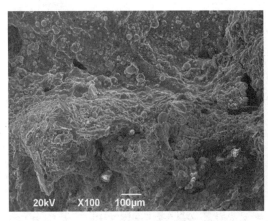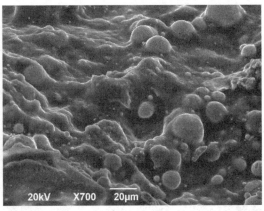

图 5-95　B 区 SEM 形貌

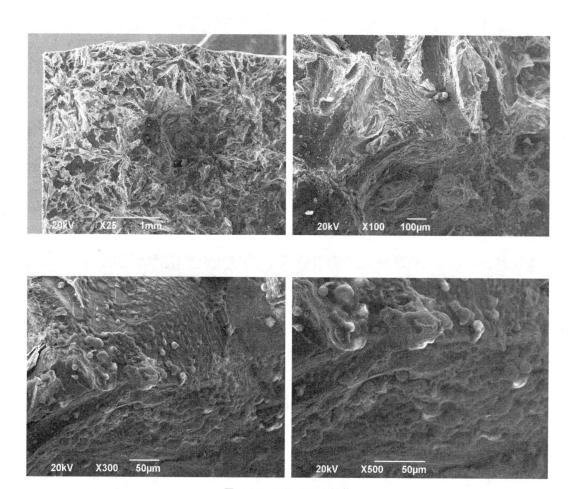

图 5-96 C 区 SEM 形貌

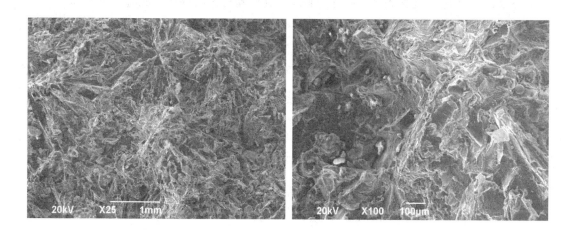

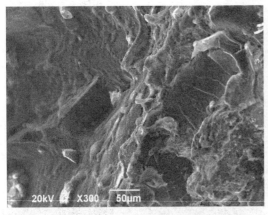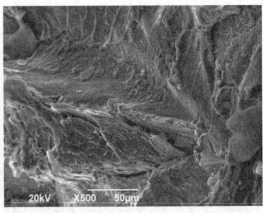
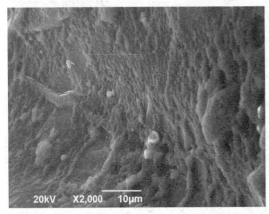

图 5-97　D 区 SEM 形貌

　　由断口宏观分析可知，断口 A、B 区为断裂源区，断口 C、D 区为放射区。在裂纹源区域（图 5-94、图 5-95）观察到较多的球形颗粒，此颗粒对裂纹的形成必有一定影响。

　　在变形区域采用高倍观察可以观察到疲劳辉纹（图 5-94、图 5-96、图 5-97），说明在服役过程中受到交变应力作用。

　　在裂纹扩展区域也可以观察到球形颗粒，但是比裂纹源区域的颗粒明显减少（图 5-96 和图 5-97），同时还能观察到呈星状分布的片状组织，这与金相中观察到的星状石墨分布形态一致。

　　球形颗粒组织在断裂源区分布较多，在放射区分布较少，可推测该球形颗粒与轴承座的断裂有一定关系。疲劳辉纹的存在，说明该轴承座在工作状态下受到一定程度的交变载荷，本次断裂机制为疲劳断裂。

　　2）EDS 分析

　　针对断口 SEM 形貌中观察到的球形颗粒组织进行 EDS 分析，测定区域及分析结果见图 5-98 及表 5-28。

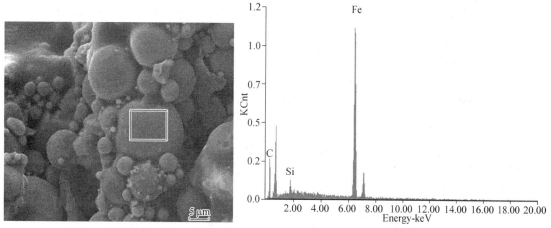

图 5-98 球状颗粒测定区域及测定结果

表 5-28 球形颗粒测定结果

元素	Wt%	At%
CK	29.56	65.61
SiK	01.65	01.57
FeK	68.79	32.83
Matrix	Correction	ZAF

由 EDS 分析结果可知，该球形颗粒主要含铁、碳两种元素，此外还含有极少量的硅，由此可推测该颗粒珠光体基体上的球形碳化物。

根据扫描电镜分析结果，获得如下结论：

由 EDS 分析可知，球形组织为球形碳化物，有研究发现碳化物在硫化物上非自发形核长大会形成球形，由硫印可知，中心部位（疲劳源区）硫化物较为集中，因此球形碳化物也相对较多。球形碳化物形成过多，使碳化物堆积在局部形成网状分布，增加了脆性，降低其强韧性，于是在服役过程中，容易产生显微开裂，形成疲劳微观裂纹，产生疲劳源，产生疲劳微裂纹后迅速进入裂纹扩张阶段，进而断裂。

9. 断裂原因与断裂机理分析

1）断裂机理分析

断裂机理分析：根据上述试验结果可知，轴承座在服役过程中受到一定交变载荷作用。裂纹形成应该与交变载荷有密切关系。依据为：在轴承座断口的 SEM 图片中，可以明显地观察到疲劳辉纹的存在。由于铸铁是脆性材料，所以裂纹形成后很容易发生脆断。

轴承座断裂机理：属于疲劳 + 脆性断裂的混合断裂机制。

众所周知，轴承本身的破坏方式是接触疲劳，强度校核均按照接触疲劳进行校核。可见轴承本身是受到交变载荷作用的。而轴承的交变载荷必然会传递到轴承座上，所以轴承座在服役过程中一定会受到交变载荷作用。

2）断裂原因分析

轴承座断裂原因是材料本身冶金质量与性能没有达到要求，导致在服役过程中材料本身强度难以抵抗服役载荷发生断裂。其依据如下：

（1）断裂轴承座材料的抗拉强度为 114 MPa、121 MPa，均远没有达到 HT200 材料应有的 200 MPa，布氏硬度也远没有达到 TH200 材料应有的标准。

（2）轴承座材料的金相组织比较粗大。

（3）衡量轴承座材料冶金质量成熟度、相对硬度及品质系数均不合格。由此可判定该轴承座的冶金质量不合格。不合格的冶金质量必定导致轴承座的力学性能下降。

（4）由于服役过程中轴承座受到交变载荷作用，而疲劳强度是远低于抗拉强度的。通过概述可知，减速箱箱体所受的最大静载力为 113 MPa，在断裂部位服役应力是小于 113 MPa 的。但是由于此部位受到交变载荷作用，对于铸铁而言，其疲劳强度一般为其抗拉强度的 0.4 倍，由此可计算出此轴承座的疲劳强度大约为：114 MPa × 0.4 = 45.6 MPa。因此只要此部位服役应力超过 45.5 MPa 就会产生裂纹。

铸铁是脆性材料，裂纹一旦形成就会迅速扩展导致断裂。同时在裂纹源处出现大量颗粒状碳化物，进一步增加裂纹形成的可能性。也就是说小于 45.5 MPa 就会形成裂纹。

需要说明的是，材料疲劳强度跟材料本身所受的交变载荷幅值有很大关系，交变幅值越大，其疲劳强度越低；相反，如果材料所受的交变幅值很小，其疲劳强度则基本与其抗拉强度相当。

结论：

K3SH 减速器轴承座由于冶金质量不合格，导致其抗拉强度及疲劳强度均未达标，不能抵抗轴承座在使用过程中所受到的交变载荷，从而致使其产生疲劳断裂。此外，对于此件减速器轴承座，其抗拉强度与减速箱所受的最大静载应力基本相同，因此即使不存在交变载荷，其减速箱轴承座仍有很大的可能性会发生断裂。

5.10 案例 10——汽车离合器圆柱压缩螺旋弹簧断裂原因分析

1. 概　述

由公司生产的一批汽车拉线回路动力源离合器圆柱压缩螺旋弹簧共计 2.5 万件，要求螺旋弹簧在正常使用条件下寿命为 5 个月。螺旋弹簧制造要求为：材料采用 65Mn、Φ1.5 mm 淬火 + 回火后冷拉钢丝；弹簧形状为外径为 9 mm、总长为 27 mm 的圆柱压缩螺旋弹簧；成型后进行 280 ~ 320 ℃ 退火处理。弹簧安装在圆盘中使用见图 5-99。

性能要求：疲劳寿命 ≥ 35 万次。

近期生产一批弹簧，仅使用 2 个月后就有 10 多件发生断裂，一盘中有 1 ~ 2 根发生断裂。据了解，圆柱压缩螺旋弹簧技术要求材料为 65Mn，但实际材料为 70 钢。公司对 70 钢圆柱压缩螺旋弹簧进行过疲劳试验，做到 39 万次未断。公司为查明断裂原因，委托西南交通大学对断裂原因进行分析。

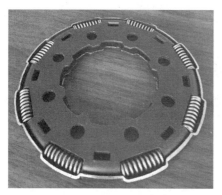

图 5-99 离合器圆柱压缩螺旋弹簧使用状态照片

分析方法如下：

（1）断裂弹簧宏观分析；

（2）对断裂弹簧取样并进行金相组织分析；

（3）对断裂弹簧取样并进行硬度分析；

（4）对断口进行 SEM 微观形貌分析。

2. 试验结果与分析

1）圆柱压缩螺旋弹簧断裂宏观分析

对公司提供的断裂簧进行编号后拍摄宏观照片，见图 5-100 ~ 图 5-102。

图 5-100 圆柱压缩螺旋弹簧断裂照片

腐蚀坑

1、2号样的断口形貌

腐蚀坑

3号样断口　　　　　　　　4号样断口

3、4号样的断口形貌

图 5-101　断裂弹簧断口外观形貌照片

1号样的断口形貌

3 号样的断口形貌

图 5-102　断裂弹簧断口宏观形貌照片

从图 5-100 和图 5-101 中圆柱压缩螺旋弹簧断口外形可见：

（1）弹簧端部是经过端正头部平面处理，断裂位置基本均在距离平整端部 2~3 圈位置。

（2）不同弹簧断口面与钢丝轴线夹角有所不同，有些成 45°夹角，也有些断口面与轴线的夹角接近 90°。由于弹簧均是在剪切应力作用下断裂，所以 45°断口形貌是合理的，其他形式的断口应该属于非正常断裂。

（3）3 号样品断口形貌非常特殊，断口沿钢丝纵向撕裂，显然属于非正常断裂。说明弹簧除受到剪切力作用外，还受到垂直于钢丝直径的应力作用。

（4）弹簧表面发生锈蚀，一些弹簧表面有明显的锈蚀坑，见图 5-101。

（5）在断口隐约可见一些疲劳弧线，见图 5-102。

2）断裂圆柱压缩螺旋弹簧金相分析

在断裂圆柱压缩螺旋弹簧取样进行金相组织分析，结果见图 5-103 ~ 图 5-106。

横向×100　　　　　　　　　横向×500

纵向×100　　　　　　　　　纵向×500

图 5-103　1 号样断裂圆柱压缩螺旋弹簧夹杂

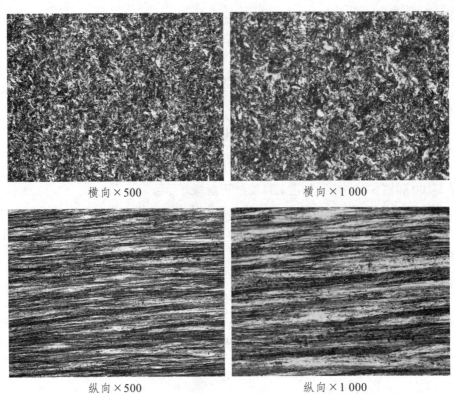

横向×500　　　　　　　　　横向×1 000

纵向×500　　　　　　　　　纵向×1 000

图 5-104　1 号样断裂圆柱压缩螺旋弹簧金相组织

横向×100　　　　　　　　　横向×500

纵向×100　　　　　　　　　纵向×500

图 5-105　3 号样断裂圆柱压缩螺旋弹簧夹杂

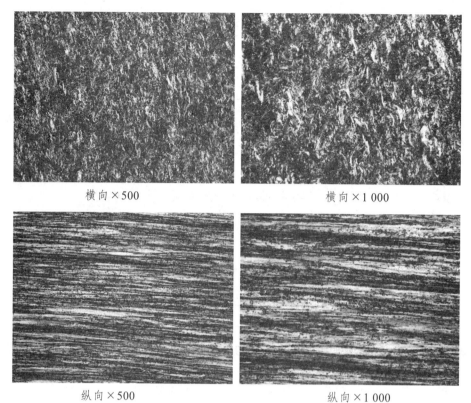

横向×500   横向×1 000

纵向×500   纵向×1 000

图 5-106 3 号样断裂圆柱压缩螺旋弹簧金相组织

由图 5-103 ~ 图 5-106 可见，钢中有氧化物夹杂和硅酸盐夹杂物，由于公司没有提供检测标准，难以判断材料是否合格。纵向金相呈现带状组织，分白区、黑区两种组织。横向金相呈现白区、黑区团絮状两种组织。由图可知材料是经过淬火＋回火处理的，与公司提供信息吻合。

3）正火试验结果分析

弹簧钢丝直径太小无法测定成分，采用正火方法，根据珠光体含量判断钢碳量。对 3 号断裂圆柱压缩螺旋弹簧进行 750 ℃×5 min 正火处理，处理后的金相见图 5-107。断裂圆柱压缩螺旋弹簧正火处理后的硬度值见表 5-29。

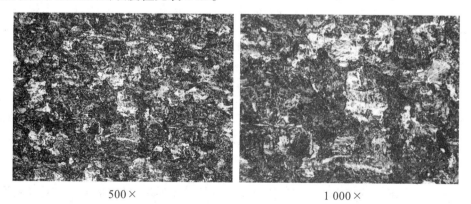

500×   1 000×

图 5-107 3 号样断裂圆柱压缩螺旋弹簧 750 ℃ 退火处理后金相组织照片

表 5-29 3 号 750 ℃×5 min 退火后显微硬度值（HV1.0）

测量点	1	2	3	平均值
硬度值/HV_1	268	277	283	276

根据金相组织与硬度测定结果可知，材料含碳量在 0.7% 左右，组织基本由珠光体（很少量铁素体）组成，与公司提供的信息钢丝采用 70 钢制备相吻合。

4）断裂圆柱压缩螺旋弹簧硬度测试

将断裂弹簧金相组织中不同区域进行硬度测试，结果见表 5-30。

表 5-30 1 号样品断裂弹簧金相组织汇总黑区、白区硬度值

测量点	1	2	3	平均
黑区/$HV_{0.1}$	387	383	390	387
白区/$HV_{0.1}$	414	458	405	426

由表 5-30 可见，断裂圆柱压缩螺旋弹簧的金相分白区、黑区组织，硬度测试发现黑区组织比白区组织硬度稍低，说明圆柱压缩螺旋弹簧面的组织有所不同。同时对 1 号、3 号断裂弹簧进行横向与纵向显微硬度测定，结果见表 5-31 ~ 表 5-33。

表 5-31 1 号断裂弹簧纵向样品硬度值 HV1.0

测量点	1	2	3	4	平均	HB 换算值	HRC 换算值
硬度值	492	484	471	463	477	456	48

表 5-32 3 号断裂弹簧纵向样品硬度值 HV1.0

测量点	1	2	3	4	平均	平均 HB 换算值	平均 HRC 换算值
硬度值	486	489	493	473	485	467	49

表 5-33 3 号断裂弹簧横向样品硬度值 HV1.0

测量点	1	2	3	4	平均	平均 HB 换算值	平均 HRC 换算值
硬度值	507	512	535	501	514	490	50

由表 5-31 ~ 表 5-33 可知，断裂弹簧的洛氏硬度值在 48 ~ 50。钢丝的横向硬度值高于纵向硬度值，这是因为钢丝是经过拉拔制成的，对于弹簧而言在此范围的硬度值偏高。

5）断裂弹簧断口 SEM 分析结果

对 1 号与 3 号断裂弹簧的断口在扫描电镜下分析微观形貌，目的是进一步明确断裂机制，结果见图 5-108 和图 5-109。

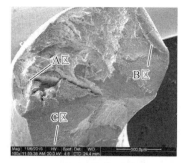

（a）低倍形貌

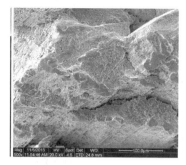

（b）A区域断口上腐蚀坑

（c）B区低倍形貌

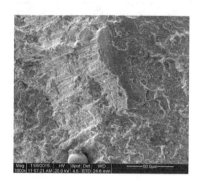

（d）B区断口上腐蚀坑、泥状形貌及疲劳条纹

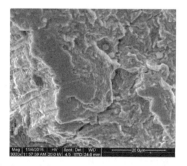

（e）B区断口上腐蚀产物与微裂纹

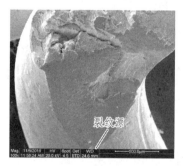

（f）C区裂纹源低倍形貌

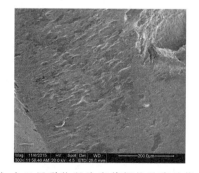

（g）C区裂纹源处疲劳辉纹及腐蚀坑

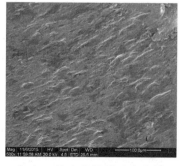

（h）C区疲劳辉纹及腐蚀坑

图 5-108　1号样品断口微观形貌照片

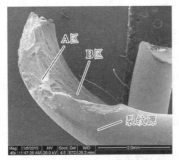

（a）3 号断口低倍形貌

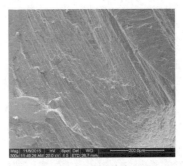

（b）A 区域疲劳辉纹

（c）B 区疲劳辉纹及腐蚀坑

（d）B 区域疲劳辉纹及腐蚀坑

图 5-109　3 号样品断口微观形貌照片

由图 5-108 和图 5-109 可见：

（1）两个样品裂纹源均在表面。

（2）在两个样品断口表面，均可观察到疲劳辉纹，说明弹簧的断裂机制为疲劳断裂。

（3）在弹簧断口的裂纹源区、裂纹扩展区域均观察到腐蚀坑、腐蚀产物及微裂纹。

3．圆柱压缩螺旋弹簧断裂机理与原因分析

1）弹簧受力计算与材料强度估算

根据公司提供的数据，弹簧服役状态轴向压缩量为 2～3 mm，对弹簧服役应力进行计算：

（1）服役应力计算：

$$\lambda = 8FD^3n/Gd^4 \tag{5-1}$$

式中，$\lambda = 3.0$ mm（轴向变形）；$n = 9$（有效圈数）；$G = 79\,000$ MPa（剪切弹性模量）；$D = 8.0$ mm
（圆柱弹簧中径，钢丝中线计算）；$d = 1.5$ mm（钢丝直径）；$F = \lambda Gd^4/8D^3n = 3.0 \times 79\,000 \times 1.5^4/$
$8 \times 8^3 \times 9 = 32.53$ N。

$$\tau_{max} = K \times (8FC/3.14 \times d^2) \tag{5-2}$$

式中，$d = 1.5$ mm（钢丝直径）；$F = 32.53$ N；$C = D/d = 8/1.5 = 5.3$；$K = [(4C-1)/(4C+4)] +$
$0.615/C = 0.911$。

根据式（5-1）、（5-2）求出弹簧服役状态最大剪切应力 $\tau_{max} = 178$ MPa。

应当说明的是：弹簧服役状态是分布在一个圆形环槽中，因此除受到剪切应力外还会受

到一定弯曲载荷作用，弯曲载荷大小与压缩量有关，应力方向基本垂直钢丝轴向。因此，3号样品会出现裂纹沿轴线扩展的断口形貌。也就是说弹簧实际是在多向应力作用下服役，合成应力值应高于 178 MPa。

（2）材料剪切疲劳强度估算：

为探明断裂原因，需要对钢丝进行性能检测。由于圆柱压缩螺旋弹簧均是在剪切应力作用下破坏，所以应该测定材料剪切疲劳强度。由于时间关系仅能根据硬度测定结果，对钢丝剪切疲劳强度进行估算（今后应进行实际测定）。

$$\sigma_b = 0.36\ HB\ kgf/mm^2$$

$$\sigma_{-1} = 0.35\sigma_b + 12.2\ kgf/mm^2$$

$$\tau_{-1} = 0.5\sigma_{-1}\ （1\ kgf/mm^2 = 10\ MPa）$$

根据表 5-31 ~ 表 5-33 显微硬度测定结果，换算出的布氏硬度值，计算出材料剪切疲劳强约为 357 MPa。

2）断裂机制及断裂原因

材料检测结果表明，钢丝材料为 70 钢丝，采用淬火 + 中温回火处理。这种处理工艺是弹簧常用热处理工艺。根据材料性能估算结果可知，弹簧服役应力小于弹簧剪切疲劳极限，一般情况下应可满足 35 万次寿命要求。因此公司进行疲劳试验时，经过 39 万次循环载荷作用，弹簧并没有发生断裂。但在实际服役条件下，却有 10 多件弹簧发生断裂，为探明原因首先要明确断裂机制，在此基础上获得失效原因。根据上述试验结果得出以下结论：

（1）圆柱压缩螺旋弹簧断裂机制属于腐蚀疲劳断裂机制。

（2）圆柱压缩螺旋弹簧断裂原因是：

在服役状态下弹簧受到腐蚀介质侵蚀，在表面形成腐蚀坑，大幅度降低弹簧使用寿命，导致弹簧早期断裂。采用 70 钢材料钢丝代替 65Mn 钢丝对断裂有一定影响。

依据如下：

（1）弹簧安装在汽车动力源内使用，处于封闭状态。在 2 个月左右时间，如果没有腐蚀介质侵蚀，是不会发生锈蚀的。但在断裂弹簧表面发现有较严重锈蚀现象，并在弹簧表面观察到较严重的锈蚀坑（见图 5-100 和图 5-101），这些现象均表明服役状态下弹簧受到腐蚀介质作用。

（2）宏观断口形貌观察中发现有疲劳弧线，微观断口形貌观察中发现有疲劳辉纹，表明弹簧属于疲劳断裂机制。在断口微观形貌观察中发现，裂纹源及裂纹扩展区域均有腐蚀坑、腐蚀产物及微裂纹。这是腐蚀疲劳断裂的典型特征。结合依据（1）的宏观现象，可以断定弹簧断裂机制为腐蚀疲劳断裂。

（3）在没有腐蚀介质侵入的情况下，根据力学计算结果，弹簧是可以满足 35 万次寿命要求的。因此公司模拟试验达到 39 万次弹簧不会发生断裂。但在弹簧表面存在腐蚀坑的情况下，就会大幅度加快裂纹源形成速度（很大的腐蚀坑本身就构成裂纹源）与裂纹扩展速度，导致弹簧发生早期断裂。因此在服役状态下弹簧受到腐蚀介质侵蚀，是导致早期断裂的重要原因。

（4）原设计要求采用 65Mn 钢丝但实际采用 70 钢丝。由于含碳量的提高，在同样淬火 + 回火的工艺下会导致硬度偏高。由于厂方没有提供钢丝硬度要求，难以判断所用钢丝硬度值是否在标准范围之内。对一般的弹簧类零件，硬度要求大致在 HRC41～46。断裂弹簧钢丝硬度达到 HRC48～50。硬度偏高一般会增加在腐蚀环境下应力的敏感系数，加速裂纹的形成与扩展。所以认为用 70 钢丝代替 65Mn 钢丝制作弹簧对断裂有一定影响。

4. 结　论

圆柱压缩螺旋弹簧断裂机制属于腐蚀疲劳断裂机制。弹簧断裂原因是：

在服役状态下有腐蚀介质侵蚀，在弹簧表面形成腐蚀坑，大幅度降低弹簧使用寿命，导致弹簧早期断裂。采用 70 钢丝代替 65Mn 钢丝对断裂有一定影响。

习　题

1. 某厂对 9Cr2Mo 材料制造的轴进行热处理。该轴的尺寸为：直径 160 mm、长度 1 400 mm。采用的热处理工艺如下：下料→锻造→机加工→840 ℃ 加热 4 h→油冷却→680 ℃ 回火→出厂。加热采用两台箱式炉同时进行，每炉加热 4 件。加热后一件一件入油淬火。淬火后发现有一件轴向断裂成两截，在断裂的轴上同时可以观察到纵向裂纹。其余三件没有出现问题。

在断裂轴的断口处截取金相样品，金相组织见图 5-110。思考下面问题：

（1）根据金相组织分析原理，分析淬火后金相组织中的白区域与黑区域是何种组织。

（2）在对金相组织分析的基础上，探讨淬火裂纹的形成原因。

（a）平行于大轴轴向淬火裂纹宏观照片

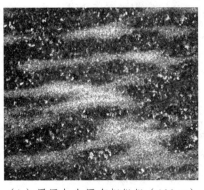

（b）黑区与白区金相组织（100×）

（c）白色区域组织（500×）

（d）白色区域组织（1 000×）

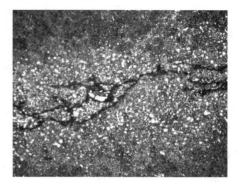
（e）远离主裂纹白色区域中发现有微裂纹（1 000×）

图 5-110　淬火裂纹附近的金相组织照片

2. 第 1 章习题 2 中论述了某厂采用 25 钢与 45 钢对焊方法制备汽车连接杆（见图 5-111），其中一批产品发现在进行拉伸实验时约 20%的产品小于 5 kN 就出现断裂现象。连接杆制备工艺及现状如下：下料→感应加热锻造中部六方螺母→机加工→电阻堆焊（与另一个直径为 30 mm 杆 25 钢材料的配件连接）→电镀。

图 5-111　汽车连接杆

对连接杆进行宏观断口分析、金相分析及将断口在扫描电镜下观察，结果见图 5-112。根据提供的图片思考下面问题：

（1）从宏观断口照片判断连接杆断裂属于韧性断裂还是脆性断裂？

（2）判断 5 kN 拉断的连接杆样品与 23 kN 拉断的连接杆样品在焊缝与热影响区域各自的金相组织，并对比分析两者有何区别？

（3）从提供的 5 kN 拉断的连接杆样品断口 SEM 照片判断，断口微观形貌属于解理断口？还是准解理断口？还是韧窝状断口？

（4）在 5 kN 拉断的连接杆样品断口 SEM 照片中，断口上观察到裂纹说明什么？

（5）试根据提供的试验结果讨论发生低应力拉断的原因。

（a）低应力下连接杆断裂断口宏观形貌照片

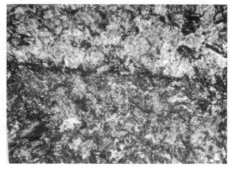
（b）5 kN 拉断样品连接杆焊缝处金相组织照片（400×）

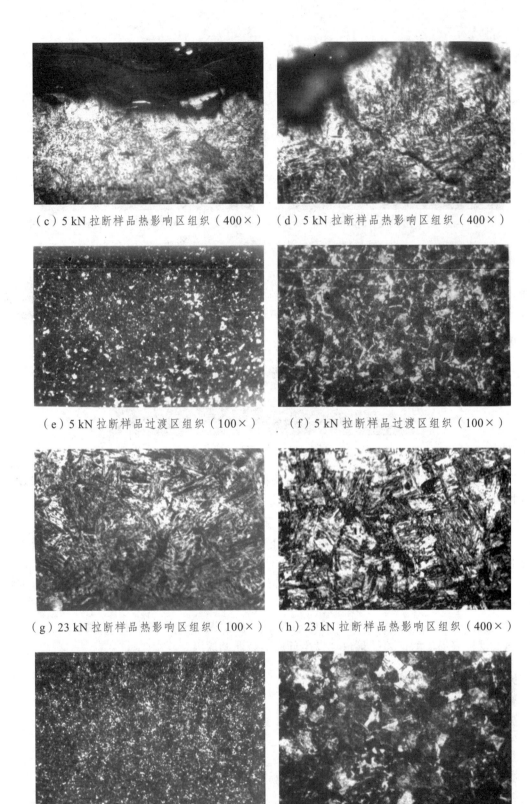

（c）5 kN 拉断样品热影响区组织（400×）　　（d）5 kN 拉断样品热影响区组织（400×）

（e）5 kN 拉断样品过渡区组织（100×）　　（f）5 kN 拉断样品过渡区组织（100×）

（g）23 kN 拉断样品热影响区组织（100×）　　（h）23 kN 拉断样品热影响区组织（400×）

（i）23 kN 拉断样品过渡区组织（100×）　　（j）23 kN 拉断样品过渡区组织（400×）

（k）23 kN 拉断样品各区域的金相组织照片（400×）

（l）低倍大量裂纹

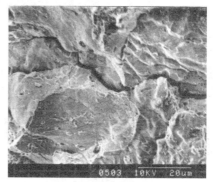

（m）高倍大量裂纹

（n）沿晶裂纹

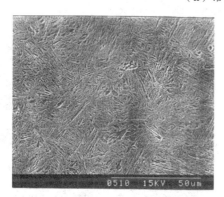

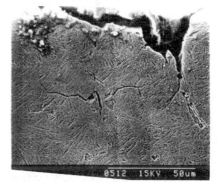

（o）5 kN 拉断样品断口附近扫描电镜照片

图 5-112　第 2 题

3. 某公司为某电站承制水轮机转轮叶片，材料采用进口材料 ZG06Cr13Ni6Mo。在试运约 240 h 后停机检查时发现，13 个叶片均出现裂纹。其中 7 个叶片在出水边近下环约 50 mm 处开裂，6 个叶片出水边近上环约 30 mm 处开裂。初步分析认为是因为水轮机转轮叶片本身振动频率与卡门涡轮频率相近发生共振，使应力超过了材料强度极限引起的。因此决定通过修磨叶片出水边叶型避免共振，并对原有的裂纹进行了补焊。在完成了上述工作后该水轮机转轮又继续投入试运行，在低负荷运行约 22 天后停机，发现 6 件转轮叶片又出现不同程度的裂纹。对断裂的叶片进行断口宏观形貌及微观形貌分析、热侵蚀试验、金相组织分析，结果见图 5-113 ~ 图 5-117。根据提供的照片思考回答以下问题：

（1）根据断口宏观形貌判断属于何种断裂机制？可否判断裂纹源位置？

（2）从热侵蚀照片判断叶片是否存在材料缺陷？

（3）金相组织照片显示出是何种组织？

（4）断口 SEM 照片中图 5-117（a）、（b）观察到的是何种形貌？说明什么？

（5）断口 SEM 照片中可否观察到疲劳条带？

（6）裂纹源处观察到多种不同形貌说明什么？

图 5-113　叶片宏观断口照片

图 5-114　材料进行热侵蚀后照片

图 5-115　裂纹附近金相组织照片（400×）

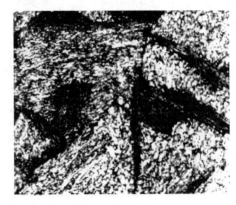

图 5-116　离断口约 50 mm 距离处金相组织照片（400×）

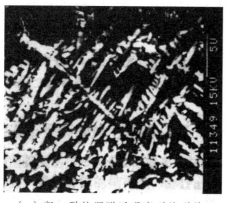

（a）断口裂纹源附近观察到的形貌

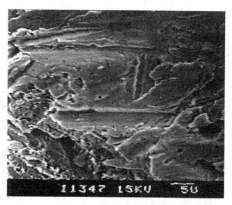

（b）裂纹源处形貌

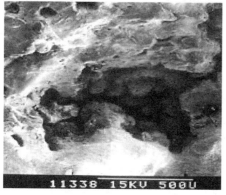

（c）裂纹源处断口形貌及断口孔洞内存在夹杂

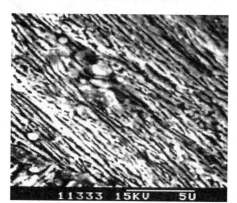

（d）裂纹源处断口形貌

图 5-117　叶片断口裂纹源处 SEM 观察照片

扫码查看本章彩图

附录 A 应力集中系数图与表

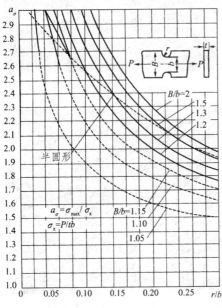

附图 A-1 两侧有 U 形缺口的受拉扁杆

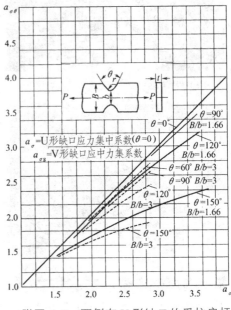

附图 A-2 两侧有 V 形缺口的受拉扁杆

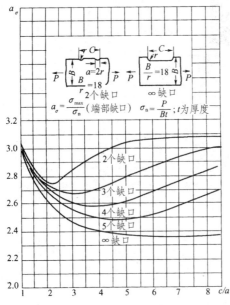

附图 A-3 一侧有多个半圆形缺口的受拉扁杆

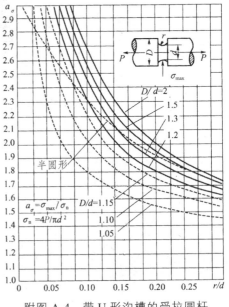

附图 A-4 带 U 形沟槽的受拉圆杆

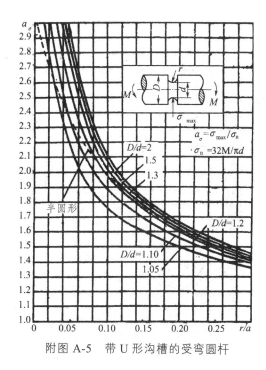

附图 A-5 带 U 形沟槽的受弯圆杆

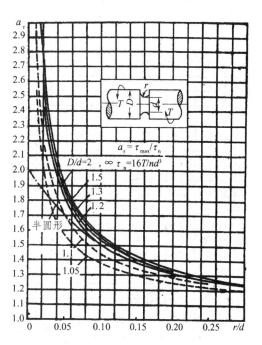

附图 A-6 带 U 形沟槽的受扭圆杆

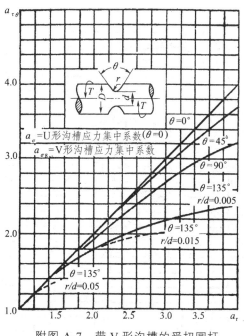

附图 A-7 带 V 形沟槽的受扭圆杆

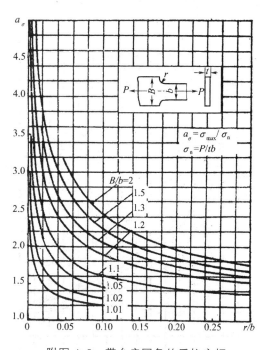

附图 A-8 带台扇圆角的受拉扁杆

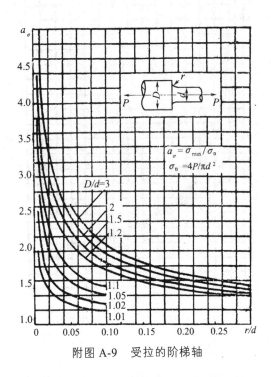

附图 A-9　受拉的阶梯轴

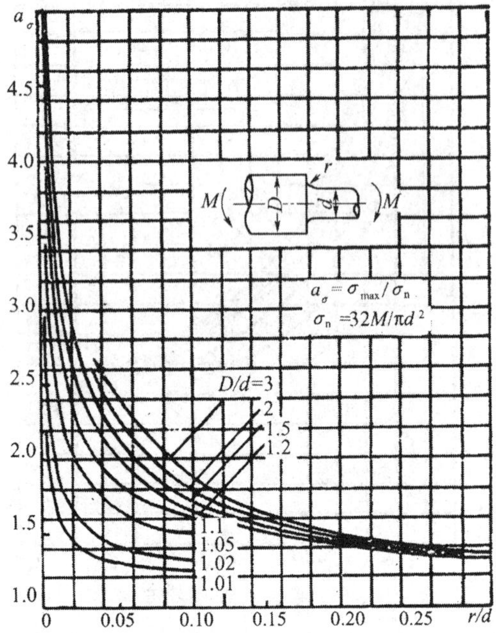

附图 A-10　受弯的阶梯轴

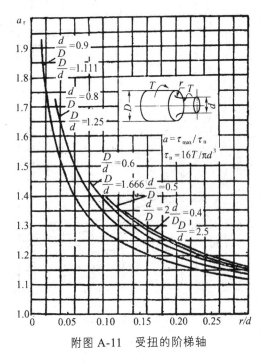

附图 A-11　受扭的阶梯轴

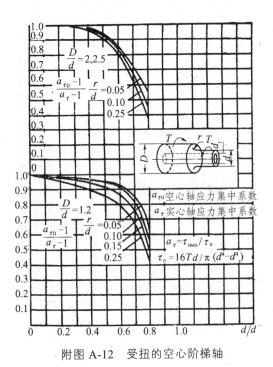

附图 A-12　受扭的空心阶梯轴

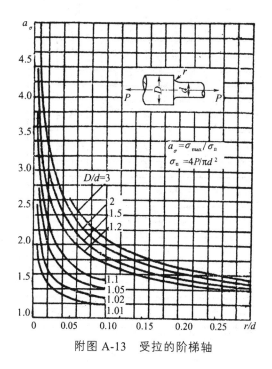

附图 A-13 受拉的阶梯轴

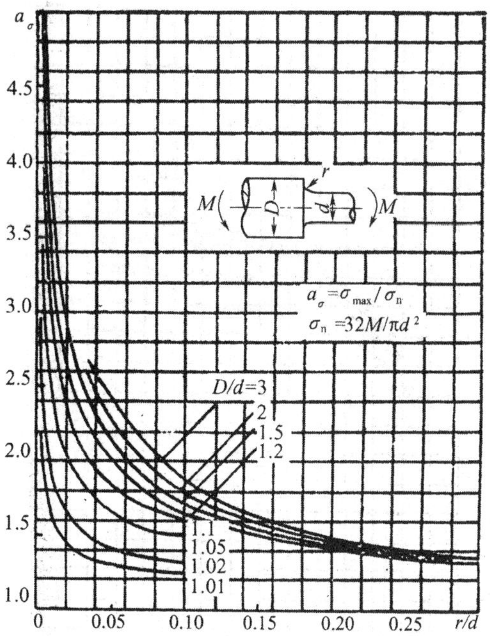

附图 A-14 受弯的阶梯轴

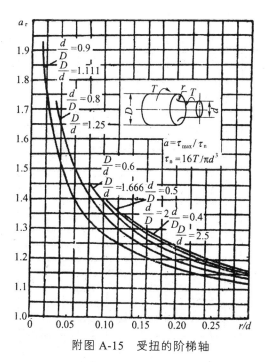

附图 A-15 受扭的阶梯轴

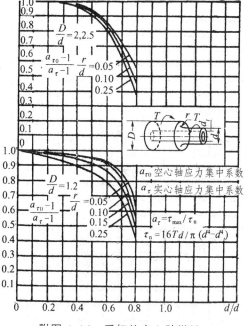

附图 A-16 受扭的空心阶梯轴

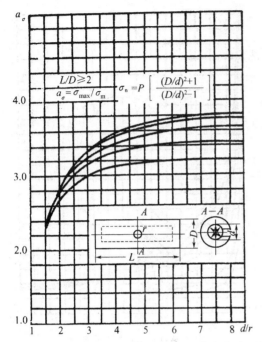

附图 A-17　厚壁压力容器筒壁开孔的应力集中系数

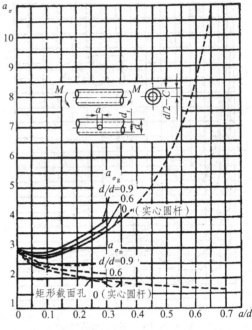

附图 A-18　带通孔的受弯圆杆（管）

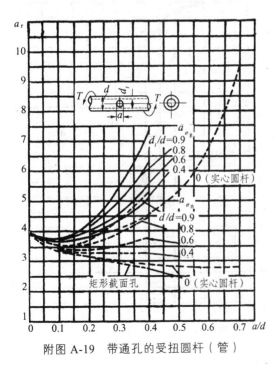

附图 A-19　带通孔的受扭圆杆（管）

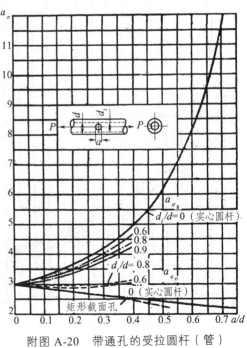

附图 A-20　带通孔的受拉圆杆（管）

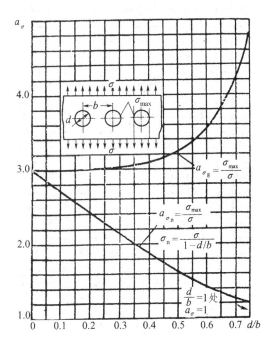

附图 A-21　多孔受拉板（应力方向与孔轴垂直）

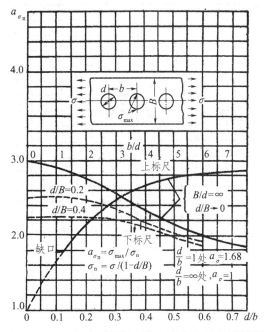

附图 A-22　多孔受拉板（应力方向与孔轴线平行）

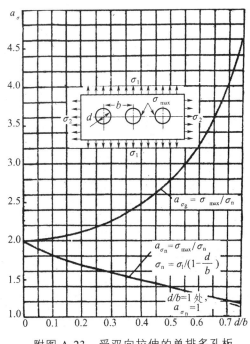

附图 A-23　受双向拉伸的单排多孔板

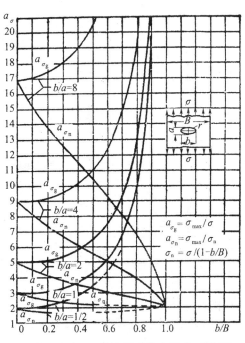

附图 A-24　带椭圆孔的有限宽受拉板

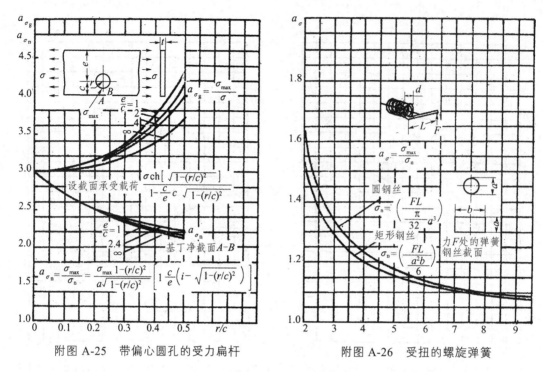

附图 A-25　带偏心圆孔的受力扁杆　　　　附图 A-26　受扭的螺旋弹簧

对具有小半径、不同形状切口的各种形状金属试样在弹性范围内的应力集中系数，有人总结出附表 A-1 的数据。

附表 A-1　不同试样的应力集中系数

形状	应力集中类型	载荷类型		应力集中系数（α）	
				集中特性 t/r	
				5	10
板材	细小的单边或双方切口 $r_H \leqslant 0.1$ mm	拉伸或压缩		5.5	7.5
棒材	细小的环形外部切口或内部小空腔 $r_H \leqslant 0.1$ mm	拉伸		3.5～4.0	4.5～5.0
		弯曲		2.7～2.8	3.5
		扭转	外部切口	3.0	4.0
			内部切口	1.6	2.0
管材	内部或外部的细小环形切口 $r_H \leqslant 0.1$ mm	拉伸或弯曲		3.5～4.0	4.5～5.0
		扭转		3.0	4.0

注：t 为切口深度；r_H 为切口尖端半径。

在机械零件发生疲劳破坏时，如对一个缺口零件考虑应力集中时，则缺口件的疲劳强度应按应力集中系数 a_σ 的倍数降下来。例如材料原来的疲劳极限是 210 MPa，当零件有缺口，应力集中系数 a_σ 为 3 时，则疲劳极限应为 70 MPa。实践中发现，这种做法太保守了。工程中常采用有效应力集中系数 K_f，且它与材料的缺口敏感程度 q 及缺口根部情况（即 a_σ）有关。

$$K_f = \frac{\text{光滑试样的疲劳极限}}{\text{缺口试样的疲劳极限}} = \frac{\sigma_W}{\sigma_{Wn}}$$

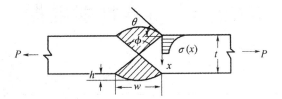

附图 A-27　焊缝几何

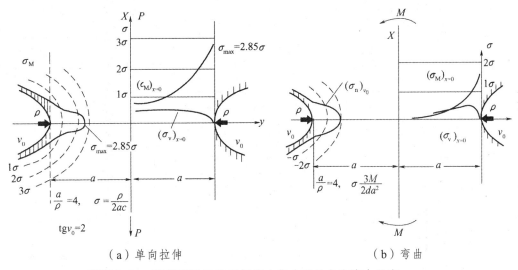

（a）单向拉伸　　　　　　　　　　　（b）弯曲

附图 A-28　两侧有缺口的平板应力集中区的各向应力分布

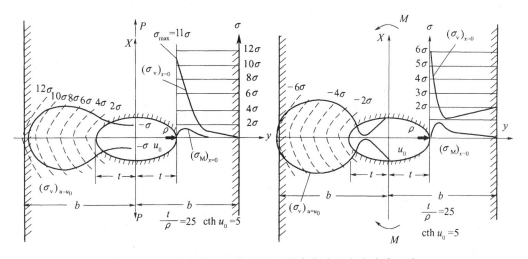

附图 A-29　极宽板件中椭圆孔的应力集中区各向应力分布

附录 B 材料性能数据

附表 B-1 各种材料在室温下典型力学性能数据

材料	弹性模量 /GPa	屈服强度 /MPa	抗拉强度 /MPa	延伸率/% （50 mm 样品）	泊松比
铝及合金	68 ~ 79	35 ~ 550	90 ~ 600	45 ~ 4	0.31 ~ 0.34
铜及合金	105 ~ 150	76 ~ 1 100	140 ~ 1 310	65 ~ 3	0.33 ~ 0.35
铅及合金	14	14	20 ~ 55	50 ~ 9	0.43
镁及合金	41 ~ 45	130 ~ 305	240 ~ 380	21 ~ 5	0.39 ~ 0.35
钼及合金	330 ~ 360	80 ~ 2 070	90 ~ 2 340	40 ~ 30	0.32
镍及合金	180 ~ 214	105 ~ 1 200	345 ~ 1 450	60 ~ 5	0.31
钢	190 ~ 200	205 ~ 1 725	415 ~ 1 750	65 ~ 2	0.28 ~ 0.33
不锈钢	190 ~ 200	240 ~ 480	480 ~ 760	60 ~ 20	0.28 ~ 0.3
钛及合金	80 ~ 130	344 ~ 1 380	415 ~ 1 450	25 ~ 7	0.31 ~ 0.34
钨及合金	350 ~ 400	550 ~ 690	620 ~ 760	0.0	0.27
陶瓷	70 ~ 1 000		140 ~ 2 600	0.0	0.2
金刚石	820 ~ 1 050				
玻璃和制品	70 ~ 80		140	0.0	0.24
橡胶	0.01 ~ 0.1				0.5
热塑料	1.4 ~ 3.4		7 ~ 80	1 000 ~ 5	0.32 ~ 0.40
增强热塑料	2.0 ~ 50		20 ~ 120	10 ~ 1	
热固塑料	3.5 ~ 17		35 ~ 170		0.34
硼纤维	380		3 500	0.0	
碳纤维	275 ~ 415		200 ~ 5 300	1 ~ 2	
玻璃纤维	73 ~ 85		3 500 ~ 4 600	5	
Kevlar 纤维	70 ~ 113		3 000 ~ 3 400	3 ~ 4	
Spectra 纤维	73 ~ 100		2 400 ~ 2 800	3	

来自：Manufacturing Process for Engineering Materials Serope Kalpakjian and Steven R. Schmid 2002，28。

附表 B-2　各种材料在室温下典型物理性能数据

材料	密度/ （kg/m³）	熔点/ °C	比热/ （J/kg·K）	热导率/ （W/m·K）	热膨胀系数/ （µm/m·°C）
铝	2 700	660	900	222	23.6
铝合金	2 630 ~ 2 820	476 ~ 654	880 ~ 920	121 ~ 239	23.0 ~ 23.6
铍	1 854	1 278	1 884	146	8.5
铌	8 580	2 468	272	52	7.1
铜	8 750	1 082	385	393	16.5
铜合金	7 470 ~ 8 940	885 ~ 1 260	337 ~ 435	29 ~ 234	16.5 ~ 2.0
金	19 300	1 063	129	317	19.3
铁	7 860	1 537	460	74	11.5
钢	6 920 ~ 9 130	1 371 ~ 1 532	448 ~ 502	15 ~ 52	11.7 ~ 17.3
铅	11 350	327	130	35	29.4
铅合金	8 850 ~ 11 350	182 ~ 326	126 ~ 188	24 ~ 46	27.1 ~ 31.1
镁	1 745	650	1 025	154	26.0
镁合金	1 770 ~ 1 780	610 ~ 621	1 046	75 ~ 138	26.0
钼合金	10 210	2 610	276	142	5.1
镍	8 910	1 453	440	92	13.3
镍合金	7 750 ~ 8 850	1 110 ~ 1 454	381 ~ 544	12 ~ 63	12.7 ~ 18.4
硅	2 330	1 423	712	148	7.63
银	10 500	961	215	429	19.3
钽合金	16 600	2 996	142	54	6.5
钛	4 510	1 668	519	17	8.35
钛合金	4 430 ~ 4 700	1 549 ~ 1 649	502 ~ 544	8 ~ 12	8.1 ~ 9.5
钨	19 290	3 410	138	166	4.5
陶瓷	2 300 ~ 5 500		750 ~ 950	10 ~ 17	5.5 ~ 13.5
玻璃	2 400 ~ 2 700	580 ~ 1 540	500 ~ 850	0.6 ~ 1.7	4.6 ~ 70
石墨	1 900 ~ 2 200		840	5 ~ 10	7.86
塑料	900 ~ 2 000	110 ~ 330	1 000 ~ 2 000	0.1 ~ 0.4	72 ~ 200
木材	400 ~ 700		2 400 ~ 2 800	0.1 ~ 0.4	2 ~ 60

来自：Manufacturing Process for Engineering Materials Serope Kalpakjian and Steven R. Schmid 2002，104。

附录 C 大型构件不同位置疲劳条纹照片

附图 C-1 3123

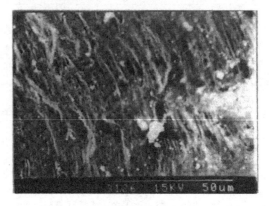

附图 C-2 3126

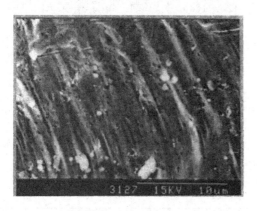

附图 C-3 3127

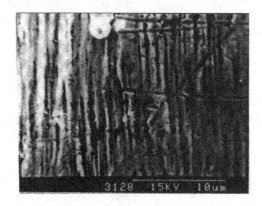

附图 C-4 3128

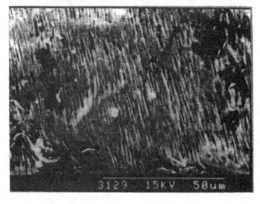

附图 C-5 3129

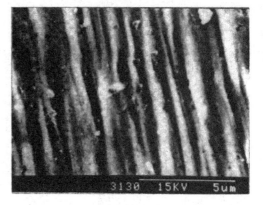

附图 C-6 3130

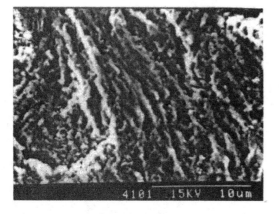

附图 C-7　4101

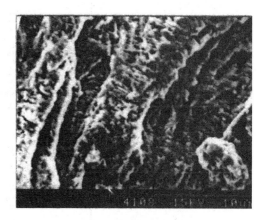

附图 C-8　4108

附图 C-9　4110

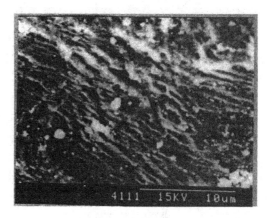

附图 C-10　4111

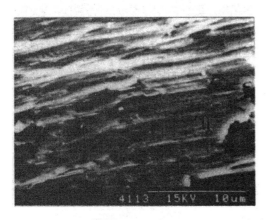

附图 C-11　4113

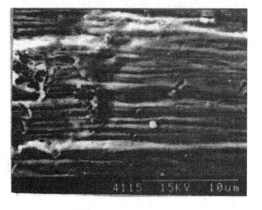

附图 C-12　4115

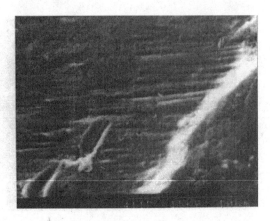

附图 C-13　4116　　　　　　　　　　　　附图 C-14　4117

附图 C-15　4119　　　　　　　　　　　　附图 C-16　4120

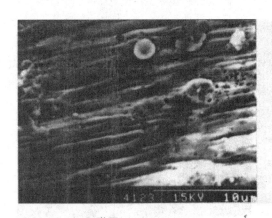
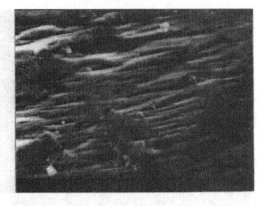

附图 C-17　4116　　　　　　　　　　　　附图 C-18　4117